先进制造实用技术系列丛书

建筑钢结构焊接新技术

主　编　陈振明

副主编　夏林印　杨高阳

U0240889

机械工业出版社

CHINA MACHINE PRESS

本书共 12 章，以焊接方法与工艺技术、焊接工艺设计、焊接应力与变形等基本焊接知识作为铺垫，并结合大量的工程案例，重点介绍了目前钢结构领域的焊接新技术，主要包括焊接数值模拟技术、绿色高效埋弧焊技术、超厚板铸锻件焊接技术、复杂钢结构焊接技术、高强钢焊接技术、智能焊接装备及数字化焊接系统等。本书的出版将有利于钢结构焊接领域新技术的推广与普及，进一步推动新质生产力的发展。

本书不仅注重理论分析，而且提供了大量的焊接工艺数据，可作为钢结构领域焊接工艺技术人员、焊接质量管理与检查人员及安全监督人员的工具书，也可作为科研院所、职业院校、高等教育院校等焊接相关专业师生的参考书。

图书在版编目（CIP）数据

建筑钢结构焊接新技术／陈振明主编. -- 北京：机械工业出版社，2024.12. --（先进制造实用技术系列丛书）. -- ISBN 978-7-111-76616-2

Ⅰ. TG457.11

中国国家版本馆 CIP 数据核字第 2024J473E0 号

机械工业出版社（北京市百万庄大街 22 号　邮政编码 100037）
策划编辑：王　颖　　　　　　责任编辑：王　颖
责任校对：韩佳欣　李小宝　　责任印制：张　博
北京联兴盛业印刷股份有限公司印刷
2024 年 12 月第 1 版第 1 次印刷
184mm×260mm · 19.75 印张 · 462 千字
标准书号：ISBN 978-7-111-76616-2
定价：88.00 元

电话服务　　　　　　　　　　网络服务

客服电话：010-88361066　　机　工　官　网：www.cmpbook.com
　　　　　010-88379833　　机　工　官　博：weibo.com/cmp1952
　　　　　010-68326294　　金　书　网：www.golden-book.com
封底无防伪标均为盗版　　机工教育服务网：www.cmpedu.com

编 写 人 员

主　　编：陈振明

副主编：夏林印　杨高阳

参　　编：栾公峰　国贤慧　李荣清　李朋朋　邱明辉

前　言

　　焊接是通过加热、加压，或两者并用，用或不用填充材料，使两个（或以上）工件产生原子间结合的加工工艺方法。焊接应用广泛，发展历史悠久。公元前3000多年埃及出现了锻焊技术；公元前1000多年中国的殷商时期采用铸焊制造兵器。

　　建筑钢结构是指利用钢材作为主要结构材料所构建的建筑体系。焊接技术是决定建筑钢结构施工效率和建筑可靠性最为重要的因素之一。焊接时热量高度集中的瞬时热源输入结构局部，使结构材料产生不均匀变形和热状态塑性压缩，导致构件或结构内部在焊接后产生焊接变形和残余应力，削弱焊接接头周边强度或可能影响构件材料的韧性和硬度，造成各种不同的破坏机理，成为困扰工程人员的一大难题。建筑钢结构往往体量庞大，工程焊接量巨大，一旦产生较大较复杂的焊接变形，受施工现场的条件限制，将消耗大量人力物力，耗费大量工时，严重影响工程进度和建设成本。不合理的焊接工艺或焊接顺序可能导致结构在焊接后发生脆性断裂，造成废品。

　　1928年，第一部结构钢焊接法规《建筑结构中熔化焊和气割规则》由美国焊接学会出版发行。1931年，由焊接工艺制造全钢结构组成的帝国大厦建成。我国钢结构行业于20世纪40年代引入焊条电弧焊，50年代中期从苏联引进埋弧焊接技术。20世纪70年代以后，建筑钢结构箱形构件以及中厚板得到广泛使用，且陆续试验并成功应用实心焊丝和药芯焊丝CO_2气体保护焊、埋弧双丝焊、埋弧三丝焊、熔嘴电渣焊、螺柱焊等焊接技术。2010年以后，机器人焊接技术在建筑钢结构行业逐步推广应用，从传统的现场示教和离线编程发展到如今的基于视觉感知的免编程、免示教智能焊接。未来，激光-电弧复合焊接、搅拌摩擦焊接等绿色高效焊接技术在建筑结构钢焊接中将得到广泛应用，推动传统钢结构焊接向着"高精度控形""低损伤控性"的先进制造模式转变。

　　本书第1章系统概述了建筑钢结构焊接发展史及焊接特点；第2～4章主要介绍了焊接方法与工艺技术、焊接工艺设计、焊接应力与变形；第5～10章主要介绍了建筑钢结构焊接新技术，包括焊接数值模拟技术、绿色高效埋弧焊技术、超厚板铸锻件焊接技术、复杂钢结构焊接技术、高强钢焊接技术、智能焊接装备及数字化焊接系统；第11、12章主要介绍了焊接质量与安全。本书所阐述的钢结构焊接新技术来源于大量成功的工程实践，又将其上升为焊接理论，实现了认识与实践相结合，具有极强的先进性和工程实用性。

　　本书是中建钢构股份有限公司陈振明及其焊接团队杨高阳、栾公峰、国贤慧的共同研究成果，中建钢构股份有限公司焊接技能大师、国务院政府特殊津贴获得者李荣清、邱明辉、李朋朋出色地完成了大量焊接试验，为本书内容提供了丰富的焊接工艺数据，为本书的出版作出了重要贡献。

限于作者的水平，书中难免有不足之处，需要在今后的研究工作中不断加以改进和完善，敬请读者批评指正。

编者

2024 年 4 月 12 日

目　录

第 1 章
建筑钢结构焊接概述

1.1 发展历程

　　钢结构具有轻质高强、抗震性能好、施工周期短、绿色环保、便于工业化生产及可循环利用等优点，属于典型的绿色环保节能型结构，符合我国循环经济和可持续发展的要求。焊接作为钢结构制造和安装的核心工序，是决定超高层大跨度钢结构建筑施工效率和可靠性最为重要的因素之一。

　　焊接技术最早出现在 19 世纪初的西方国家。在工程应用方面，1931 年焊接工艺被用于制造帝国大厦的钢结构（见图 1-1），1933 年电弧焊工艺被用于旧金山金门大桥、长输管道（见图 1-2、图 1-3）的制造中。

图 1-1　帝国大厦

　　我国钢结构行业于 20 世纪 40 年代引入焊条电弧焊，50 年代中期从苏联引进埋弧焊接技术。从 20 世纪 60 年代后期开始，冶金工程出现了 16Mn 钢材，焊机开始大量采用 AX 系列直流焊机，采用低氢型碱性焊条，研究和发展碳弧气刨，人们开始重视焊接技术。

　　20 世纪 70 年代以后，由于建筑钢结构箱形构件及中厚板的广泛使用，又陆续试验并成功应用实心焊丝和药芯焊丝 CO_2 气体保护焊、埋弧双丝焊、埋弧三丝焊、熔嘴电渣焊及螺柱焊等焊接技术。这些焊接技术的发展为现代建筑钢结构的焊接提供了技术支持，尤其是气

图 1-2　旧金山金门大桥

图 1-3　第一条使用电弧焊工艺焊接的长输管道

体保护焊在建筑钢结构中的使用，极大地提高了焊接的生产效率，缩短了工期，创造了更好的经济效益。

在工厂焊接方面，1979 年，北京建筑研究总院与武钢金属结构厂合作，建立了国内第一条焊接 H 型钢生产线，H 型钢高度为 300~1200mm，翼缘板厚达 40mm，采用埋弧焊焊接；1985 年，北京建筑研究总院又与中国二十冶集团有限公司合作，建立了国内第一条轻型焊接 H 型钢生产线，H 型钢高度为 150~1000mm，腹板厚度 14mm 以下，并可焊接变截面 H 型钢，采用双头 CO_2 气体保护自动焊，工效是常用埋弧焊的 2~3 倍，是焊条电弧焊的 4~5 倍，焊接变形小。对于 H 型钢 4 条主缝的焊接，中、薄板一般使用双头 CO_2 气体保护自动焊，中、厚板一般采用船形位置单丝埋弧焊或双丝贴角埋弧焊，然后进行翼缘机械矫平，可矫平翼缘板厚度为 10mm，宽度为 200~800mm，高度不限。焊接 H 型钢及轻型焊接 H 型钢生产线投产后显著提高了生产率及经济效益。在完成宝钢集团自备电厂、炼铁厂、冷轧厂，以及秦皇岛煤炭运输码头、矿井支护和轻钢房屋等工程的数万吨钢结构工程中发挥了重要作用。1986 年，上海冶金金属结构厂从美国 CONRAC 公司引进 LEUNARD 自动钢梁焊机（龙门架式），集三块板组装、焊接、翼缘矫正于一体，采用双丝贴角埋弧焊，焊接电源采用林肯公司硅整流焊机，前丝配直流电源（DC1500），后丝用交流电源（AC1000），焊丝为林肯公司的 L-66、L-61，相当于我国的 H08MnA 和 H08A，但其 S、P 含量更低，规格为 ϕ3mm、ϕ4mm 及 ϕ4.8mm，焊剂为美国林肯牌号 780 和 860。780 用于单丝焊，860 用于双丝焊。可焊接 H 型钢高度 203~3658mm，腹板厚度 6~102mm，翼缘板厚度 6~102mm，宽度 102~762mm，长度 24m，焊接速度 15~60m/h 可调。

在现场焊接方面，改革开放之前使用焊条电弧焊，生产效率低，对焊工的技术水平要求也高。从 20 世纪 80 年代开始，逐渐推广选用 CO_2 气体保护焊（实心焊丝或药芯焊丝）半自动焊接，如今已成为建筑钢结构现场首要焊接方法，大大提高了焊接效率和焊接质量。

1.2　典型建筑钢结构焊接工程

随着科技不断进步，炼钢工艺水平和钢铁产量均得到了大幅提升，我国钢铁产量在 1996 年超越美国和日本，成为世界新兴钢铁大国，2010 年中国钢铁产量就已突破 6 亿 t，2022 年我国钢产量达到 10.13 亿 t，占世界钢材产量 54%。随着我国钢产量增加，钢结构行业进入高速发展期，2010 年钢结构年产量已达 3000 万 t，2022 年钢结构产量首次突破 1 亿 t，其中建筑钢结构产量达 9200 万 t。钢结构的发展，促进了焊接新技术、新工艺、新设备和新材料的应用与开发。反之，焊接新技术、新工艺、新设备、新材料的科技进步，又为钢结构行业的快速发展提供了技术支撑和保障。典型的建筑钢结构焊接工程见表 1-1。

表 1-1　典型的建筑钢结构焊接工程

建筑类别	建筑名称	用钢量/万 t	主要钢种	最大板厚/mm	竣工时间
超高层	深圳发展中心大厦	1.15	（ASTM A572）Gr42、Gr50	130	1992
	深圳地王大厦	2.45	（ASTM A572）Gr42、Gr50	90	1996
	上海环球金融中心	6.4	ASTM A572M	100	2008
	中央电视台新址大楼	14	Q355B/C、Q355JGC、Q390D、Q420D、Q460E	135	2012
	武汉中心	4.3	Q355、Q390、锻钢件 Q390GJC	100	2015
	深圳平安金融中心	10	Q355、Q420GJC、Q460GJC、铸钢件 G20Mn5QT	200	2016
	中国尊	14	Q355GJC、Q390GJC	60	2018
	大疆天空之城	6	Q355B、Q355GJB、Q420GJC/D	90	2022
	深圳南山科技创新中心（二标段）	6	Q355B、Q355C、Q390C/GJC	80	—
	深圳前海自贸时代	8	Q355B、Q390B/GJB、Q420GJB	120	—

（续）

建筑类别	建筑名称	用钢量/万 t	主要钢种	最大板厚/mm	竣工时间
大跨度	宝安工人文化宫	1.85	Q355B、Q390GJC、Q420GJC、Q460GJC、Q690GJC	120	—
	国家体育场	4.2	Q355、Q355GJ、Q460	110	2008
	昆明新机场	2.9	Q355GJ	100	2010
	深圳大运中心体育馆	1.8	Q355GJ、铸钢件	200	2011
	深圳湾体育中心	2.4	Q355C、Q355GJC、Q460GJD	50	2011
	郑州奥体中心	4.7	Q355B、Q420GJC	140	2018
	深圳国际会展中心（一期）	27	Q355GJC、Q420GJC	120	2019
	马来西亚 KLCC 商业中心	1.6	S355M、S460QL、S690QL1	200	—
塔桅结构	广州新电视塔	5.5	Q355C、Q355GJ、Q390GJ、Q415NH	70	2009
	河南广播电视塔	1.6	Q355B	40	2009

1.2.1 超高层建筑类

1. 深圳发展中心大厦

1984 年，中国第一座超高层钢结构建筑——深圳发展中心大厦（见图 1-4）破土动工。

图 1-4 深圳发展中心大厦

深圳发展中心大厦高度为 165.3m，采用钢框架-混凝土剪力墙结构，钢结构用量 1.15 万 t，钢板最大厚度达 130mm，焊缝多达 5233 条，折合长度为 354km。为解决厚板焊接难题，该工程在国内首次引进使用了 CO_2 气体保护半自动焊接工艺，大幅提高了现场焊接工效与焊接质量。

2. 深圳地王大厦

1996 年，深圳地王大厦（见图 1-5）建成，高度 383.95m，81 层，建筑面积 14.97 万 m^2，钢结构用量 2.45 万 t。建成时为亚洲第一高建筑，创造了"两天半"一个结构层的"新深圳速度"。深圳地王大厦采用筒中筒结构体系，长宽比 1.92，高宽比 9.0，创造了当时世界超高层建筑最"扁"、最"瘦"的纪录。钢结构最大板厚达到 90mm。由于结构中有大量箱形斜撑、V 形斜撑及大形 A 字形斜柱，在总长度 600km 的焊缝中，立（斜立）焊焊缝长度达到了 86km。为解决大量厚板的立（斜立）焊焊缝焊接难题，施工方成功将 CO_2 气体保护焊拓展应用于立（斜立）焊缝的焊接，保证了焊接速度与质量。

图 1-5　深圳地王大厦

3. 上海环球金融中心

上海环球金融中心（见图 1-6），高度为 492m，钢结构用量为 6.4 万 t，为当时世界结构高度最高的建筑。该建筑为典型的巨型+支撑结构体系，外围巨型框架结构由周边巨型柱、巨型斜撑、环带桁架组成，芯筒为钢骨及钢筋混凝土混合结构。施工过程中大小构件约 6 万件，包括大量倾斜、偏心、多分支接头构件，钢板最大厚度达到 100mm，现场钢结构施工焊条、焊丝用量达 285t。

4. 中央电视台新址大楼

中央电视台新址大楼（见图 1-7）高 234m，为当时世界最大的单体钢结构建筑，建筑面积约 55 万 m^2，钢结构用量达 14 万 t。2006 年被美国《商务周刊》评为"世界十大新建筑奇迹"。中央电视台新址大楼有"超级钢铁巨无霸"之称，最大钢板厚度达到135mm，钢材品种主要包括：Q355B、Q355C、Q355GJC、Q390D、Q420D 及 Q460E 等。

图 1-6　上海环球金融中心钢结构施工全景图

图 1-7　中央电视台新址大楼

5. 深圳平安金融中心

深圳平安金融中心项目（见图 1-8）外框 4 个角部间分布有 V 形支撑，其相交节点处用铸钢件连接，铸钢件分别位于 L10 层、L49 层、L85 层、L114 层及屋顶塔尖角部对接处，材质为 G20Mn5QT。该工程铸钢件对接处设计的厚度为 200mm，构件铸造完成后实际厚度为 215mm，阳角位置处厚度达 304mm，铸钢节点（见图 1-9）连接杆件较多，上下分叉与 V 形支撑连接，节点截面形状复杂。为攻克 200mm 厚八面体多棱角铸钢件焊接难题，项目成功开发了连续焊接成形的焊接方法（见图 1-10），并先以现行 GB/T 11345—2023《焊缝无损检测　超声检测　技术、检测等级和评定》进行整体检测，再按现行 GB/T 7233.1—2009《铸钢件　超声检测　第 1 部分：一般用途铸钢件》规定对缺陷部位进行复检，形成了铸钢件对接焊缝的检测验收方法，为铸钢件对接焊缝的检测提供了借鉴，该成果填补了国内外空白，经济效益和社会效益显著，具有广阔的应用和推广前景。

图 1-8　深圳平安金融中心项目施工

a) 上支撑

b) 下支撑

图 1-9　铸钢节点

图 1-10 铸钢节点焊接

6. 武汉中心

武汉中心工程塔楼 88 层，裙楼 4 层，建筑高 438m，结构标高 410.7m，结构形式为巨柱框架+核心筒+伸臂桁架的筒体结构。整栋塔楼共有 6 道巨型桁架加强层，其中 3 道为伸臂桁架，分别位于 31～33 层、46～48 层、63～65 层，伸臂桁架节点处牛腿众多且多为异形构件，焊接空间有限，若采用传统的全焊接形式工艺难度极大，且焊接质量难以保证，故将该处节点优化为锻钢节点（见图 1-11）。锻钢节点主要材质为 Q390GJC，最大板厚 400mm，最大质量约 52t。节点中心主杆件为锻钢件（见图 1-12），与之连接的部件为低合金高强度结构钢，单根节点焊缝总长 21940mm，熔敷金属达到 1223kg，焊缝填充量大。为满足连接的 Q390GJC 钢板强度要求，项目采用 Q420 材质的毛坯料进行锻压，再按设计要求进行机械加工；采用 400mm 厚锻钢与 100mm 厚 Q390GJC 钢板开展焊接工艺试验，分析焊接收缩余量，制定焊接工艺规范。采用全过程电加热技术，保证预热温度和层间温度为 120～150℃，通过工艺支撑与焊接顺序匹配，实现复杂锻钢节点焊接，并在深圳华润总部大楼等项目得到推广应用。

图 1-11 锻钢节点

图 1-12 锻钢件

7. 中国尊

中国尊（见图 1-13）项目建筑高度达 528m，地上共 108 层。该项目钢结构总用钢量达到 14 万 t，结构内包含大量的巨柱、桁架、巨撑及钢板墙等超重异形复杂构件，钢材多为 Q390GJC，总焊接长度达 57500m。该项目利用软件结合"局部-整体"思想有效地对异形多腔体巨柱进行焊接装配模拟；通过修改整体模型焊接顺序进行模拟并结合现场实际数据，最终确定了"内外组合、横立结合"的焊接顺序，来减少焊后矫正时间，节省 8.3% 安装时间，显著缩短工期，提高了工程效益。图 1-14 所示为中国尊多墙体巨柱焊接施工实景。

图 1-13 中国尊

图 1-14　中国尊多墙体巨柱焊接施工实景

1.2.2 大跨度建筑类

1. 宝安工人文化宫

宝安工人文化宫（见图 1-15）项目位于深圳市宝安中心区新湖路与兴华一路交会处，地下室 3 层，塔楼 12 层，由核心筒+W 形外框柱+桁架结构+吊挂层梁柱组成结构体系。构件主要截面形式为箱形梁柱、亚型钢梁、H 形梁柱、钢拉杆，主要材质为 Q355B、Q355GJC、Q390GJC、Q420GJC、Q460GJC 及 Q690GJC；最大板厚为 120mm。用钢量约为 1.8 万 t，其中 Q690GJC 用于顶层钢桁架，厚度为 50~120mm，共 220t。

图 1-15　宝安工人文化宫效果图

该项目的顶层桁架拉力较大杆件采用 Q690 钢后，构件截面减小，桁架刚度降低，变形略有增大。边跨增大幅度 10.55%，中间跨增大幅度 16.8%，但仍满足规范 $L/400$ 的变形限值要求且富裕量较大。通过斜 Y 形坡口焊接试验，确定 Q690GJC 高强钢焊接预热温度，通过消应力处理降低热影响区硬度，在实验室进行焊接评价，采用 30kJ/mm 的热输入，各项性能合格，满足焊接要求。

2. 国家体育场

国家体育场（即"鸟巢"，见图 1-16），位于北京奥林匹克公园中心区南部，为 2008 年北京奥运会的主体育场。北京奥运会后成为北京市民参与体育活动及享受体育娱乐的大型专业场所，为地标性的体育建筑。

图 1-16　国家体育场

"鸟巢"工程主体呈空间马鞍椭圆形，南北长 333m、东西宽 294m，建筑面积 25.8 万 m²，总投资额约 35 亿元，共设座席 9 万个。建筑屋盖顶面为双向圆弧构成的马鞍形曲面，最高点高度为 68.5m，最低点为 42.8m。墙面与屋面钢结构由 24 榀门式桁架围绕着体育馆内部碗状看台区旋转而成，其屋面主桁架高度 12m，双榀贯通最大跨度约 260m；结构总用钢量为 4.2 万 t，每平方米用钢量达到 500kg；结构采用了 Q355、Q355GJ 及 Q460 等多种型号钢材，钢板最大厚度达 110mm。"鸟巢"工程以 Q460-Z25 新钢种焊接性试验研究为核心，展示了新钢种焊接性的创新点及焊接新工艺，为建筑钢结构焊接工程采用类似新钢种提供了详细的技术参考资料。"鸟巢"施工全景如图 1-17 所示。

图 1-17　"鸟巢"施工全景图

3. 深圳大运中心体育馆

深圳大运中心体育馆（见图 1-18）是 2011 年世界大学生运动会主会场，其建筑造型犹如一块璀璨的"水晶石"。场馆共设座席 6 万个，建筑面积 13.6 万 m²，总投资约 41 亿元，满足国际田联及国际足联的比赛标准要求，可举办各类国际级、国家级和当地的体育赛事以及超大型的音乐盛会。该体育馆采用了内设张拉膜的钢屋盖体系，钢结构为单层折面空间网格结构，平面形状为椭圆形（285m×270m），最高点高度为 44.1m，不同区域悬挑长度为 51.9~68.4m。一标段钢结构总质量约 1.8 万 t，主要采用 Q355GJ 材质钢材及大量铸钢件，钢板最大厚度达 200mm。

图 1-18　深圳大运中心体育馆

针对深圳大运中心体育馆主体育场单层折面空间网格钢结构体系，悬挑长度长、现场焊接量大、厚板焊接和异种材质焊接多等施工难点进行深入研究，采用半自动 CO_2 气体保护焊工艺，通过采取合理的焊接顺序、设置专门的操作支架、计算机温控电加热、分段分层退焊及多人同步对称焊接等措施，加强焊接过程中的加固与实时监测，成功完成了单层折面空间网格结构的焊接，尤其是创新性地解决了大直径异种高强度厚壁钢管现场全位置焊接和超厚（厚度达 200mm）铸锻件的焊接难题（见图 1-19）。

a) 打底焊接　　　　　　　　　　　　b) 焊后成形及保温处理

图 1-19　铸锻件焊接

4. 深圳湾体育中心

深圳湾体育中心又名"春茧"（见图 1-20），是第 26 届世界大学生夏季运动会分会场之一，其主要建设内容有"一场两馆"，即体育场、体育馆、游泳馆及运动员接待服务中心、体育主题公园及商业运营设施等。深圳湾体育中心采用一体化设计，通过空间曲面单层网壳屋盖体系，将"一场两馆"有机联系在一起，形似"春茧"。

图 1-20 深圳湾体育中心

该工程总投资约 22 亿元，主场馆长约 500m、宽约 240m、高约 52m。总建筑面积约 25.6 万 m²。其结构为单层空间变曲面弯扭斜交网格，总用钢量约 2.4 万 t，最大跨度 180m，最大悬挑 41m。钢材材质主要有 Q355C、Q355GJC、Q460GJD 等，主体结构于 2009 年 10 月 30 日开吊，2010 年 3 月 30 日封顶。该工程的焊接重难点主要为 Q460GJD 材质之间的焊接，以及箱形弯扭构件焊接变形控制（见图 1-21）。

图 1-21 弯扭结构焊接

5. 马来西亚 KLCC 商业中心

马来西亚 KLCC 商业中心（见图 1-22）项目位于马来西亚首都吉隆坡市中心，总建筑面积 11.68 万 m²，总用钢量约 1.6 万 t，地下 5 层，地上 6 层，主体为钢框架+悬挑桁架结构体系，桁架整体长 90.2m，悬挑区挑空达 45.7m。该项目钢材屈服强度达 690MPa，最大板厚 200mm，强度和厚度均为同期在建钢结构项目之最。

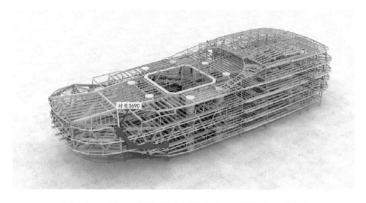

图 1-22　马来西亚 KLCC 商业中心钢结构三维图

高强钢节点（见图 1-23）质量达 64t，最大板厚 160mm，材质 S690QL1。作为整个悬挑结构受力支撑，存在叠合板加工、高强钢焊接、加工尺寸精度控制等难题。严格按照焊接工艺评定参数进行施焊，针对窄腔体内部隐蔽焊缝：综合考虑设计及焊接操作要求，采用翼缘横向分三段逐层焊接的方法。通过 16 次退装退焊完成高强钢叠加板节点整体焊接。为确保焊缝质量可靠性，采用可视化超声波相控阵检测技术精确检测焊缝质量，焊缝一次检测合格率达到 99.2% 以上。

图 1-23　高强钢节点

1.2.3　塔桅结构类

广州新电视塔是为 2010 年广州亚运会建设的广播电视塔。总用地面积约 18 万 m^2，总建筑面积约 11 万 m^2，结构总高 610m，钢结构总量 5.5 万 t，其形体扭转向上，体态优美，如图 1-24 所示。

图 1-24　广州新电视塔

钢结构外框筒采用钢管构件，高处节点为等强焊接连接，存在焊接量大，质量要求高，高处作业条件差，以及受气候影响明显等难题。结合以往的焊接经验，以 CO_2 半自动气体保护焊为主、手工焊为辅，进行钢结构节点高处全位置焊接。节点采用对称分布焊接，按立柱→斜撑→环梁的顺序控制，同环内节点采用对称分布、交错焊接，以最大限度地减小焊接变形的不利影响。

1.3　发展趋势

1. 钢结构焊接难度越来越大

纵观我国近几年钢结构工程，无不体现出"大、特、新"的特点。超高层、大跨度的世界级超大规模建筑屡见不鲜，结构形状新颖独特，标新立异，具有强烈的视觉冲击效果。随之而来的是，钢结构体系繁多，节点构造复杂，焊接接头形式多，铸钢、锻钢等复杂异质节点焊接难度大。同时，钢节点作为结构受力的关键部位，全部是坡口熔透一级焊缝，100%超声波无损检测，对焊接质量要求非常高。

在焊接时，热量高度集中的瞬时热源输入结构局部，使结构材料产生不均匀变形和热态塑性压缩，导致构件或结构内部在焊接后产生焊接变形和残余应力，削弱焊接接头周边强度或影响构件材料的韧性和硬度，造成各种不同的破坏机理，成为困扰工程人员的一大难题。建筑钢结构往往体量庞大，工程焊接量巨大，一旦产生较大、较复杂的焊接变形，受施工现场的条件限制，将消耗大量人力物力，耗费大量工时，严重影响工程进度和建设成本。不合理的焊接工艺或焊接顺序可能导致结构在焊接后发生脆性断裂，造成废品。因此，为了减小焊接变形，避免进行焊后变形校正及残余应力消除工作，有必要对焊接变形和残余应力进行研究，掌握其在构件制作和结构安装过程中的发生规律，在设计和施工方案制定阶段采用合理的手段加以控制。

2. 加快优质高效焊接技术推广应用

随着经济发展的需要和科技的进步，各类钢结构钢材强度级别越来越高，尺寸参数也越来越大型化。宝安工人文化宫、马来西亚 KLCC 商业中心等钢结构采用了屈服强度级别为690MPa 的钢材，其最大厚度达 200mm。其制作、安装不断需求更高效、更自动化、更优质的焊接技术。

机器人作为智能制造中不可或缺的关键设备，如何实现钢结构制造中机器人的快速应用，一直是工程技术人员不断研究的课题，并且已经取得了很好的成果。比如，大兴机场与港珠澳大桥等工程中机器人焊接的成功应用。因此，未来随着焊接应用技术进步的不断加速，钢结构行业普遍采用焊接机器人肯定是焊接应用技术的发展方向之一。机器人焊接技术的核心是信息技术，是融合人的感官信息（焊接过程视觉、听觉、触觉）、经验知识（熔池行为、电弧声音、焊缝外观）、推理判断（焊接经验知识学习、推理与决策）、焊接过程控制及工艺各方面专业知识的交叉学科。因此，突破机器人焊接智能化关键技术，是其在钢结构领域应用的迫切需要。针对机器人智能化焊接技术应用难题，国内外各研究机构及钢结构制造企业开展了大量研究工作，主要集中在钢结构机器人焊接数据库、焊缝跟踪技术研究，以及钢结构件智能化制造生产线研发等方面。

3. 推动建筑钢结构全面焊接质量体系建立

为了提高质量、保证工程进度，钢结构工程必须建立一个看得见、摸得着，由各管理、操作层关键人员组成，以及质量职能相互约束、相互支持的质量保证体系。

焊接质量保证体系是采用了全面质量管理 TQC 的基本思想，以提高焊缝质量、保证厚板焊缝一次合格率达到 100% 为目标，运用系统管理的概念和方法，将钢结构焊接工程的各个阶段、各个环节、每个管理人员和焊工的质量管理职能和质量管理意识以及实际操作工序，有机、合理地组织起来，形成一个有明确任务、职责、权限，且又互相协调、互相促进的团结整体，从而建立钢结构工程全部焊接工作的组织体系。

质量保证系统运行的重点：各阶段、各层次、各环节人员质量职能的落实并运行；执行质量职能既要严肃认真，又要互相帮助；在执行质量职能中，坚持原则不对立，互通有无，反对无原则的"一团和气"，使焊接的质量职能落到实处，从而确保焊接质量保证体系深入、持久地运行。

第 2 章

焊接方法与工艺技术

2.1 建筑钢结构用钢材及焊接材料

2.1.1 钢材

钢材的选用和采购应依据设计文件和图样要求。在采购钢材时，除符合材质要求外，还应特别注意钢材的交货状态、无损检测及品牌要求。在采购型钢和圆管时，还应特别注意对型材焊缝等级、无缝要求、形状公差等作出符合图样或设计文件的技术条款限定。

1. 钢材种类

常用钢材分类见表 2-1。

表 2-1　常用钢材分类

种　类	材质及等级	标　准
碳素结构钢	Q195、Q215、Q235、Q275；质量等级分为 A/B/C/D 级	GB/T 700—2006《碳素结构钢》
低合金高强度结构钢	Q355、Q390、Q420、Q460、Q500、Q550、Q620、Q690；质量等级分为 B/C/D 级	GB/T 1591—2018《低合金高强度结构钢》
建筑结构用钢板	Q235GJ、Q345GJ、Q420GJ、Q460GJ、Q500GJ、Q550GJ、Q620GJ、Q690GJ；质量等级分为 B/C/D/E 级	GB/T 19879—2023《建筑结构用钢板》
厚度方向性能钢板	厚度方向性能分为 Z15、Z25、Z35	GB/T 5313—2023《厚度方向性能钢板》
桥梁用结构钢	Q345q、Q370q、Q420q、Q460q、Q500q、Q550q、Q620q、Q690q；质量等级分为 C/D/E/F 级	GB/T 714—2015《桥梁用结构钢》

2. 型材及管材种类

常用型材及管材分类见表 2-2。

表 2-2　常用型材及管材分类

种　类	材料特点	标　准
热轧型钢	工字钢、槽钢、等边角钢、不等角钢等	GB/T 706—2016《热轧型钢》
热轧 H 型钢和剖分 T 型钢	宽翼缘 H 型钢（HW）、中翼缘 H 型钢（HM）、窄翼缘 H 型钢（HN）、薄壁 H 型钢（HT）等	GB/T 11263—2017《热轧 H 型钢和部分 T 型钢》
结构用高频焊接薄壁 H 型钢	用高频焊方法制成的薄壁 H 型钢或卷边薄壁 H 型钢	JG/T 137—2007《结构用高频焊接薄壁 H 型钢》
结构用冷弯空心型钢	在冷弯机上生产的圆形、矩形和方形冷弯空心型钢，主要采用高频电阻焊制成	GB/T 6728—2017《结构用冷弯空心型钢》
结构用无缝钢管	常用低合金钢（Q345~Q690）无缝钢管	GB/T 8162—2018《结构用无缝钢管》
直缝电焊钢管	适用于外径不大于 711m 的直缝电焊钢管，一般采用高频电阻焊制成	GB/T 13793—2016《直缝电焊钢管》
建筑结构用冷弯矩形钢管	分为"直接成方"和"先圆后方"矩形管，一般为高频电阻焊	JG/T 178—2005《建筑结构用冷弯矩形钢管》
冷拔异形钢管	冷拔成形的简单断面异形钢管，由无缝或埋弧焊钢管冷拔而成	GB/T 3094—2012《冷拔异型钢管》

3. 交货状态

关于钢材交货状态的具体说明见表 2-3。

表 2-3　钢材交货状态

交货状态	简　称	特　点
热轧	AR 或 WAR	未经任何特殊轧制和/或热处理的状态
正火	N	钢材加热到相变点温度以上的一个合适的温度，然后在空气中冷却至低于某相变点温度的热处理工艺
正火轧制	+N	钢材最终变形是在一定温度范围内的轧制过程中进行，使钢材达到一种正火后的状态
热机械轧制	TMCP	钢材最终变形在一定温度范围内进行的轧制工艺，从而保证钢材获得仅通过热处理无法获得的性能
调质	QT	正火后回火的热处理工艺

2.1.2　焊接材料

钢结构焊接材料应符合设计文件要求，并应具有焊接材料厂家的产品质量证明或检验报告，其化学成分、力学性能和其他质量要求应符合国家现行有关标准规定。

1. 主要焊接材料种类

主要焊接材料种类见表 2-4。

表 2-4　主要焊接材料种类

焊接方法	焊接材料	标　准
焊条电弧焊	焊条	GB/T 5117—2012《非合金钢及细晶粒钢焊条》 GB/T 5118—2012《热强钢焊条》
CO_2 气体保护焊	药芯焊丝	GB/T 10045—2018《非合金钢及细晶粒钢药芯焊丝》 GB/T 17493—2018《热强钢药芯焊丝》
	实心焊丝	GB/T 14957—1994《熔化焊用钢丝》 GB/T 8110—2020《熔化极气体保护电弧焊用非合金钢及细晶粒钢实心焊丝》
	CO_2	GB/T 39255—2020《焊接与切割用保护气体》
埋弧焊	埋弧焊丝、焊剂	GB/T 5293—2018《埋弧焊用非合金钢及细晶粒钢实心焊丝、药芯焊丝和焊丝-焊剂组合分类要求》 GB/T 12470—2018《埋弧焊用热强钢实心焊丝、药芯焊丝和焊丝-焊剂组合分类要求》
电渣焊	焊丝	熔嘴电渣焊焊丝参照 GB/T 5293—2018、GB/T 12470—2018，丝级电渣焊焊丝参照 GB/T 14957—1994、GB/T 8110—2020
	焊剂	GB/T 36037—2018《埋弧焊和电渣焊用焊剂》
栓钉焊	瓷环	GB/T 10433—2002《电弧螺柱焊用圆柱头焊钉》

2. 焊接材料的选用原则

焊接材料选用原则主要有两个：一个是考虑抗拉强度匹配原则；另一个是考虑焊接材料的低温冲击性能需与母材低温冲击性能匹配。钢结构制造焊接材料的选用应符合 GB 50661—2011《钢结构焊接规范》的规定。常用钢材及不同焊接方法对应的焊接材料见表 2-5。

表 2-5　常用钢材及不同焊接方法对应的焊接材料

材料强度等级	焊接方法	焊接材料型号
Q235 级别	GMAW	G49AXC1SX
	FCAW	T492T1-XC1X
	SAW	SU08A、SU26

（续）

材料强度等级	焊接方法	焊接材料型号
Q355 级、Q390 级	GMAW	G49AXC1SX
	FCAW	T492T1-XC1X
	SAW	SU34
Q420 级、Q460 级	GMAW	G55AXSXMX
	FCAW	T55XTX-XX
	SAW	SUM3
Q620 级、Q690 级	GMAW	ER76-X、ER83-X
	FCAW	E76XTX-X、E83XTX-X
	SAW	F76XX-HXXX、F83XX-HXXX

注：焊接材料宜选用低氢焊接材料。

2.2 常用焊接方法

在钢结构的加工制造及现场施工过程中，焊条电弧焊、CO_2 气体保护焊、埋弧焊、电渣焊及栓钉焊是最常用的焊接方法。根据加工构件的类型、焊缝长度和焊缝类型来选择采用焊条电弧焊、半自动焊或全自动焊接工艺。对于较长的焊缝宜选用自动焊，对于较短或不规则的焊缝宜选用半自动气体保护焊或焊条电弧焊。常见的焊接方法见表2-6。

表 2-6　常见的焊接方法

序　号	焊接方法	图　例	工艺特点
1	焊条电弧焊	利用焊条与工件之间燃烧的电弧热熔化焊条端部和工件的局部，随着电弧向前移动，熔池的液态金属逐步冷却结晶而形成焊缝	1）设备简单，操作灵活，适应性强，不受场地和焊接位置的限制 2）对焊工操作技术要求高，焊接质量在一定程度上取决于焊工操作水平 3）劳动条件差，熔敷速度慢，生产效率低

（续）

序 号	焊接方法	图 例	工艺特点
2	CO_2 气体保护焊	**电源** A V **焊枪** **工件** 通过焊丝与母材间产生的电弧熔化焊丝及母材，形成熔池金属，电弧和焊接熔池靠焊枪喷嘴喷出的 CO_2 气体来保护，从而获得完好的焊接接头	1）焊接成本低 2）生产效率高，操作简便 3）焊缝抗裂性能高，电弧可见性好，适应性强 4）焊接飞溅较大、烟尘大 5）受环境制约，在室外焊接作业时需有防风装置 6）受操作空间制约，狭小空间焊枪不易接近
3	埋弧焊	**焊剂漏斗** **焊丝** **送丝机构** M **电源** **软管** **导电嘴** **坡口** **母材** **焊剂** **焊接方向** **熔敷金属** **渣壳** 电弧在焊剂层下燃烧进行机械化焊接的方法	1）生产效率高，焊接质量好 2）劳动条件好 3）焊接位置受限，一般只适用于平焊和角焊位置 4）焊接电流较大，通常适用于板厚 ≥ 10mm 的母材

（续）

序　号	焊接方法	图　例	工艺特点
4	电渣焊	 利用电流通过熔渣所产生的电阻热作为热源，将填充金属和母材熔化，凝固后形成焊缝	焊接热输入大，适用于箱体内隔板焊缝的焊接
5	栓钉焊	 通过焊枪或焊接机头的提升机构将栓钉提升起弧，经过一定时间的电弧燃烧，利用外力将栓钉顶插入熔池来实现栓钉焊接	适用于栓钉的焊接

2.3　焊条电弧焊焊接工艺

焊条电弧焊焊接技术要点见表2-7。

表 2-7　焊条电弧焊焊接技术要点

序　号	图　例	技术要点
1		一般选用 ϕ3.2mm 或 ϕ4mm 的规格。打底焊时选用 ϕ3.2mm 小直径焊条，以便获得较好的底部焊缝金属；在横焊、立焊和仰焊的情况下，由于重力作用，熔化金属易从接头中流出，故应选用 ϕ3.2mm 焊条；针对其余情况，为提高生产效率宜选用 ϕ4mm、ϕ5mm 焊条
2		焊条电弧焊的电弧电压由电弧长度确定，若电弧长，则电弧电压高，反之则低。电弧长度为焊条心的熔化端到焊接熔池表面的距离
3		焊条电弧焊的运条方式有直线形式和横向摆动式。在焊接低合金高强钢时，要求焊工采取多层多道焊的焊接方法。在立焊位置摆动幅度不允许超过焊条直径的 3 倍；在平焊、横焊、仰焊位置禁止摆动。焊道厚度不得超过 5mm，以获得良好的焊缝性能
4		焊条电弧焊单道角焊缝最大焊脚尺寸，平焊位置不得超过 10mm，立焊位置不得超过 12mm，横焊、仰焊位置不得超过 8mm

（续）

序　号	图　例	技术要点
5		焊接电缆必须有完整的绝缘，不可将电缆放在焊接电弧附近或热的焊缝金属上，同时要避免碰撞磨损。焊接电缆如有破损，应立即进行修理或调换。焊机的把线、零线应连接牢固，并不得用钢丝绳或机电设备代替零线

焊条电弧焊平焊位置推荐焊接参数见表2-8。

表2-8　焊条电弧焊平焊位置推荐焊接参数

焊接方法	焊条直径/mm	焊接电流/A	电弧电压/V	焊接速度/（cm/min）
SMAW	3.2	100～140	22～26	15～20
SMAW	4.0	120～190	26～30	18～25
SMAW	5.0	180～250	30～34	18～25

注：相比表2-8数值，立焊、横焊、仰焊位置时焊接电流减小10%～15%，定位焊接电流加大10%～15%。

2.4　气体保护焊焊接工艺

　气体保护焊是采用连续等速送进可熔化的焊丝与被焊工件之间的电弧作为热源来熔化焊丝和母材金属，形成熔池和焊缝的焊接方法。下面以 CO_2 气体保护焊为例，阐述其焊接技术要点（见表2-9）。

表2-9　CO_2 气体保护焊焊接技术要点

序　号	图　例	技术要点
1		焊丝一般选用直径为1.2mm的细丝，可用于全位置焊接

（续）

序　号	图　例	技术要点
2		1）焊接电流的大小主要取决于送丝速度，送丝速度增加，焊接电流也增加，熔深也相应增加 2）电弧电压为导电嘴到工件之间的电压，焊接过程中弧长若增加，则电弧电压升高，熔深变浅、熔宽增加、余高减小、焊趾平滑 3）焊接速度增加时，焊缝的熔深、熔宽和余高均较小，焊接速度减小，焊道变宽，易造成焊瘤缺陷
3	CO_2流量计	气体流量一般为 20~25L/min
4	防风棚帆布　防风棚支架　小防风罩	在室外或现场作业，当施焊现场风速超过2m/s 时，必须采取防风措施
5	喷嘴　导电嘴　干伸长	焊丝干伸长是指从导电嘴到焊丝端头的这段焊丝长度，CO_2 气体保护焊焊丝干伸长以 15~20mm 为宜，且在焊接过程中应保持干伸长稳定不变

常用钢材的 CO_2 气体保护焊推荐的焊接参数见表 2-10。

表 2-10　常用钢材 CO_2 气体保护焊推荐的焊接参数

焊接位置	焊接方法	焊接电流/A	电弧电压/V	焊接速度/（cm/min）
平/横焊	GMAW/FCAW	200~280	28~34	20~35
立焊	GMAW/FCAW	180~240	24~30	8~18
仰焊	GMAW/FCAW	170~220	26~30	10~20

CO_2 气体保护焊单道焊最大焊缝尺寸应符合表 2-11 的规定。

表 2-11　CO_2 气体保护焊单道焊最大焊缝尺寸

焊接位置	焊缝类型	焊道类型	实心（药芯）焊丝气体保护焊
平焊	全部	根部焊道最大厚度/mm	10
横焊			8
立焊			12
仰焊			8
全部	全部	填充焊道最大厚度/mm	6
平焊	角焊缝	单道角焊缝最大焊脚尺寸/mm	12
横焊			10
立焊			12
仰焊			8

2.5　埋弧焊焊接工艺

埋弧焊是钢结构加工过程中比较常用的一种高效自动焊接方法。焊接设备有小车式埋弧自动焊机和台车式埋弧自动焊机两种，焊丝有单丝、双丝和多丝等。单丝及双细丝埋弧焊接设备的电源为直流，双粗丝埋弧焊设备为交流电和直流电配合使用，为了配合前丝直流大熔深的特性，后丝采用交流电源供电，以获得较大熔宽。埋弧焊通常是高负载持续率、大电流的焊接过程，因此一般埋弧焊机电源具有大电流 100% 负载持续率的输出能力，负载时能保证焊接过程稳定。

埋弧焊焊接技术要点如下。

1）埋弧焊焊接时，对于单丝埋弧焊，应注意焊接过程中焊丝对中焊缝，防止焊偏或咬边；对于双丝或多丝埋弧焊，应控制好双丝或多丝之间的距离，防止"拖渣"导致焊缝夹渣。

2）操作者应严格按照工艺文件规定的焊接参数进行施焊，严禁采用过大的焊接参数。

3）单/双丝埋弧焊焊接参数推荐值见表 2-12。

表 2-12　单/双丝埋弧焊焊接参数推荐值

类　　型	焊丝直径/mm	焊接电流/A	电弧电压/V	焊接速度/（cm/min）
单丝	4.8	600~680	32~36	40~60
双丝	4.8	前丝：700~800	前丝：32~35	55~65
		后丝：650~750	后丝：38~40	

4）焊接过程中要控制好层道间的温度，最低道间温度不应低于预热温度：静载结构焊接时，最大道间温度不宜超过 250℃；周期性荷载结构和调质钢焊接时，最大道间温度不宜超过 230℃。

5）焊接过程中要做好层道间焊渣的清理工作，以免影响下一道的焊接质量。

6）在焊接中应保持焊剂连续覆盖，以免焊剂中断露出电弧。灌装、清扫、回收焊剂应采取防尘措施，防止焊工吸入焊剂粉尘。

2.6　电渣焊焊接工艺

电渣焊焊接技术要点见表 2-13。

表 2-13　电渣焊焊接技术要点

序　　号	图　　例	技术要点
1		电渣焊的基本接头形式是对接接头和 T 形接头；接头装配间隙控制在 0.5mm 内，避免漏浆。准备引弧铜块、熄弧铜块、千斤顶、耐火泥及反光镜等

（续）

序　号	图　例	技术要点
2		1）斜置隔板铣边时，必须按斜度设置 2）衬垫板和隔板之间的定位焊缝应连续焊 3）装配间隙 b 与隔板板厚 t 的关系： 　　$t \leqslant 32mm$ 时，$b = 25mm$； 　　$32mm < t \leqslant 45mm$ 时，$b = 28mm$； 　　$t > 45mm$ 时，$b = 30 \sim 32mm$； 4）当待焊工件厚度 $t < 14mm$ 且必须使用电渣焊时，必须在试件两侧增设垫板，以增大焊接空间，使其宽度 $b \geqslant 14mm$
3		为保证焊接质量，必须在引弧、熄弧铜块上进行引弧、熄弧
4		1）整个焊接过程中不要随便改变焊接参数，尽量保持渣池温度恒定。采用反光镜经常观察渣池深度，以保持稳定的电渣过程。一旦发生漏渣，必须迅速降低送丝速度，并立即加入适量焊剂，以恢复到预定的渣池深度。 2）焊接时注意调整焊丝，使之处于焊道的中心位置，严禁焊丝过偏 3）熄弧时，当电渣焊熔池液面高出电渣焊上口 $20 \sim 30mm$ 时，采取逐渐减小焊接电流和电弧电压直至断电的方式熄弧

2.7　栓钉焊焊接工艺

栓钉焊焊接技术要点见表 2-14。

表 2-14　栓钉焊焊接技术要点

序　号	图　　例	技术要点
1	a) 焊接准备 (栓钉端部与母材接触) 栓钉　陶瓷保护罩　铝制引弧结　母材 b) 引弧 (按动开关, 上提栓钉产生引导电流) 电弧 c) 焊接 (强电流使栓钉端与一部分母材加热熔化) 焊接电弧　高温气体 d) 加压 (固定一段时间后栓钉压入到母材中) 飞溅物 e) 断电 (熔化金属凝固) 焊接金属部 f) 冷却 (焊接完成) 余高	1) 启动电源 1min 后方可进行焊接操作 2) 在正式操作前必须试枪, 借以观察焊枪工作情况, 包括引弧和提升高度等 3) 在施焊时, 不得调节工作电压, 但可对焊接电流和通电时间进行调节 4) 在焊缝完全冷却以前, 不要打碎瓷环
2	压型钢板　栓钉 梁的上翼缘	对拉弧式穿透焊应符合以下规定: 1) 栓钉穿透焊中组合楼盖板的楼承板厚度不应超过 1.6mm 2) 在组合楼板搭接的部位, 当采用穿透焊无法获得合格焊接接头时, 应采用机械或热加工法在楼承板上开孔, 然后进行焊接 3) 穿透焊接的栓钉直径应不大于 19mm 4) 在准备进行栓钉焊接的构件表面不宜进行涂装。已涂装并对焊接质量有影响的涂层, 施焊前应全部或局部清除 5) 进行穿透焊的组合楼板应在铺设施工后的 24h 内完成栓钉焊接。当遇有雨雪天气时, 必须采取适当的措施保证焊接区干燥 6) 楼承板与钢构件母材之间的间隙大于 1mm 时不得采用穿透焊

（续）

序　号	图　例	技术要点
3	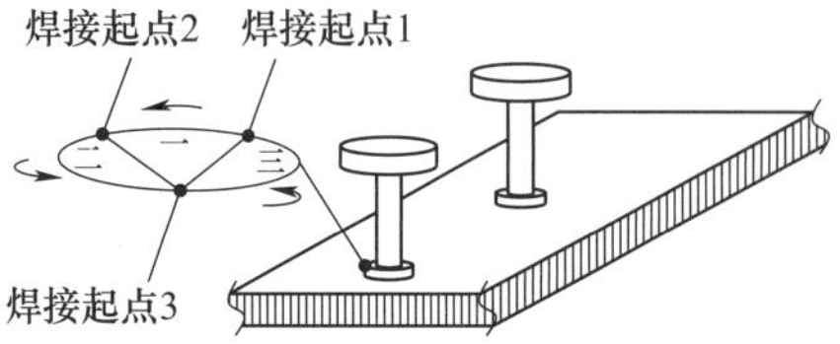 焊接起点2　焊接起点1 焊接起点3	由于构件形式及焊接位置受限而无法采用栓钉焊机的部位，可按工艺要求进行气保焊焊接，但应注意，应保证栓钉脚部的良好熔合，避免金属液覆盖造成假焊。在焊接施工时对栓钉脚部应分三个部分焊接，不允许利用气保焊一次绕角焊接成形

平焊位置栓钉焊的焊接参数可按表 2-15 的规定执行。

表 2-15　平焊位置栓钉焊焊接参数参考值

栓钉规格/mm	焊接电流/A		焊接时间/s		伸出长度/mm	
	非穿透焊	穿透焊	非穿透焊	穿透焊	非穿透焊	穿透焊
$\phi 13$	950	900	0.7	0.9	3~4	4~6
$\phi 16$	1250	1200	0.8	1.0	4~5	4~6
$\phi 19$	1500	1450	1.0	1.2	4~5	5~8
$\phi 22$	1800	—	1.2	—	4~6	—
$\phi 25$	2200	—	1.3	—	5~8	—

第 3 章

焊接工艺设计

3.1 焊缝构造设计

3.1.1 焊接接头

焊接接头是将零件或部件用焊接的方法相互连接起来的区域，接头种类是通过零部件在结构设计上相互配置的情况而确定的。常见的接头种类如图 3-1 所示。

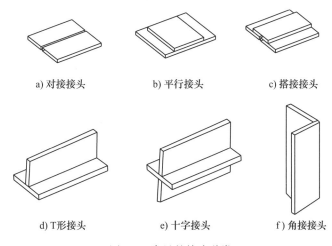

a) 对接接头　　　　　b) 平行接头　　　　　c) 搭接接头

d) T 形接头　　　　　e) 十字接头　　　　　f) 角接接头

图 3-1　常见的接头种类

表 3-1 列举了构件间与相互位置有关的各种接头种类。

表 3-1　构件间与相互位置有关的各种接头种类

接头种类	说　　明
对接接头	部件处于同一平面内，彼此对接
平行接头	部件上下平行放置
搭接接头	部件上下平行放置，并搭接

（续）

接头种类	说　明
T 形接头	部件相互呈直角（T 形）连接
十字接头	两个位于同一平面的部件与在它们之间的第三个部件（双 T 形）连接
斜接接头	一个部件相对于另一个部件呈倾斜连接 两个部件以任意角度相互连接
角接接头	两个部件相互呈角接连接
综合接头	三个或多个部件以任意角度相互连接

　　焊接接头有钝边、坡口角度、间隙等术语，图 3-2 以不同的对接接头为例，介绍焊接接头的术语。

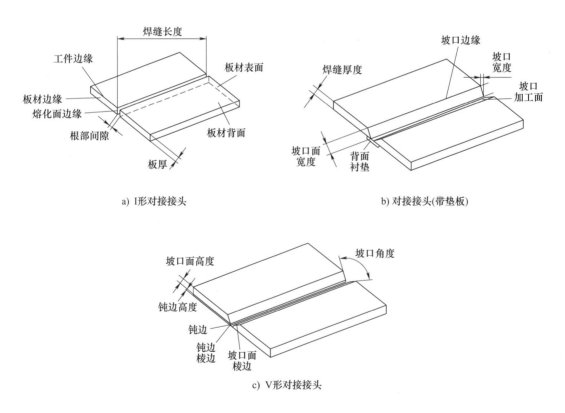

a) I 形对接接头　　　　　　　　　b) 对接接头(带垫板)

c) V 形对接接头

图 3-2　对接接头示意图

　　对接及角焊缝接头、熔化焊焊接接头术语如图 3-3、图 3-4 所示。

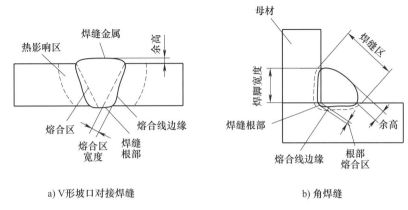

a) V形坡口对接焊缝　　　　　　　　b) 角焊缝

图 3-3　对接及角焊缝接头术语

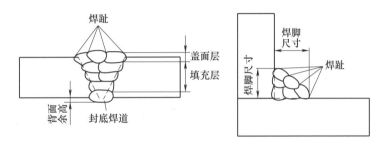

图 3-4　熔化焊焊接接头术语

3.1.2　焊缝符号及标注

在技术图样或文件上需要表示焊缝或接头时，需要采用焊缝符号进行表示。焊缝符号应清晰表述所要说明的信息，不使图样增加更多的注解。GB/T 324—2008《焊缝符号表示法》对于焊缝的表示进行了规定。焊缝符号包括基本符号、指引线、补充符号、尺寸符号及数据等。通常在图样上标注焊缝时仅采用基本符号和指引线，其他内容可在相关文件中明确。焊缝基本符号表示焊缝横截面的基本形式或特征，常见焊缝的基本表示符号见表 3-2。

表 3-2　常见焊缝的基本表示符号

序　号	名　称	图　示	符　号
1	I 形焊缝		‖
2	V 形焊缝		∨

（续）

序　号	名　　称	图　　示	符　　号
3	单边 V 形焊缝		V
4	带钝边的 V 形焊缝		Y
5	带钝边的单边 V 形焊缝		Y
6	双面 V 形焊缝（X 焊缝）		X
7	双面单 V 形焊缝（K 焊缝）		K
8	带钝边的双面单 V 形焊缝		K
9	带钝边的双面 V 形焊缝		X
10	带钝边 U 形焊缝		Y
11	双面 U 形焊缝		X
12	封底焊缝		⌣
13	角焊缝		◺

（续）

序　号	名　称	图　示	符　号
14	塞焊缝或槽焊缝	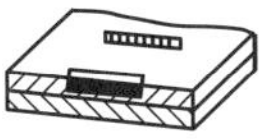	 ⊓
15	点焊缝	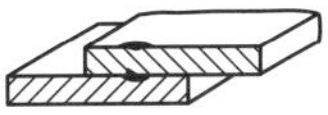	○
16	堆焊缝		 ⌒⌒

　　焊缝补充符号用来说明有关焊缝或接头的某些特征（如表面形状、衬垫、焊缝分布及施焊地点等），见表3-3。

表 3-3　焊缝补充符号

序　号	名　称	符　号	说　明
1	平面	 ——	焊缝表面通常经过加工后平整
2	凹面	 ⌣	焊缝表面凹陷
3	凸面	 ⌢	焊缝表面凸起
4	圆滑过渡		焊趾处圆滑过渡
5	永久衬垫	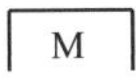 M	衬垫永久保留
6	临时衬垫	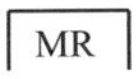 MR	衬垫在焊接完成后拆除
7	三面焊缝	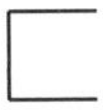 ⊐	三面带有焊缝
8	周围焊缝	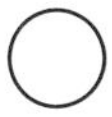 ○	沿着工件周边施焊的焊缝 标注位置为基准线与箭头线的交点处

（续）

序　号	名　　称	符　　号	说　　明
9	现场焊缝		在现场焊接的焊缝
10	尾部		可以表示所需的信息

焊缝符号使用应符合下列规定：基本符号和指引线为焊缝符号的基本要素，焊缝的准确位置通常由基本符号和指引线之间的相对位置决定。

（1）指引线

指引线由箭头线和基准线（实线和虚线）组成，如图 3-5 所示。

（2）基准线

基准线一般应与图样的底边平行，必要时也可与底边垂直。实线和虚线的位置可根据需要互换。

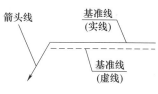

图 3-5　指引线

（3）基本符号与基准线的相对位置

基本符号与基准线之间应有明确的相对位置关系，如图 3-6 所示。

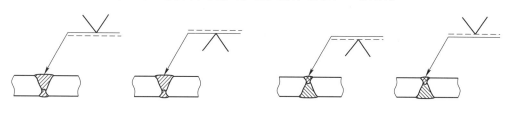

a) 焊缝在接头的箭头侧　　　　　　　　b) 焊缝在接头的非箭头侧

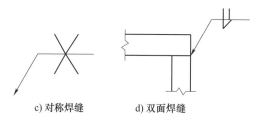

c) 对称焊缝　　　d) 双面焊缝

图 3-6　基本符号与基准线的相对位置

1）基本符号在实线侧时，表示焊缝在箭头侧（见图 3-6a）。

2）基本符号在虚线侧时，表示焊缝在非箭头侧（见图 3-6b）。

3) 对称焊缝允许省略虚线（见图 3-6c）。

4) 在明确焊缝分布位置的情况下，双面焊缝也可省略虚线（见图 3-6d）。

（4）焊缝符号标注规定

焊缝尺寸标注方法如图 3-7 所示。

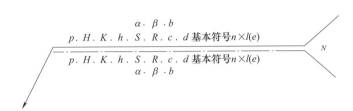

图 3-7　焊缝尺寸标注方法

注：p 为钝边；H 为坡口深度；K 为焊脚尺寸；h 为焊缝余高；S 为焊缝的有效厚度；R 为根部半径；c 为焊缝宽度；d 为点焊熔核直径；α 为坡口角；β 为坡口面角度；b 为根部间隙；n 为焊缝段数或点焊焊点数；l 为断续焊或缝焊的焊缝长度；e 为焊缝间距；N 为相同焊缝的数量。

1) 横向尺寸标注在基本符号的左侧。

2) 纵向尺寸标注在基本符号的右侧。

3) 坡口角度、坡口面角度、根部间隙标注在基本符号的上侧或下侧。

4) 相同焊缝数量标注在尾部。

5) 当尺寸较多不易分辨时，可在尺寸数据前标注相应的尺寸符号。

6) 焊缝位置的尺寸若不在焊缝符号中标注时，应将其标注在图样上。

7) 基本符号的右侧若无任何尺寸标注，且无其他说明时，表示焊缝在工件的整个长度方向上是连续的。

8) 基本符号的左侧若无任何尺寸标注，且无其他说明时，表示对接焊缝应完全焊透。

9) 塞焊缝、槽焊缝带有斜边时，应标注其底部尺寸。

（5）常用焊缝符号表示方法

焊缝符号应表示焊缝剖面的基本形式，常用焊缝符号表示方法应符合表 3-4 相关规定。焊缝标注应以原设计施工图为准，深化设计图中宜标注出所有焊缝。必要时可配以焊缝通图作为补充。

表 3-4　常用焊缝符号表示方法

基本符号	坡口形状	焊缝成形	基本符号	坡口形状	焊缝成形

（续）

基本符号	坡口形状	焊缝成形	基本符号	坡口形状	焊缝成形

注：PP 表示部分熔透焊缝，ESW 表示电渣焊。

3.2　焊接坡口设计

随着钢结构建筑的多样化发展，其用到的构件类型也越来越多元化，其中包含 H 形、十字形、箱形、圆管、网架及钢桁架等。这些不同类型的接头所应用到的焊接节点也不尽相同，其导致焊接坡口复杂化，给工厂和现场的焊接工艺实施带来了诸多不便。本节就以构件加工过程中常见的节点为例，对焊接过程中的焊接坡口设计进行总结。

3.2.1 坡口设计准则

1）设计焊接坡口时应合理考虑角度、间隙及钝边等因素，确保电极与坡口面之间形成有利于熔敷金属过渡的空间，以避免未熔合和夹渣；确保电极电弧能达到坡口底部，避免熔深不足；防止打底焊烧穿母材。

2）焊接坡口的设计应有利于提高焊接质量，便于坡口加工与施焊，节省焊接材料，减小焊接变形，确保低耗高效且经济适用。

3）焊接坡口的设计应充分考虑企业的现状和焊工的技能水平，使焊接坡口更具有针对性和通用性。

4）所有焊接坡口的形状和尺寸最终将依据焊接工艺评定结果确定。

5）坡口加工可采用火焰切割和坡口机加工的方法，当设计要求坡口机加工或火焰切割后去除硬化层时，可采用铣边机加工坡口。对于超厚板的 U 形坡口，可以在铣边机上利用成形刀具加工。

3.2.2 形状尺寸代号和标记

常用焊接方法及接头坡口形式及相关焊接代号见表 3-5～表 3-9。

表 3-5 焊接方法、焊透种类及代号

焊接方法/代号	焊条电弧焊/SMAW		实心焊丝气体保护焊/GMAW 药芯焊丝气体保护焊/FCAW		埋弧焊/SAW		电渣焊/ESW
焊透种类/代号	完全焊透/MC	部分焊透/MP	完全焊透/GC	部分焊透/GP	完全焊透/SC	部分焊透/SP	完全焊透/SL

表 3-6 接头与坡口形式及代号

接头形式/代号	对接接头/B		T 形接头/T		十字接头/X		角接接头/C
坡口形式/代号	I 形坡口/I	V 形坡口/V	X 形坡口/X	单边 V 形坡口/L	K 形坡口/K	U 形坡口/U	单边 U 形坡口/J

表 3-7 焊接位置及代号

焊接位置	平焊	横焊	立焊	仰焊
代号	F	H	V	O

表 3-8 焊接面、衬垫类型及代号

焊接面/代号	单面焊接/1
	双面焊接/2
衬垫类型/代号	钢衬垫/B_S
	其他材料衬垫/B_F

表 3-9 坡口各部分的尺寸及代号

坡口各部分的尺寸	焊缝部位的板厚/mm	坡口根部间隙/mm	坡口深度/mm	坡口钝边/mm	坡口角度/(°)
代号	t	b	h	p	α、β

焊接接头坡口形状和尺寸的标记如下。

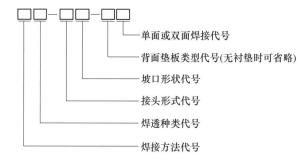

标记示例：MC-BI-2表示焊条电弧焊全焊透、对接接头I形坡口、不贴衬垫双面焊接。

3.2.3 焊接坡口形式

1. 对接接头常用坡口形式

全熔透对接接头坡口形式见表 3-10。

2. T 形接头常用坡口形式

全熔透及部分熔透 T 形接头常用坡口形式见表 3-11。

3. 角接接头常用坡口形式

全熔透及部分熔透角接接头坡口形式见表 3-12。

4. 电渣焊及其他特殊接头常用坡口形式

电渣焊及其他特殊接头常用坡口形式见表 3-13。

表 3-10 全熔透对接接头坡口形式

| 序号 | 母材厚度 t/mm | 标记 | 基本符号 | 坡口形状示意图 | 尺寸 | | | 坡口深度 h/mm | 焊缝成形示意图 |
					角度 α、β /(°)	间隙 b/mm	钝边 p/mm		
1	$3 \leqslant t \leqslant 10$	GC-BL-2			—	2^{+1}_{-1}	—	t	
2	$10 < t < 30$	GC-BV-2			40^{+5}_{0}	1^{+1}_{-1}	2^{+1}_{-1}	$t-p$	
3	$30 \leqslant t < 50$	GC-BX-2			$\alpha = 40$ $\beta = 45$	2^{+1}_{-1}	1^{+1}_{-1}	$\dfrac{2}{3}(t-p)$	
	$t \geqslant 50$					3^{+1}_{-1}	1^{+1}_{-1}	$\dfrac{4}{7}(t-p)$	
4	$10 \leqslant t < 30$	GC-BL-2			35^{+5}_{0}	1^{+1}_{-1}	2^{+1}_{-1}	$t-p$	
5	$30 \leqslant t \leqslant 60$	GC-BK-2			$\alpha = 40$ $\beta = 45$	2^{+1}_{-1}	1^{+1}_{-1}	$\dfrac{2}{3}(t-p)$	

（续）

序号	母材厚度 t/mm	标 记	基本符号	坡口形状示意图	角度 α、β /(°)	间隙 b/mm	钝边 p/mm	坡口深度 h/mm	焊缝成形示意图
6	$6 \leq t \leq 40$	GC-BV-Bs1			30^{+5}_{0}	6^{+2}_{-1}	—	t	
	$t > 40$				25^{+5}_{0}	8^{+2}_{-1}			
7	$6 \leq t \leq 50$	GC-BI-Bs1			30^{+5}_{0}	6^{+2}_{-1}	—	t	
	$t > 50$				25^{+5}_{0}	10^{+2}_{-1}			
8	$6 \leq t \leq 8$	GC-BI-Bs1 GC-BI-B_F1			—	t^{+2}_{-1}	—	t	
9	$8 < t \leq 40$	GC-BV-B_F1			30^{+5}_{0}	8^{+2}_{-2}	—	t	

注：上述坡口角度及参数仅供参考，埋弧焊可适当增大坡口角度。

表 3-11 全熔透及部分熔透 T 形接头常用坡口形式

全熔透 T 形接头坡口形式

序号	母材厚度 t/mm	标记	基本符号	坡口形状示意图	角度 α、β /(°)	间隙 b/mm	钝边 p/mm	坡口深度 h/mm	焊缝成形示意图
1	$6 \leq t \leq 8$	GC-TI-2			—	$2^{+1}_{-0.5}$	—	t	
2	$8 < t \leq 30$	GC-TL-2			30^{+5}_{0}	$0^{+1.5}_{0}$	2^{+1}_{-1}	$t-p$	
3	$30 < t < 50$	GC-TK-2			$\alpha = 35^{+5}_{0}$ $\beta = 45^{+5}_{0}$	$0^{+1.5}_{0}$	1^{+1}_{-1}	$\dfrac{2}{3}(t-p)$	
	$t \geq 50$				$\alpha = 35^{+5}_{0}$ $\beta = 45^{+5}_{0}$	$0^{+1.5}_{0}$	1^{+1}_{-1}	$\dfrac{4}{7}(t-p)$	
4	$6 \leq t \leq 40$	GC-TL-Bs1			30^{+5}_{0}	6^{+2}_{0}	—	t	
	$t > 40$				25^{+5}_{0}	8^{+2}_{-1}			

部分熔透 T 形接头坡口形式 （续）

序 号	母材厚度 t/mm	标 记	基本符号	坡口形状示意图	尺　寸				焊缝成形示意图
					角度 α、β /(°)	间隙 b/mm	钝边 p/mm	坡口深度 h/mm	
5	$4 \leqslant t \leqslant 20$	GP-TI-2			—	$0_{\ 0}^{+1}$	—	t	
6	$t > 20$	GP-TK-2			$\alpha = 40_{\ 0}^{+5}$ $\beta = 40_{\ 0}^{+5}$	$0_{\ 0}^{+1}$	$\dfrac{t}{3}$	$\dfrac{t}{3}$	
7	$8 \leqslant t < 20$	GP-TL-1			$40_{\ 0}^{+5}$	$0_{\ 0}^{+1}$	$2_{\ 0}^{+2}$	$t - p$	

表 3-12 全熔透及部分熔透角接接头坡口形式

全熔透角接接头坡口形式

序号	标记	基本符号	母材厚度 t/mm	坡口形状示意图	尺寸				焊缝成形示意图
					角度 α、β/(°)	间隙 b/mm	钝边 p/mm	坡口深度 h/mm	
1	GC-CI-Bs1		$6 \leqslant t \leqslant 8$		—	5^{+1}_{-1}	—	t	
2	GC-CL-Bs1		$8 < t < 35$		25^{+5}_{0}	6^{+2}_{0}	—	t	
3	GC-CV-Bs1		$35 \leqslant t \leqslant 50$		$\alpha = 15^{+2.5}_{0}$	6^{+2}_{0}	—	t	
4			$t > 50$		$\beta = 15^{+2.5}_{0}$	10^{+2}_{-1}	—	t	
5	GC-CL-2		$6 \leqslant t < 35$		35^{+5}_{0}	1^{+1}_{-1}	2^{+1}_{-1}	$t-p$	
6	GC-CK-3		$35 \leqslant t < 80$		$\alpha = 35^{+5}_{0}$ $\beta = 45^{+5}_{0}$	1^{+1}_{-1}	2^{+1}_{-1}	$\dfrac{2}{3}(t-p)$	

（续）

全熔透角接接头坡口形式

序号	母材厚度 t/mm	标 记	基本符号	坡口形状示意图	角度 α、β /(°)	间隙 b/mm	钝边 p/mm	坡口深度 h/mm	焊缝成形示意图
7	$t \geqslant 80$	GC-CK-4	CP		$\alpha = 35^{+5}_{0}$ $\beta = 45^{+5}_{0}$	1^{+1}_{-1}	2^{+1}_{-1}	$\dfrac{4}{7}(t-p)$	

部分熔透角接接头坡口形式

序号	母材厚度 t/mm	标记	基本符号	坡口形状示意图	角度 α、β /(°)	间隙 b/mm	钝边 p/mm	坡口深度 h/mm	焊缝成形示意图
8	$12 \leqslant t \leqslant 20$	GP-CL-1	PP		40^{+5}_{0}	0^{+1}_{0}	4^{+1}_{-1}	$t-p$	
	$8 \leqslant t < 20$				40^{+5}_{0}	0^{+1}_{0}	4^{+1}_{-1}	$t-p$	
	$20 \leqslant t \leqslant 35$				40^{+5}_{0}	0^{+1}_{0}	$\dfrac{t}{2}-4$	$\dfrac{t}{2}+4$	
9	$t > 35$	GP-CV-1	PP		50^{+5}_{0}	0^{+1}_{0}	$\dfrac{t}{2}-4$	$\dfrac{t}{2}+4$	

注：上述坡口角度及参数仅供参考，埋弧焊可适当增大坡口角度。

表 3-13　电渣焊及其他特殊接头常用坡口形式

序号	标记	母材厚度 t/mm	基本符号	坡口形状示意图	尺寸 角度 α、m、n /(°)	尺寸 间隙 b/mm	尺寸 钝边 p/mm	尺寸 坡口深度 h/mm	焊缝层道次示意图
1	ESW-TI-Bs1	t<14	ESW		—	25^{+2}_{-2}	—	电渣焊焊缝长度	
		14≤t≤32			—	25^{+2}_{-2}	—		
		32<t≤45			—	28^{+2}_{-2}	—	电渣焊焊缝长度	
		t>45			—	32^{+2}_{-2}	—		
2	GC-BV-2	不限厚度（斜对接接头）	—		$m=0\sim35$ $\alpha=35^{+5}_{0}$ $n=\alpha-m$	1^{+1}_{-1}	—	t	

（续）

序号	母材厚度 t/mm	标记	基本符号	坡口形状示意图	角度 α、m、n /(°)	间隙 b/mm	钝边 p/mm	坡口深度 h/mm	焊缝层道次示意图
2	不限厚度（斜对接接头）	GC-BV-2	—	（α、m、n、b、l）	$m=35\sim90$ $\alpha=35^{+5}_{0}$ $n=m-\alpha$	1^{+1}_{-1}	—	t	（图）
3	不限厚度（斜T形接头）	GC-TL-2	—	正面 背面（α、m、l、p）	$m=0\sim35$ $\alpha=35^{+5}_{0}$ $n=\alpha-m$	1^{+1}_{-1}	—	t	（图）
				正面 背面（l）	$m=35\sim60$	1^{+1}_{-1}	—	t	平滑过渡
4	不限厚度（斜T形接头）	GC-TL-Bs1	—	正面 背面 衬垫（α、m、n、l、p）	$m=0\sim35$ $\alpha=35^{+5}_{0}$ $n=\alpha-m$	6^{+2}_{-1}	—	t	（图）

（续）

序号	母材厚度 t/mm	标记	基本符号	坡口形状示意图	角度 α、m、n /(°)	间隙 b/mm	钝边 p/mm	坡口深度 h/mm	焊缝层道次示意图
4	不限厚度（斜 T 形接头）	GC-TL-Bs1	—		$m=35\sim75$ $\alpha=35^{+5}_{0}$ $n=m-\alpha$	6^{+2}_{-1}	—	t	
5	不限厚度（塞焊接头）	GC-TV-Bs1	—		$\alpha=30\sim35$ $n=m-\alpha$	6^{+2}_{-1}	—	t_1	

3.3 焊接工效计算

随着精益化管理理念的逐步深入，已有诸多加工制造企业从焊接坡口、焊接材料损耗、工人有效作业时间等多方面关注焊接工序的精益化细节。因此，行业内对于焊接工效的统计及计算有诸多的方式及原则，本节是以钢结构行业典型的坡口形式为例，梳理其焊接工效数据，为行业同仁提供参考。

针对对接接头（见表 3-14）、T 形接头（见表 3-15）、角接接头（见表 3-16），挑选几个典型板厚，分别从焊接材料消耗量及人工用时消耗量出发，对不同接头的焊接工效进行计算。

表 3-14 对接接头焊接工效计算

序　号	板厚/mm	坡口形式	焊缝成形	焊接材料理论消耗量/（kg/m）	人工用时理论消耗量/（min/m）	备　注
1	8			0.17	6.6	定位焊后直接施焊
2	14/16			1.35	17.7	气体保护焊打底后埋弧焊填充盖面，焊前设置反变形，5 层 5 道
3	25			2.87	28.0	8 层 8 道
4	30			3.46	40.7	气体保护焊打底后埋弧焊填充盖面，调整焊接顺序控制变形，10 层 10 道
5	40			5.05	53.5	12 层 12 道

（续）

序　号	板厚/mm	坡口形式	焊缝成形	焊接材料理论消耗量/(kg/m)	人工用时理论消耗量/(min/m)	备　注
6	50	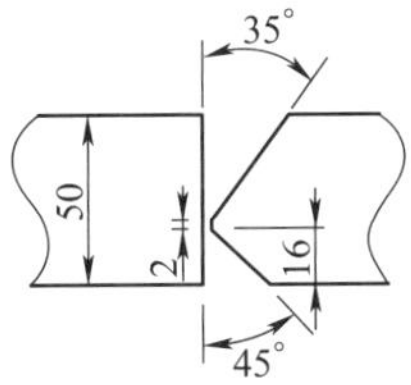		7.17	80.1	16层17道
7	80	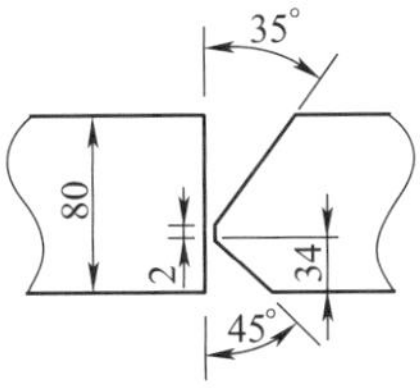		17.16	201.9	22层25道
8	100	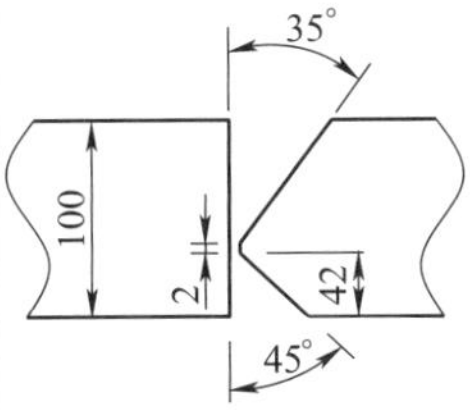		25.77	288.0	26层33道
9	120	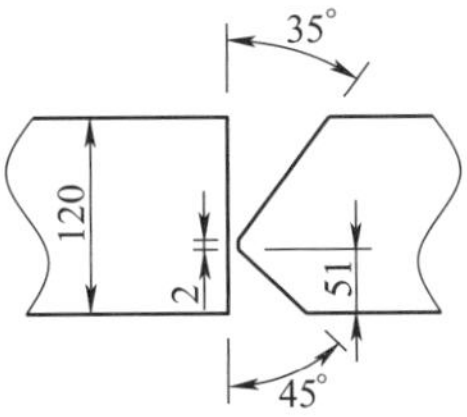	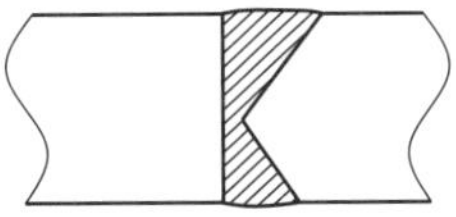	36.21	404.6	30层43道

表 3-15　T 形接头焊接工效计算

序　号	板厚/mm	焊缝形式	坡口形式	焊缝成形	焊接材料理论消耗量/(kg/m)	人工用时理论消耗量/(min/m)	备　注
1	8	角焊缝 T1	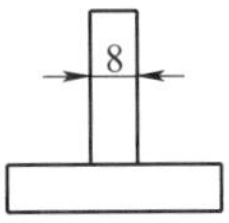	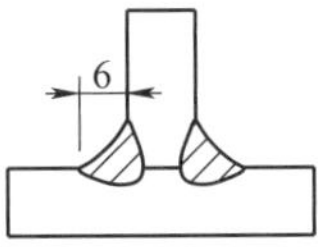	0.32	4.5	用 CO_2 气体保护焊自动小车在船型胎架上焊接

51

（续）

序 号	板厚 /mm	焊缝形式	坡口形式	焊缝成形	焊接材料理论消耗量 /（kg/m）	人工用时理论消耗量 /（min/m）	备 注
2	16	全熔透 T3			1.62	20.3	先用气体保护焊焊接 1～3 焊道，填充至与腹板位置齐平，然后埋弧焊盖面主焊缝，5 层 5 道
		部分熔透 T2			0.62	9.0	气体保护焊填充至与腹板齐平位置，然后埋弧焊盖面主焊缝，4 层 4 道
		角焊缝 T1			0.57	6.0	针对建筑钢结构轻 H 型钢角焊缝，在 H 型钢生产线上用悬臂埋弧焊施焊
3	25	全熔透 T3			3.97	38.1	气体保护焊打底填充至与腹板齐平后埋弧焊盖面，CP8 层 9 道、PP6 层 8 道
		部分熔透 T2			1.16	22.1	

（续）

序 号	板厚/mm	焊缝形式	坡口形式	焊缝成形	焊接材料理论消耗量/（kg/m）	人工用时理论消耗量/（min/m）	备 注
4	30	全熔透T3			4.73	44.9	气体保护焊打底填充至与腹板齐平后埋弧焊盖面，对厚板的双面坡口焊可设置临时支撑以控制变形，CP9层12道、PP6层12道
		部分熔透T2			1.72	30.7	
5	40	全熔透T4			6.13	67.5	CP14层24道、PP10层18道
		部分熔透T2			3.59	42.0	
6	50	全熔透T4			8.68	95.6	CP17层30道、PP12层24道
		部分熔透T2			5.56	52.0	

（续）

序 号	板厚/mm	焊缝形式	坡口形式	焊缝成形	焊接材料理论消耗量/（kg/m）	人工用时理论消耗量/（min/m）	备 注
7	80	全熔透T4			20.3	223.6	CP25 层 50 道、PP18 层 36 道
		部分熔透T2			12.16	120.0	
8	100	全熔透T4			31.18	343.4	CP29 层 64 道、PP22 层 48 道
		部分熔透T2			17.29	152.3	
9	120	全熔透T4			46.03	481.6	CP33 层 80 道、PP26 层 60 道

（续）

序　号	板厚/mm	焊缝形式	坡口形式	焊缝成形	焊接材料理论消耗量/（kg/m）	人工用时理论消耗量/（min/m）	备　注
10	120	部分熔透 T2			26.23	219.6	CP33 层 80 道、PP26 层 60 道

注：焊接材料消耗依据坡口截面与焊脚尺寸计算（计入飞溅、清根等损耗）；人工用时试验条件下为劳动时间（实际用时可根据实际情况乘以 1~1.1 的系数）。若某板厚介于表中所列板厚之间，则焊接材料、人工用时理论消耗量利用此种板厚上下相邻的数据推算。备注栏里的焊接层道数为工艺推荐值。

表 3-16　角接接头焊接工效计算

序　号	板厚/mm	坡口形式	焊缝成形	焊接材料理论消耗量/（kg/m）	人工用时理论消耗量/（min/m）	备　注
1	8			0.28	6.8	薄板主焊缝要求熔透时留间隙不开坡口
2	16			1.341	15.3	气体保护焊打底 2~3 层后采用埋弧焊进行填充、盖面（若局部区域埋弧焊不便填充时，则可采用气体保护焊填充）
				0.76	6.8	

（续）

序 号	板厚 /mm	坡口形式	焊缝成形	焊接材料理论消耗量 /(kg/m)	人工用时理论消耗量 /(min/m)	备 注
3	25			2.871	28.2	气体保护焊打底 2~3 层后采用埋弧焊进行填充、盖面（若局部区域埋弧焊不便填充时，则可采用气体保护焊填充）
				1.12	10.4	
4	30			4	40.8	气体保护焊打底 2~3 层后采用埋弧焊进行填充、盖面（若局部区域埋弧焊不便填充时，则可采用气体保护焊填充），CP8 层 9 道、PP6 层 8 道
				1.14	12.57	
5	40			6.363	65	焊前预热 70~90℃、层间温度控制在 70~230℃，CP11 层 16 道、PP7 层 9 道
				2.25	24	

（续）

序 号	板厚 /mm	坡口形式	焊缝成形	焊接材料理论消耗量 /（kg/m）	人工用时理论消耗量 /（min/m）	备 注
6	50			9.081	92.76	焊前预热 80～100℃、层间温度 80～230℃，焊后立即用石棉布覆盖保温且不小于 2h，CP13 层 20 道、PP8 层 11 道
				3.74	45.84	
7	80			20.025	204.55	焊前预热 100～120℃、层间温度 100～230℃，焊后后热至230～300℃，并用石棉布覆盖保温不小于 3h，CP19 层 38 道、PP10 层 16 道
				6.6	66.75	
8	100			31.005	316.71	焊前预热 100～130℃、层间温度 100～230℃，焊后后热至250～300℃，并用石棉布覆盖保温不小于 3.5h，CP21 层 40 道、PP12 层 21 道
				8.2	83.76	

（续）

序 号	板厚 /mm	坡口形式	焊缝成形	焊接材料理论消耗量 /(kg/m)	人工用时理论消耗量 /(min/m)	备 注
9	120	15° 10° 120 10	98	42.651	435.68	焊前预热 120～150℃、层间温度 120～230℃、焊后后热至 250～300℃，并用石棉布覆盖保温不小于4h，CP24 层 47 道、PP14 层 25 道
		30° 30° 58 120		15.84	161.8	

注：焊接材料消耗依据坡口截面加余高计算，计入飞溅损耗；人工用时为试验条件下劳动时间（实际用时可根据实际情况乘以 1～1.1 的系数）。若某板厚介于表中所列板厚之间，则焊接材料、人工用时理论消耗量利用此种板厚上下相邻的数据推算。备注栏里的焊接层道数为工艺推荐值。

第 4 章

焊接应力与变形

4.1 焊接应力

金属焊接是局部加热与熔化的过程，焊缝区受热膨胀，而周围的母材还处于冷态或加热温度不高，因此对焊缝区的膨胀起约束作用。焊缝区产生塑性压缩变形，冷却后经过塑性压缩的焊缝区因金属体积变小而产生了拉应力；在该拉应力的作用下使相邻焊缝两侧的母材金属产生了压应力，这两种力就是焊接应力。

在考虑到金属的弹性变形因素后，焊接拉应力和压应力经过金属的弹性变形冲抵后会形成一种静态平衡，其数值不再随时间变化而改变，这时的拉应力和压应力称焊接残余应力。按焊缝残余应力的分布方向，可将其分成三种：沿焊缝长度分布的纵向残余应力 σ_x，横向分布的应力 σ_y，厚度方向分布的 σ_z。

4.1.1 纵向残余应力 σ_x

纵向残余应力是由焊缝的纵向收缩引起的，在焊缝区产生的是拉应力，母材区产生的为压应力。该数值的大小取决于钢材的塑性，碳含量越高其数值越大。另外，在焊缝的引弧区和收弧区段数值较小，中间区段数值较大，其分布情况如图 4-1 所示。

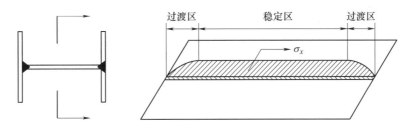

图 4-1 纵向残余应力 σ_x 分布示意图

纵向残余应力在焊缝两端（过渡区）由小到大变化，中间部分（稳定区）数值较为稳定。

在该应力的作用下，H 型钢会产生纵向收缩变形，计算公式为

$$\Delta L = \frac{K_1 A_w L}{A} \tag{4-1}$$

式中　A_w——焊缝截面积（mm^2）；

　　　A——杆件截面积（mm^2）；

　　　L——杆件长度（mm）；

　　　ΔL——纵向收缩量（mm）；

　　　K_1——与焊接方法、材料热膨胀系数和多层焊层数有关的系数，对于不同焊接方法，系数 K_1 的数值不同：当用 CO_2 气体保护焊时，$K_1 = 0.043$；当用埋弧焊时，$K_1 = 0.071 \sim 0.076$；当用焊条电弧焊时，$K_1 = 0.048 \sim 0.057$。

对焊接 H 型钢来讲，由于 4 道主焊缝均偏离中性轴，因此任何一道焊缝的收缩都会产生挠度。

由纵向收缩引起的挠度值 f 的计算公式为

$$f = K_f A_w e L / (8I) \tag{4-2}$$

式中　e——焊缝到构件中性轴的距离（cm）；

　　　L——杆件长度（cm）；

　　　A_w——焊缝截面积（cm^2）；

　　　I——杆件截面惯性矩（cm^4）；

　　　K_f——系数（数值同 K_1）。

4.1.2　横向残余应力 σ_y

在焊接过程中，焊缝沿长度方向各部分的横向收缩，随着焊接熔化过程前移而不能同时发生。先焊的焊缝冷却后，因焊缝形成约束而产生了横向应力，冷却后形成的稳定数值即为横向残余应力。其数值的大小按板宽方向来讲，焊缝区最大，随着偏离焊缝横向距离的逐渐加大而降低，横向残余应力 σ_y 的分布情况如图 4-2 所示。

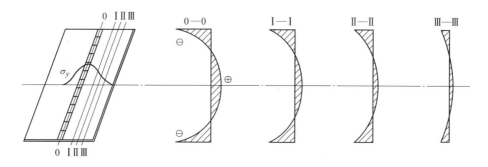

图 4-2　横向残余应力 σ_y 的分布示意图

在横向残余应力的作用下会产生横向收缩变形，计算公式为

$$\Delta B = 0.2 A_w \delta + 0.056b \tag{4-3}$$

式中　ΔB——对接接头横向收缩量（mm）；

　　　A_w——焊缝横截面积（mm^2）；

　　　b——根部间隙（mm）；

　　　δ——板厚（mm）。

横向残余应力 σ_y 除了会产生横向收缩变形外，还会因其在焊缝横向和纵向数值分布的不均匀而产生焊后 H 型钢扭曲现象，因此应合理控制焊接工艺，采用刚性装夹，减小扭曲变形。

4.1.3　厚度方向的残余应力 σ_z

在焊缝厚度方向产生的残余应力为 σ_z。σ_z 是由焊缝在 Z 向塑性变形积累产生的，其分布情况如图 4-3 所示。

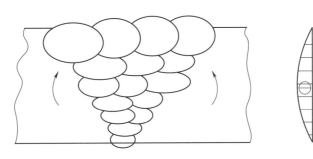

图 4-3　σ_z 在厚度上的分布情况

残余应力 σ_z 对 H 型钢最明显的影响是产生焊接角变形，降低其使用强度，因此必须加以控制。

焊接角变形计算公式为

$$\Delta\theta = 0.07Bh_f^{1.3}/\delta^2 \tag{4-4}$$

式中　$\Delta\theta$——角变形量（rad）；

　　　B——翼缘宽（mm）；

　　　δ——翼缘厚（mm）；

　　　h_f——焊脚尺寸（mm）。

4.1.4　焊接应力控制措施

控制焊接应力的目标是降低焊接应力的峰值并使其均匀分布，具体措施有以下几点。

1. 减小焊缝尺寸

在满足施工设计要求的条件下，深化设计，应对其焊缝坡口及尺寸进行优化，选用合理的焊缝坡口形式，如尽量采用双面坡口、不随意加大焊缝尺寸和余高等。

2. 减小焊接拘束度

因为拘束度越大，焊接应力也越大，所以首先应尽量使焊缝在较小拘束度下焊接。如长构件在拼接板条时，应尽量在自由状态下施焊，不要等到组装时再焊接；若组装后再焊，则因其无法自由收缩，拘束度过大而产生很大的焊接应力。

3. 采取合理的焊接顺序

1）在工件放置条件允许或易于翻转的情况下，应双面对称焊接。

2）对称截面的构件，应对称焊接；非对称的双面坡口焊缝，应先焊接深坡口一侧至一定焊缝高度，然后焊满浅坡口一侧，最后再完成深坡口一侧的焊缝。

3）板厚≥80mm 的超厚板应采用双面分层对称焊接，板越厚焊缝分层数应越多。

4）长焊缝应采用分段退焊法或跳焊法施焊，避免热量过分集中。

5）构件装配焊接时，应先焊接有较大收缩量的接头，后焊收缩量较小的接头。

4. 采用补偿加热法

当构件上某一条焊缝经预热施焊时，构件焊缝区域温度非常高，伴随着焊缝施焊的进展，该区域内必定产生热胀冷缩的现象，而该区域仅占构件截面中很小一部分，区域外的母材均处于冷却（常温）状态，因此必然对焊接区域产生巨大的刚性拘束，导致产生很大的焊接应力，甚至产生裂纹。若此时在焊缝区域的对称部位进行加热，温度略高于预热温度，且加热温度始终伴随着焊接全程，则上述应力状况将会大为减小，构件变形也会大大改观。

5. 对构件进行分解施工

对于大型结构（管桁架、复杂树杈柱等）宜采取分部组装焊接措施。结构各部分分别施工、焊接，矫正合格后再总装焊接。

4.1.5 焊接应力消减方法

尽管采取措施来控制焊接应力，但是在焊接完工后，许多构件依然存在相当大的焊接应力。为此，当必要时，可从以下几方面来采取措施，进一步消减构件的焊接应力。

1. 利用对零件整平消减应力

在钢板切割过程中，由于切割边所受热量大、冷却速度快，因此切割边缘时也会留下较大的收缩应力，如中厚板、薄板切割后产生扭曲变形，便是这些应力作用的结果。对于厚板，因其抗弯截面大而不足以产生弯曲，但收缩应力依然客观存在。为此，在整平过程中（见图4-4）加大对零件切割边缘的反复碾压，可有效消减热加工过程形成的残余应力。

2. 进行局部烘烤释放应力

构件完工后在其焊缝背部或焊缝两侧进行烘烤（见图4-5），可消除部分焊接应力。此法过去常用于对 T 形构件焊接角变形的矫正，不需施加任何外力，构件角变形即可得以矫正，焊接应力也随之减小。

3. 采用超声波振动消减应力

超声波冲击（UIT）（见图4-6）的基本原理是利用大功率超声波振动工具以 2 万 Hz 以上的频率冲击金属物体表面。由于超声波的高频和聚焦下的大能量，使金属表面产生较大的压塑变形，改变了原有的应力场，因此在焊接拉应力区产生一定数值的压应力，使该区域的焊接拉应力大幅降低，从而达到消减焊接应力的目的。

图 4-4　钢板整平

图 4-5　局部烘烤

图 4-6　超声波冲击

4. 利用喷砂除锈的工序消减应力

喷砂除锈时，喷出的铁砂束压力高达 2500MPa/cm²。用铁砂束对构件焊缝及其热影响区反复、均匀地冲击，除了达到除锈效果外，还可消减构件的焊接应力。

5. 采用振动时效法消减应力

振动时效的原理就是对被时效处理的工件施加一个与其固有谐振频率相一致的周期激振力，使其产生共振，从而使工件获得一定的振动能量，工件内部产生微观的塑性变形，从而引起残余应力的歪曲晶格被逐渐恢复平衡状态，晶粒内部的错位逐渐滑移并重新缠绕钉扎，达到消减和均化残余应力的目的。振动时效法（见图 4-7）具有周期短、效率高、无污染的特点，且不受工件尺寸、形状、重量等限制。

图 4-7　振动时效法消减应力

4.2　焊接变形

焊接变形是指材料在高温作用下发生热膨胀和冷却收缩，使被焊接材料产生不均匀变形的现象。焊接变形分类见表 4-1。

表 4-1　焊接变形分类

类　型	简　图	释　义
纵向收缩		1）纵向收缩是焊接线方向上的长度缩小的变形 2）纵向收缩量与焊接线的长度、熔敷量的大小、板材的厚薄有着很大关系

（续）

类　型	简　图	释　义
旋转变形	a) 人工焊接时　　b) 自动焊接时	1）旋转变形是指在焊接正在进行的过程中尚未进行焊接部分的坡口加宽或者变窄的变形 2）通过坚强牢固的定位可有效防止旋转变形
横向收缩		垂直于焊缝方向的横向收缩
角变形		因焊接时表面与背面的熔敷量不同以及板厚方向上的温度变化不同而造成的
纵向弯曲变形	中心轴线　　中心轴线	指在堆焊或角焊时，焊缝偏离构件横截面的中心线（中心轴线）时所造成的挠曲变形
扭曲变形		由于焊接顺序、焊接方向或装配原因焊后截面向不同的方向倾斜而造成构件扭曲变形

（续）

类　型	简　图	释　义
错边变形	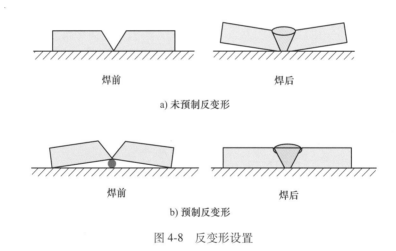	焊接边缘在焊接过程中，因膨胀不一致而产生的厚度方向的错边

为了预防与减少焊接变形，可采取以下控制方法及措施。

1. 设置反变形、预留焊接收缩变形余量

对 H 形构件，将上下翼缘板预先进行反变形加工，可减少焊接角变形，同时针对不同的板厚、截面、坡口形式，可预留焊接纵向变形和横向变形的收缩余量，以抵消焊接变形，提高构件加工的尺寸精度。反变形设置如图 4-8 所示。

焊前　　　　　　　　焊后

a) 未预制反变形

焊前　　　　　　　　焊后

b) 预制反变形

图 4-8　反变形设置

2. 设置工装夹具约束变形

设置工装夹具，以约束构件焊接变形。此类方法一般适用于异形厚板构件。因为造型奇特、异形、断面尺寸各异，所以异形厚板构件在自然状态下焊接，其尺寸与精度难以保证。这就需要根据构件的形状来制作工装夹具，使构件处于固定状态下进行装配、定位，再选用合理的焊接工艺和焊接方法对其焊接，从而使焊接变形降至最低限度。

3. 采用合理的焊接接头

在满足施工设计要求的条件下，深化设计的焊接接头应尽可能采取以下几种措施。

1）尽量采用双面坡口，减小焊接应力。

2）构件装配时尽量设置小的间隙，减少焊缝金属填充量。

3）尽量减少构件上的焊缝数量及焊脚尺寸。

4. 采取合理的焊接顺序

1）钢构件的制作、组装应该在一个标准的水平平台上进行，应确保组件具有足够的承受自重的能力，并不会出现组件下挠或失稳现象，以满足构件组装的基本要求。组装过程中应尽可能先装配成整体再焊接。

2）对截面形状、焊缝布置均匀对称的钢结构构件，应采用对称焊接（见图 4-9）。不对称布置的焊缝，则应先焊焊缝少的一侧，后焊焊缝多的一侧，以减小总体焊接变形。

图 4-9　对称焊接

3）对于长焊缝，在可能的情况下将连续焊改成分段焊，并适当改变焊接方向，使局部焊缝造成的变形减小或相互抵消。

5. 减小焊缝在焊接时的拘束度

在焊缝较多的组装条件下，应根据构件形状和焊缝的布置，采取先焊收缩量较大的焊缝，后焊收缩量较小的焊缝；先焊拘束度较大而不能自由收缩的焊缝，后焊拘束度较小而能自由收缩的焊缝，以达到减小焊接应力的目的。为了减小变形，必须对每条焊缝正背两面分阶段反复施焊，或同一条焊缝分两个时间段施焊，同时必须加强焊缝预热的控制工作。

6. 采用补偿加热法

补偿加热法是一种按焊接热量在焊接位置的反面"均匀、对称"补偿加热来控制焊接变形的方法。当厚板结构整体焊接存在不对称时，极易造成构件扭曲、旁弯等变形，且难以进行矫正，采用补偿加热法可基本消除厚板的这种焊接变形。

4.3 典型钢结构焊接顺序

4.3.1 焊接原则

对于超高层大跨度钢结构工程，焊接时采取整体对称焊接与单根构件对接焊相结合的方式进行，焊接过程中要始终进行结构标高、水平度、垂直度的监控。

1）结构对称、节点对称、全方位对称焊接。

2）由于节点焊缝超长、超厚，因此施工过程需在临时连接板上根据要求增加拘束板进行刚性固定，控制焊接变形。

3）焊接节点采取分段、对称的焊接方法，钢板墙采用"先立后横"的焊接顺序，巨柱焊接先焊接对构件整体变形影响较小的焊缝。

4）焊缝采取窄道、薄层、多道的焊接方法。

5）为保证钢柱的精度，采用"先内后外""先柱后梁再斜撑"的焊接方法，要先焊收缩量大的焊缝再焊收缩量小的焊缝，待全部钢柱完成焊接后，再进行梁的焊接。为保证焊接后结构的整体精度，从结构面的中部开始梁的焊接，尽可能减少焊接应力，待内筒全部完成焊接后，再进行外筒柱、梁、斜撑的焊接。

6）施工中柱与柱、梁与梁、梁与柱、斜撑的施焊，要遵循下述原则。

①就整个框架而言，柱、梁等刚性接头的焊接施工，应从整个结构的中部施焊，先形成框架后再向左右扩展续焊。

②对柱、梁的焊接顺序，应先完成全部柱的接头焊接，柱接点焊接时，严格遵循同步对称的焊接方法；确保柱的安装精度，然后自每一节的上一层梁施焊。梁焊接时，应尽量在同一柱左右接头点同时施焊，并先焊上翼缘板，后焊下翼缘板。不得在同一柱间梁两处接头同时施焊。

7）施工中桁架焊接原则主要包括以下两点：

①遵循"先焊下弦杆再焊上弦杆后焊腹杆"的原则，对称焊接。

②整榀桁架先两边后中间对称焊接。

4.3.2 整体焊接顺序

为减少局部和整体焊接变形，将焊接残余应力降到最低限度，制定并实施合理的整体焊接顺序，焊接顺序遵循原则：在平面上，从中心框向四周扩散焊接，先焊接收缩量大的焊缝，再焊接收缩量小的焊缝。

1. 核心筒整体焊接顺序

核心筒焊接主要坚持由内到外的焊接原则，一般将核心筒分为4个区域进行焊接。钢梁焊接时，对于一根钢梁不能同时对其两侧焊接，应在一端焊接完成后，待达到常温后，再进行另一端焊接（见图 4-10）。

2. 外框架焊接施工顺序

外框整体施焊顺序以角对称轴线向两边扩展，在焊接角部钢柱后，同时对称向两边扩展施焊（见图 4-11）。

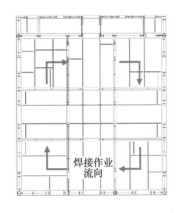

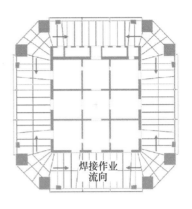

图 4-10　核心筒钢结构整体
焊接顺序实例

图 4-11　外框钢结构整体
焊接顺序实例

4.3.3　钢柱焊接顺序

钢结构钢柱常见的截面形状有 H 形、十字形、箱形、圆管、王字形及亚字形等，焊接顺序汇总见表 4-2。

表 4-2　典型截面焊接顺序

截面形状			
焊接顺序	H 形焊接时，安排两名焊工对称焊接①处焊缝，然后一名焊工焊完②处焊缝	王字形柱焊接时，安排两名焊工按①~③顺序对称焊接	亚字形柱焊接时，安排两名焊工分两步对称拼装焊接

（续）

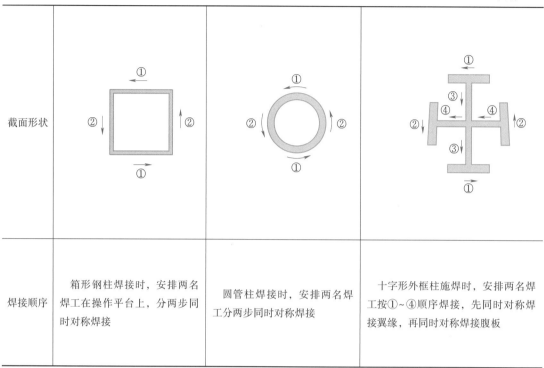

截面形状		
焊接顺序	箱形钢柱焊接时，安排两名焊工在操作平台上，分两步同时对称焊接	圆管柱焊接时，安排两名焊工分两步同时对称焊接	十字形外框柱施焊时，安排两名焊工按①～④顺序焊接，先同时对称焊接翼缘，再同时对称焊接腹板

4.3.4　钢板墙焊接顺序

钢板墙分区域安装，待每个区域钢板墙整体安装完成形成稳定体系，经测量校正后，采取"先立焊后横焊"的工序进行钢板墙焊接；优先焊接厚板焊缝，其次焊接较薄板焊缝；先焊接变形较大焊缝，后焊接变形较小焊缝。

钢板墙结构如图 4-12 所示，焊接顺序见表 4-3。

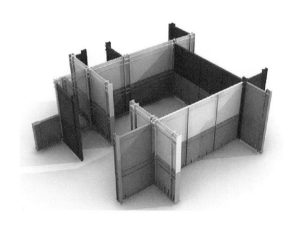

图 4-12　钢板墙结构

表 4-3　钢板墙焊接顺序

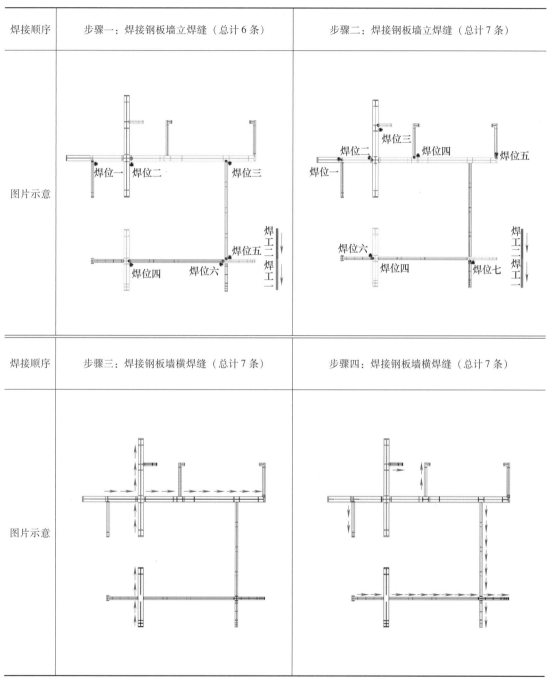

焊接顺序	步骤一：焊接钢板墙立焊缝（总计 6 条）	步骤二：焊接钢板墙立焊缝（总计 7 条）
图片示意		
焊接顺序	步骤三：焊接钢板墙横焊缝（总计 7 条）	步骤四：焊接钢板墙横焊缝（总计 7 条）
图片示意		

　　因为钢板墙分段分节时，受顶模和分节高度的限制，钢板墙分节后距离焊缝位置无暗梁，为控制焊接约束变形，所以需加劲板进行约束补强。当墙厚≥600mm 时，加劲板厚一般为 20mm；当墙厚≤600mm 时，加劲肋板厚一般为 12mm，根据钢板墙是否有暗梁确定焊接变形约束，如图 4-13 所示。

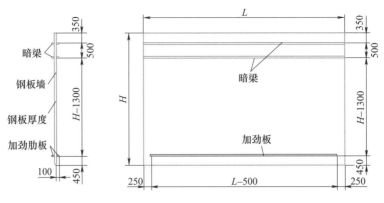

图 4-13　钢板墙焊接变形约束

4.3.5　桁架焊接顺序

桁架焊接施工在桁架所有单元吊装就位并测量校正完成之后进行；单榀桁架焊接顺序需遵循"从两边至中间焊接，先焊主受力杆件，后焊次受力杆件"的原则。

1. 伸臂桁架焊接顺序

考虑到核心筒混凝土收缩及沉降的影响，伸臂桁架现场焊接时，与核心筒连接的桁架弦杆及腹杆将采取后焊措施，待结构主体封顶后再进行焊接施工，减小因外筒钢框架和核心筒剪力墙沉降差而带来的影响。因此，在进行混凝土浇筑前必须在楼板开设槽口（见图 4-14中①、④位置），以方便结构封顶后此位置的焊接，待焊接完成后，最后浇筑此处。伸臂桁架吊装完成后，先对桁架下弦杆接头①进行焊接，再安排两名焊工对桁架上弦杆和腹杆形成整体的焊缝（②、③、④接头）进行焊接，保证连续对称施焊。对于③和④接头，焊接过程中需要搭设焊接操作平台，以方便工人操作，同时也保证施工安全。

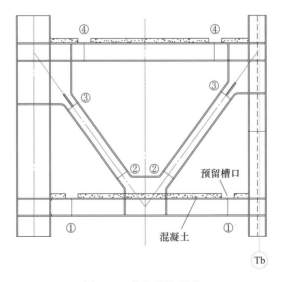

图 4-14　桁架焊接顺序

2. 带状桁架焊接顺序

带状桁架先焊接上下弦杆，后焊接桁架腹杆。单榀桁架焊接顺序需遵循"从两边至中间焊接，先焊主受力杆件，后焊次受力杆件"的原则，同时为避免应力集中，相邻焊缝不能同时焊接，即一个构件不能两端同时焊接，要采取间隔焊接的方法。带状桁架焊接顺序见表 4-4。

表 4-4　带状桁架焊接顺序

焊接顺序	步骤一：焊接与钢柱连接牛腿和下弦对接焊缝（焊缝①~⑦）
图片示意	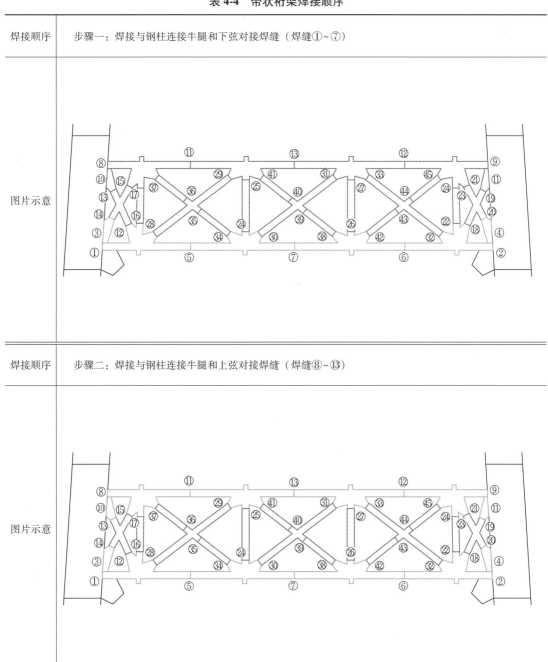
焊接顺序	步骤二：焊接与钢柱连接牛腿和上弦对接焊缝（焊缝⑧~⑬）
图片示意	

（续）

焊接顺序	步骤三：焊接在地面拼装后的 X 形腹杆和竖向腹杆（焊缝⑭~㉗）
图片示意	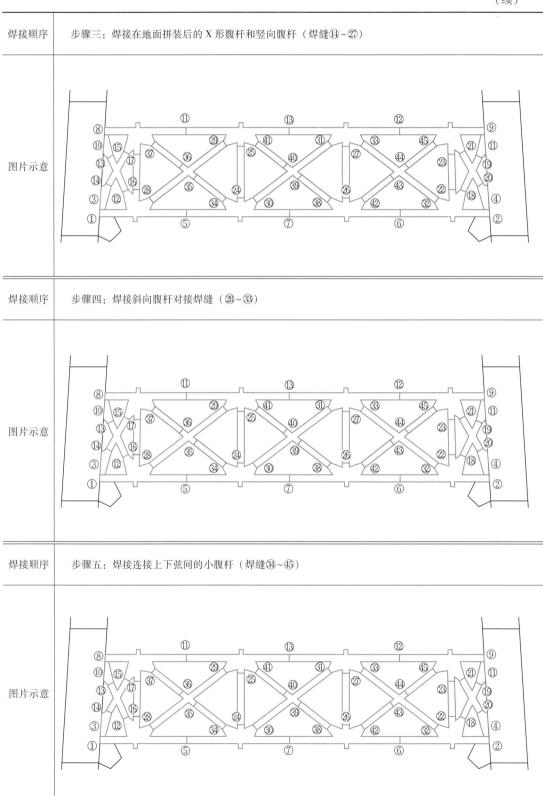
焊接顺序	步骤四：焊接斜向腹杆对接焊缝（㉘~㉝）
图片示意	
焊接顺序	步骤五：焊接连接上下弦间的小腹杆（焊缝㉞~㊺）
图片示意	

4.3.6　巨柱焊接顺序

由于巨柱受塔式起重机吊装性能和运输条件的限制，将巨柱构件在制作厂分段分节，然后在现场组装焊接，因此合理的焊接顺序能有效控制焊接收缩变形和构件焊接质量。

多箱体巨柱的焊接原则如下：

1）构件中同时存在对接焊缝和角接焊缝时，则应先焊对接焊缝，后焊角接焊缝，如同时存在立焊缝与平焊缝，则应先焊立焊缝，后焊平焊缝。

2）长度≤1000mm 的焊缝可采用连续直通焊，长度>1000mm 的焊缝应采用分中逐步退焊法或分段逐步退焊法。

3）同时存在厚板和薄板时，先焊收缩量大的厚板多层焊，后焊薄板。多层焊时，各层的焊接方向最好相反，各层焊缝的接头应相互错开。

典型多箱体巨型柱结构及其焊接顺序见表 4-5。

表 4-5　典型多箱体巨型柱结构及其焊接顺序

焊接顺序	典型多箱体巨型柱结构示意	步骤一：焊接田字形构件外壁横焊缝总计 4 条（焊前要对 8 条立焊缝做定位焊）
图片示意	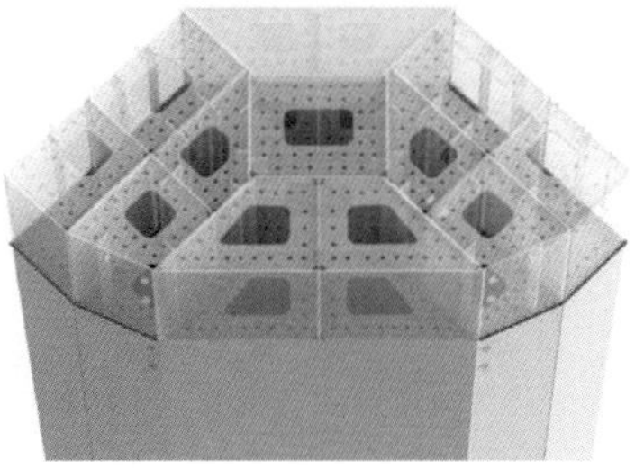	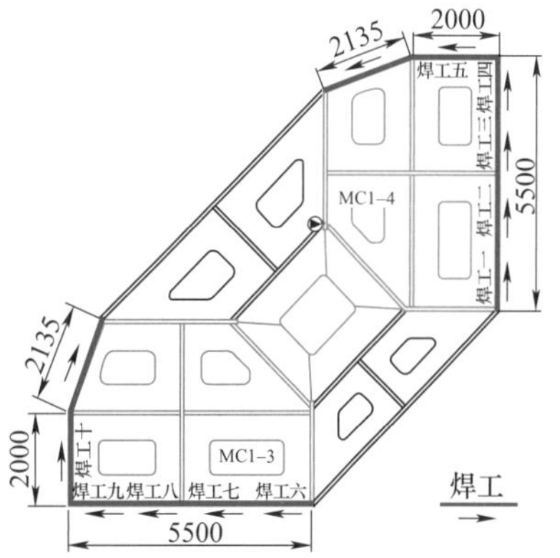

焊接顺序	步骤二：焊接巨柱腔体内 4 条立焊缝	步骤三：焊接巨柱面板 4 条立焊缝
图片示意	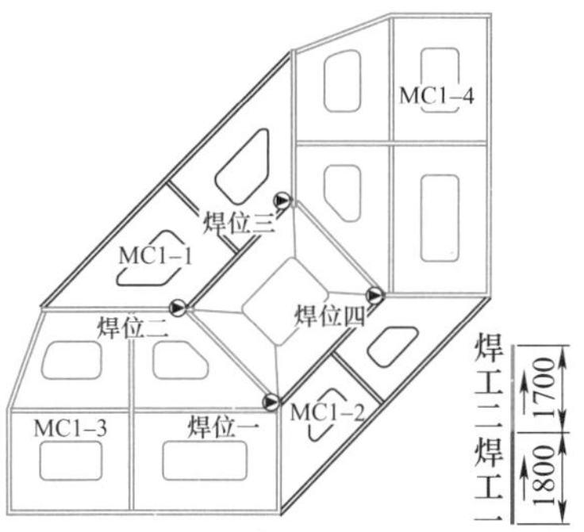	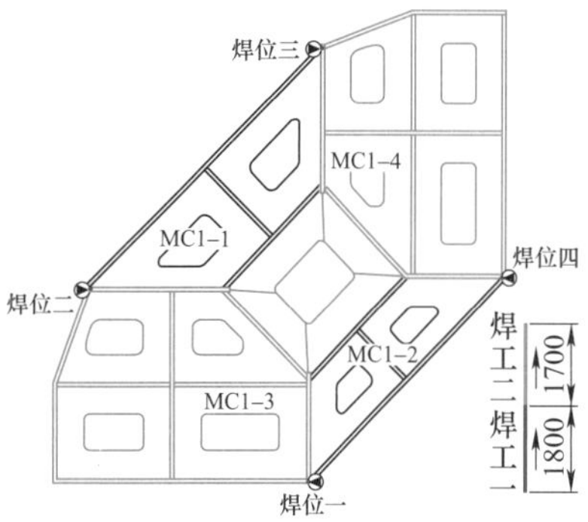

（续）

焊接顺序	步骤四：焊接内腔田字形构件连接 8 条横焊缝	步骤五：焊接工字形构件 4 条横焊缝
图片示意		
焊接顺序	步骤六：焊接巨柱竖向分腔板 6 条横焊缝	步骤七：焊接巨柱水平加劲板 4 条平焊缝
图片示意		

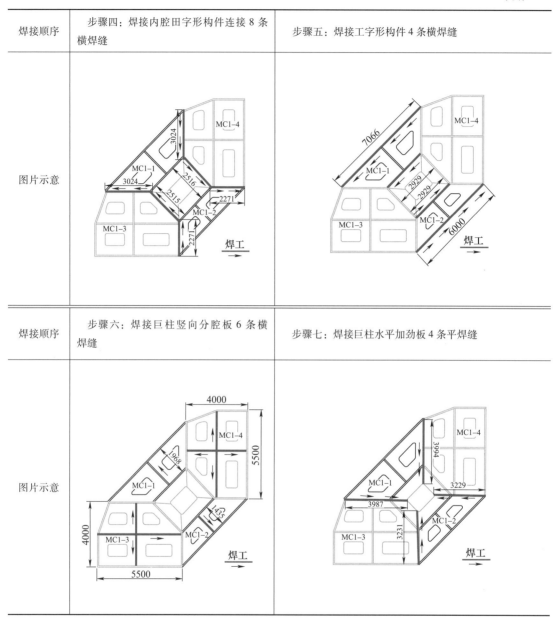

4.4　钢结构零部件加工余量设置

4.4.1　尺寸收缩影响因素

　　工件在焊接时受到不均匀的局部加热和冷却，是产生尺寸收缩变形的主要原因。按方向分为沿焊缝方向的纵向收缩变形和垂直于焊缝方向的横向收缩变形，如图 4-15 所示。

　　根据以往工程经验，钢构件（单元）零件在制作过程中尺寸的收缩与零件板厚及焊缝

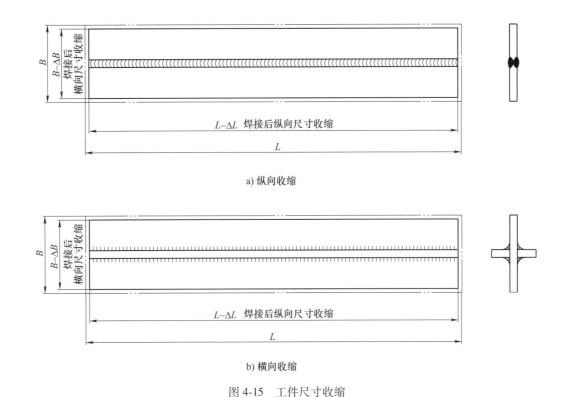

a) 纵向收缩

b) 横向收缩

图 4-15 工件尺寸收缩

形式、焊接热输入量、焊接接头拘束状态和焊后火焰矫正量等因素有关。

1）零件板厚及焊缝形式。厚板开设的坡口较大，焊接填充量大，焊接尺寸收缩量比薄板多（只是收缩量与板厚相比显得较小）；全熔透坡口焊接收缩量最大，部分熔透坡口焊接收缩量居中，角焊缝焊接收缩量最小。

2）焊接热输入量。指熔焊时由焊接能源输入给单位长度焊缝上的热能。焊接热输入量与焊接电流、电弧电压成正比，与焊接速度成反比，这主要与焊接方法的选择及焊接参数有关。埋弧焊焊接电流大，单位时间内对焊接接头的热输入量大，因此构件焊后的尺寸收缩量相对于 CO_2 气体保护焊要大。

3）焊接接头拘束状态。在焊接过程中焊接接头处于自由状态时，其焊后尺寸收缩较大；若焊接接头受周边板材约束较多，则收缩受到限制，其焊后尺寸收缩较小。

4）焊后火焰矫正量。钢构件（单元）在焊接完成后，当变形量超出工厂现行机械矫正范围时需采用火焰矫正。一般情况下，火焰矫正比焊接引起的尺寸收缩要多，主要原因是火焰矫正要将焊接引起的应力和变形"平衡"过来，输入的热量就更大。因此，对超大型结构单元、复杂节点在焊接完成后超出机械矫正范围的，采用火焰矫正要充分考虑加工余量。

尺寸收缩影响因素在钢构件（单元）制作过程中不是单独出现的，有时是几个因素同时出现，因此，在工艺设计时需要综合考虑。常规构件尺寸收缩的影响因素强弱识别见表 4-6。

表 4-6　常规构件尺寸收缩的影响因素强弱识别

构件类型及焊缝形式		影响因素					
		零件下料偏差	板厚及熔透形式	焊接热输入量	焊接接头拘束状态	焊后火焰矫正工作量	其他
H 形	角焊缝/部分熔透	□	○	○		◎	○
	全熔透焊缝	□	◎	◎		◎	○
十字形	角焊缝/部分熔透	□	○	○		○	○
	全熔透焊缝	□	◎	◎		○	○
箱形	部分熔透焊缝	□	○	○	○	○	○
	全熔透焊缝	□	◎	○	○	◎	○
圆管	壁厚≤30mm	□	○	○	○	○	○
	壁厚>30mm	□	◎	○	○	◎	○
大型复杂结构单元		◎	◎	◎	◎	◎	○
H 形等开放式牛腿		○	○	○	○	○	○
箱形等封闭式牛腿		○	○	○	○	○	○

注：◎代表强相关，有很大关系；○代表弱相关，有一定关系；□代表有影响。

4.4.2　加工余量的设置

1. 常规构件加工余量设置

构件截面宽度（高度）方向余量设置，主要考虑腹板宽度、构件截面内的加劲板、隔板宽度（长度），其设置要求见表 4-7。

表 4-7　构件截面宽度（高度）方向余量设置要求

零部件部位（名称）	构件特征	下料尺寸/mm	下料允许偏差/mm
H 形/十字形/箱形腹板宽度	含 PP 焊缝构件	B	0~+2
	通条 CP 焊缝	$B+2$	0~+2
与构件截面控制相关的加劲板、隔板宽度（长度）	—	$B-4$	−1~+1

注：B 为深化图样中零件实际尺寸。

构件长度方向余量设置，按照构件截面尺寸、构件翼腹板厚和主焊缝形式进行分类确定。

（1）按构件截面尺寸分类

按构件截面尺寸分类时，构件长度方向余量设置见表4-8。

表 4-8　构件长度方向余量设置（按构件截面尺寸分类）

构件类型	特征尺寸/mm	构件长度 L/m					零件下料允许偏差
		$L \leqslant 3$	$3 < L \leqslant 5$	$5 < L \leqslant 8$	$8 < L \leqslant 12$	$L > 12$	
		长度方向余量/mm					
H 形	截面高度≤1000	+2	+5	+10	+15	+20	0～+2
	截面高度>1000	+5	+10	+15	+20	+25	
十字形	截面高度≤800	+2	+5	+10	+15	+20	
	截面高度>800	+5	+10	+15	+20	+25	
箱形	截面高度≤800	+2	+5	+10	+15	+20	
	截面高度>800	+5	+10	+15	+20	+25	
圆管	圆管外径≤800	+2	+5	+10	+15	+20	
	圆管外径>800	+5	+10	+15	+20	+25	

（2）按构件板厚分类

按构件板厚分类时，构件长度方向余量设置见表4-9。

表 4-9　构件长度方向余量设置（按构件板厚分类）

构件类型	特征尺寸/mm	构件长度 L/m					零件下料允许偏差
		$L \leqslant 3$	$3 < L \leqslant 5$	$5 < L \leqslant 8$	$8 < L \leqslant 12$	$L > 12$	
		长度方向余量/mm					
H 形	腹板板厚≤25	+2	+5	+10	+15	+20	0～+2
	腹板板厚>25	+10	+15	+20	+25	+30	
十字形	腹板板厚≤25	+2	+5	+10	+15	+20	
	腹板板厚>25	+10	+15	+20	+25	+30	
箱形	腹板板厚≤25	+2	+5	+10	+15	+20	
	腹板板厚>25	+5	+10	+15	+20	+30	
圆管	圆管壁厚≤25	+2	+5	+10	+15	+20	
	圆管壁厚>25	+5	+10	+15	+20	+30	

（3）按主焊缝形式分类

按构件主焊缝形式分类时，构件长度方向余量设置见表4-10。

表 4-10　构件长度方向余量设置（按主焊缝形式分类）

构件类型	主焊缝熔透形式	构件长度 L/m					零件下料允许偏差
		L≤3	3<L≤5	5<L≤8	8<L≤12	L>12	
		长度方向余量/mm					
H形	角焊缝/部分熔透	+2	+5	+10	+15	+20	0~+2
	全熔透焊缝	+10	+15	+20	+25	+30	
十字形	角焊缝/部分熔透	+2	+5	+10	+15	+20	
	全熔透焊缝	+10	+15	+20	+25	+30	
箱形	部分熔透焊缝	+2	+5	+10	+15	+20	
	全熔透焊缝	+10	+15	+20	+25	+30	
圆管	全熔透焊缝	+10	+15	+20	+25	+30	

注：1. 构件若有端铣要求，则在上述余量基础上再增加端铣量 5mm。

　　2. 构件若在加工后要求火焰起拱，需根据实际情况（构件长度、板厚、起拱值等因素）再考虑在工艺文件中适当增加余量。

　　3. 若构件局部加劲板、隔板集中布置数量等于或大于三块，则表 4-10 中的数据应再增加集中区引起的收缩值，每个集中区按 3mm 收缩值考虑。

　　4. 若针对具体构件，参照上述三项不同方式分类的余量加设值不一致时，以数值较大的为准。

2. 大型复杂结构单元加工余量设置

对于大型复杂结构单元（如巨型构件单元块、复杂节点），鉴于构件在整体焊接完成后，零件端部（即现场焊接部位）不便二次切割，工艺设计时要对引起零件尺寸收缩的因素全盘考虑。

考虑到各项目钢结构设计的大型复杂结构单元结构形式不一，且其截面尺寸、板厚及熔透形式、焊接接头拘束状态等因素不尽相同，因此应具体情况具体分析，其工艺放样余量的设置需要在相应工程的工艺文件或作业指导书中做出规定。

3. 牛腿加工余量设置

常规构件的牛腿一般不加放工艺余量。

第 5 章

焊接数值模拟技术

5.1 典型 T 形接头数值模拟技术

焊接技术作为钢结构最重要的一种连接方法,在构件的组立成形过程中发挥了非常重要的作用。在建筑钢结构焊接过程中,主要采用的焊接方法有 CO_2 气体保护焊、埋弧焊等,且接头形式呈现多样性,典型的钢结构焊接接头形式主要有对接接头、T 形接头。近年来,针对日益频繁的自然灾害(如地震和风灾等)对超高层、大跨度建筑的安全造成不利影响的现状下,国内外对钢结构焊接的力学性能和安全性提出了更高的要求。

本章选取 T 形接头为研究对象,采用与高校合作通过试验设计及有限元软件 ABAQUS 和 MSC.MARC 平台,开发出的一种热-弹-塑性有限元方法,进行试验研究和数值模拟,并重点分析 T 形接头焊接残余应力与变形的分布特征和演变过程,为类似材料的钢结构焊接提供技术参考和数据支撑。

5.1.1 T 形接头焊接试验设计

1. 试验材料

试验母材为厚度 40mm 的高强度钢 Q420GJC,焊丝为 CHW-60C、直径为 1.2mm。Q420GJC 钢板实物如图 5-1 所示,CHW-60C 焊丝实物如图 5-2 所示。Q420GJC 钢的化学成分

图 5-1 Q420GJC 钢板实物

见表 5-1，焊丝 CHW-60C 的化学成分见表 5-2。试验母材 Q420GJC 钢供货状态为控扎态，技术条件符合 GB/T 1591—2018《低合金高强度结构钢》和 GB/T 19879—2023《建筑结构用钢板》，其基体组织为铁素体和条状珠光体，如图 5-3 所示。

图 5-2　CHW-60C 焊丝实物

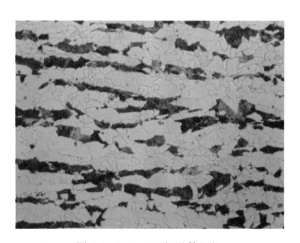

图 5-3　Q420GJC 钢基体组织

表 5-1　**Q420GJC 钢的化学成分**（质量分数）　（%）

C	Si	Mn	P	S	Cr	Al	Cu	Nb	Ni	V	Fe
0.17	0.28	1.53	0.017	0.002	0.06	0.041	0.02	0.032	0.01	0.038	余量

表 5-2　**焊丝 CHW-60C 的化学成分**（质量分数）　（%）

C	Si	Mn	Mo	P	S	Cr	Cu	Ni	Fe
0.069	0.65	1.72	0.25	0.012	0.0052	0.013	0.11	0.007	余量

2. 焊接机具

本次研究使用的焊机是奥太焊机 NBC-500，如图 5-4 所示。焊接方法为全 CO_2 气体保护焊，焊接时，采用 CO_2 气体作为焊接保护气体，流量为 20～25L/min。焊接试验现场如图 5-5 所示。

图 5-4　奥太焊机 NBC-500

图 5-5　焊接试验现场

钢材的冷裂纹敏感性一般与母材和焊缝金属的化学成分有关，为了说明冷裂纹敏感性与钢材化学成分的关系，通常用碳当量来表示。本文采用了日本工业标准（JIS）推荐的调质钢碳当量计算公式进行计算。

根据日本 JIS 和 WES 推荐的计算公式，即

$$CE = w(C) + \frac{w(Mn)}{6} + \frac{w(Si)}{24} +$$

$$\frac{w(Ni)}{40} + \frac{w(Cr)}{5} + \frac{w(Mo)}{4} + \frac{w(V)}{14} \tag{5-1}$$

按表 5-1 的化学成分，计算出 Q420GJC 钢的碳当量为 CE＝0.453%，表明 Q420GJC 钢有一定的淬硬倾向和焊接冷裂纹倾向。

3. T 形接头试件焊接

T 形焊接试件翼缘板的几何尺寸为 400mm×400mm×40mm，腹板几何尺寸为 400mm×400mm×40mm，焊接试件的几何尺寸和实物如图 5-6 所示。采用双 V 形坡口，坡口钝边为 2mm，坡口角度分别为 60°和 45°，焊接间隙为 0.5~1.0mm。

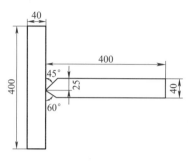

a) 焊接试样几何尺寸

b) 焊前实物

c) 焊后实物

图 5-6　焊接试件几何尺寸和实物

T 形焊接试件采用 CO_2 气体保护焊焊接，焊道数量和布置如图 5-7 所示。图 5-7a 为小热输入焊接试件，其平均焊道热输入为 1.2kJ/mm；图 5-7b 为中等热输入焊接试件，其平均焊道热输入为 2.0kJ/mm；图 5-7c 为大热输入焊接试件，其平均焊道热输入为 2.7kJ/mm。在焊接过程中，焊接试件处于无约束状态，层间温度控制在 180℃以下。

4. 残余应力的测量

T 形焊接试件焊接完成后，采用盲孔法测量表面的残余应力，即测量焊接试件 L_2、L_3、L_4 线上的残余应力，如图 5-8 所示。

5.1.2　T 形接头有限元数值模型

以平均焊道热输入 2.7kJ/mm 试件为对象建立模型，并考虑试件的预变形，经实际测量，翼缘板长度位置为 400mm 时的预变形为 25.3mm，即翼缘板和腹板之间的角度为

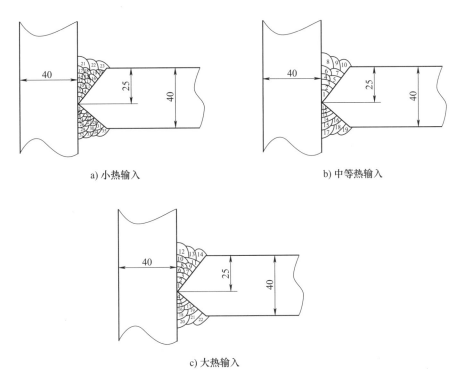

a) 小热输入　　　　　　　　　　　　b) 中等热输入

c) 大热输入

图 5-7　T 形焊接试件焊道数量和布置

86°63′，有限元模型尺寸、焊道的布置情况与实际焊接试件完全相同。为了兼顾计算精度和计算效率，在焊缝及其附近温度梯度较大的区域，将网格划分的比较密集；而在远离焊缝温度梯度较小的区域，将网格划分的相对稀疏，有限元网格模型和力学边界条件如图 5-9 所示。有限元模型的节点总数为 98851，单元总数为 92240。采用八节点六面体单元进行计算，温度场计算时采用 43 号单元类型，应力应变场计算时的单元类型为 7 号。

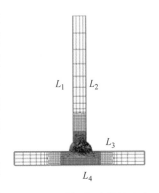

图 5-8　T 形焊接试件的残余
应力测量位置布置
注：$L_1 \sim L_4$ 代表不同表面
测量残余应力的直线位置。

在有限元模拟计算过程中，采用双椭球体移动热源模型模拟弧焊的焊接热输入，通过生死单元技术来考虑焊缝的填充过程。考虑了母材和焊缝金属的热物理性能和力学性能随温度变化的特性。在温度场计算时，考虑了熔池的结晶潜热，取值为 300J/g，液相线温度和固相线温度分别设定为 1480℃ 和 1430℃。同时，利用牛顿法则和玻尔兹曼定律分别考虑了试件与外部环境的对流散热和辐射散热，定义环境温度为 20℃。

应力应变计算时，由于整个焊接过程试件为无外界约束的自由状态，因此添加的力学边界条件（见图 5-9）仅用于防止试件发生刚性移动和转动。对于 Q420 钢而言，固态相变对焊接残余应力和变形的影响不显著，同时在高温停留的时间较短，故忽略固态相变和蠕变现象。弹性应变遵循各向同性虎克定律，热应变的大小通过热膨胀系数来计算，对于塑性变形采用 Von-Mises 屈服准则进行计算。由于加工硬化对 Q420 钢的效果不明显，因此文中也忽

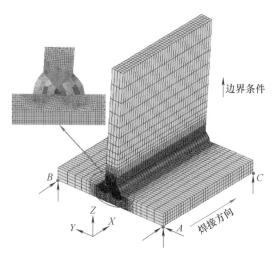

图 5-9　有限元网格模型和力学边界条件

注：A、B、C 分别代表三点处的力学边界条件设置。

略了加工硬化的影响。

5.1.3　T 形接头残余应力分布

图 5-10 所示为 T 形接头垂直于焊缝中央截面的纵向残余应力分布云图。从图 5-10 可看到，双 V 形坡口纵向残余应力的高应力区主要集中在先焊一侧的最后一层及后焊一侧的整个部分，在焊缝区应力表现为拉-压-拉交替的分布状态。纵向残余应力的峰值为 773MPa，明显超过焊缝金属的常温屈服强度（512MPa）。

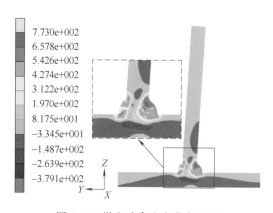

图 5-10　纵向残余应力分布云图

图 5-11 所示为垂直于焊缝中央截面的 Y 方向残余应力分布云图。从图 5-11 可观察到，腹板表面的 Y 方向残余应力表现为拉应力，在腹板中央表现为压应力。在翼缘板中央产生较大的 Y 方向压缩残余应力，而在翼缘板的下表面和与焊缝相交的位置（焊趾处）产生较大的 Y 方向拉伸残余应力。

图 5-12 所示为垂直于焊缝中央截面的 Z 方向残余应力分布云图。对腹板而言，Z 方向残余应力为其横向残余应力；对翼缘板而言，Z 方向残余应力为其厚度方向残余应力。从图 5-12 可看出，腹板的横向残余应力在上下表面处表现为拉应力且峰值达到 602MPa，且在腹板中央表现为压应力，也呈现拉-压-拉的交替分布状态。

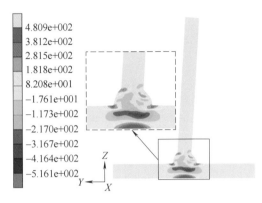

图 5-11　Y 方向残余应力分布云图

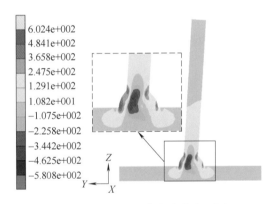

图 5-12　Z 方向残余应力分布云图

综合图 5-10~图 5-12 可知，厚板焊接时会产生较大的三向应力，增加了焊接试件的脆化倾向，对结构稳定性、服役性能等方面将产生较大的影响。

图 5-13a 和图 5-13b 所示分别为模拟计算得到的沿中央截面 L_1 上的纵向残余应力和横向残余应力分布情况。由图 5-13a 可知，在焊缝及其附近区域呈现高拉应力状态，位于焊缝与翼缘板交界处出现峰值应力（489MPa），随着距焊缝距离的增加，拉应力急剧降低为压应力并在零值附近趋于水平。从图 5-13b 可看到，在焊缝及其附近区域也呈现高拉应力状态且峰值达到 577MPa，超过了焊缝金属的常温屈服强度（512MPa）。进一步观察图 5-13a 和图 5-13b 可发现，纵向残余应力和横向残余应力在 $0\mathrm{mm} \leqslant Z \leqslant 30\mathrm{mm}$ 内都有一定的起伏。这是因为 T 形接头盖面焊有 3 道，在焊接时各位置的局部拘束不同，使最终残余应力分布呈现出起伏状态。

图 5-14 所示为沿中央截面 L_2 上分布的纵向残余应力的模拟计算结果和试验结果。在实

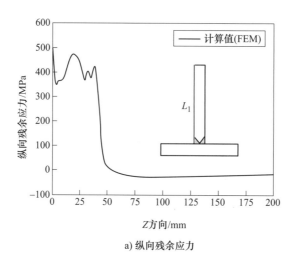

a) 纵向残余应力

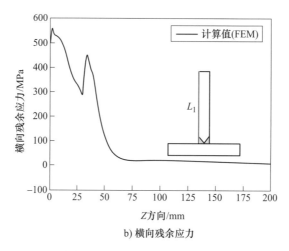

b) 横向残余应力

图 5-13　沿 L_1 上残余应力分布

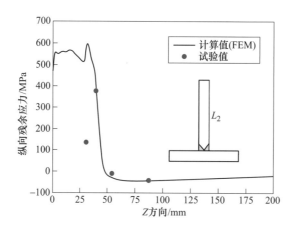

图 5-14　沿 L_2 上纵向残余应力分布

际测量过程中，由于试验仪器的局限性，因此很难测量到位于 T 形接头焊缝位置的残余应力，但从图 5-14 可观察到，纵向残余应力的模拟计算结果与试验结果总体上比较吻合。同时，也可以看到在焊缝及其附近区域的高拉应力有所波动，但幅度不大，峰值达到 604MPa，明显超过焊缝金属的常温屈服强度（512MPa）。这是因为中央截面 L_1 侧焊缝先于 L_2 侧焊缝进行焊接，后焊接的一侧尤其是最后一层焊缝受到的拘束更大，因此产生更大的残余应力。

图 5-15 所示为沿中央截面 L_2 上分布的横向残余应力的模拟计算结果和试验结果。从图 5-15 可知，计算结果与试验结果吻合良好，验证了有限元计算方法的正确性。在焊缝及其附近区域应力波动比较明显，在焊趾处产生较大的拉应力。对比图 5-13b 和图 5-15 可发现，腹板上下表面的横向残余应力分布趋势较为一致，然而在焊缝及其附近区域先焊一侧（L_1）上的整体横向残余应力数值要比后焊一侧（L_2）大。

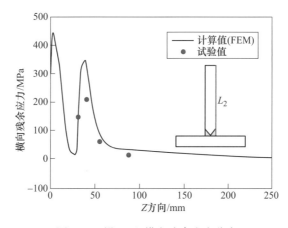

图 5-15　沿 L_2 上横向残余应力分布

图 5-16 所示为沿中央截面 L_3 上纵向残余应力的模拟计算结果和试验结果。从图 5-16 可知，计算结果与试验结果吻合良好，验证了有限元计算方法的有效性。在焊缝及其附近区域纵向残余应力分布呈 M 形，即两个波峰一个波谷的现象，其值分别为 535MPa、585MPa 和 10MPa，这说明沿 L_3 上中间焊道的纵向残余应力远小于先焊和后焊焊道。从图 5-16 还可以看出，在 162mm≤Z≤187mm 区域内，纵向残余应力存在剧烈波动，这是因各焊缝在焊接过程中的内拘束不同而造成的。

图 5-17 所示为由模拟计算和试验测量得到的沿中央截面 L_3 上横向残余应力的分布情况。由图 5-17 可知，模拟计算结果与试验结果吻合良好。整体上看，横向残余应力也呈 M 形分布，两个波峰横向应力表现为拉应力，波谷横向应力表现为压应力。这是由于沿 L_3 上横向残余应力要在腹板厚度方向上平衡，因此表现为拉-压-拉的交替分布状态。

图 5-18 和图 5-19 所示分别为由模拟计算和试验测量得到沿中央截面 L_4 上纵向残余应力和横向残余应力的分布情况。从图 5-18 和图 5-19 可看出，不论是纵向残余应力还是横向残余应力，其模拟结果与试验结果均基本吻合，验证了有限元计算方法的有效性。整体上来看，纵向残余应力和横向残余应力都呈对称分布。仔细观察图 5-18 可发现，纵向残余应力呈压-拉-压的分布形态，且压应力最大为 155MPa，拉应力最大为 117MPa，其值均远小于母

材的常温屈服强度 452MPa。进一步观察图 5-19 可发现，横向残余应力在整体范围内基本上都为拉应力且峰值为 480MPa，超过母材的常温屈服强度。

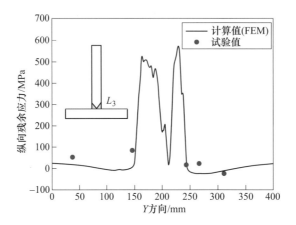

图 5-16　沿 L_3 上纵向残余应力分布

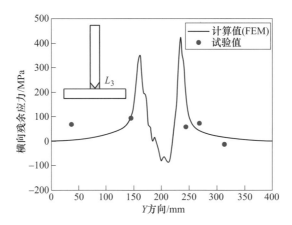

图 5-17　沿 L_3 上横向残余应力分布

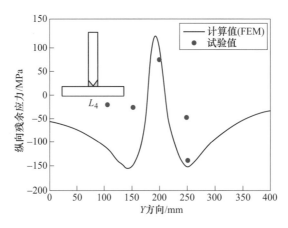

图 5-18　沿 L_4 上纵向残余应力分布

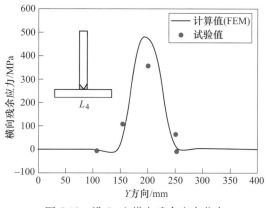

图 5-19　沿 L_4 上横向残余应力分布

5.1.4　T 形接头残余应力成因分析

T 形接头在焊接过程中，其残余应力和变形的形成非常复杂，在工程实际应用中常依据工人常年积累的经验进行施焊。以平均焊道热输入 2.0kJ/mm 试件（见图 5-7b）为例，采用数值模拟方法对残余应力的形成过程进行分析，为降低残余应力、提高焊接构件的质量提供理论指导。由于本章 T 形接头的坡口为双 V 形，因此分析了先焊一侧最后一道焊缝（第 10 道），后焊一侧第一道（第 11 道），后焊一侧倒数二层（第 16 道）和最后一道（第 19 道）焊接完成后的应力分布。

图 5-20 所示为沿 L_1 上第 10 道、第 11 道、第 16 道和第 19 道焊接完成后的纵向残余应力分布情况。由图 5-20 可知，纵向残余应力分布在第 10 道、第 11 道、第 16 道和第 19 道焊接完成后的总体变化不是很大，主要表现为焊缝区（0mm ≤ Z ≤ 30mm）内稍有差异。双 V 形坡口正面先焊一侧焊接完后，在焊缝区表现为高拉应力状态且峰值为 550MPa，高于材料常温屈服强度 512MPa。反面第一道（第 11 道）焊接结束后，位于焊缝区的纵向残余应力整体降低，峰值应力降至 435MPa，明显低于材料的常温屈服强度。第 16 道和第 19 道焊接完成后，纵向残余应力的分布趋势和数值几乎没有区别，相对于第 11 道仅是在焊缝局部区域的纵向残余应力有所升高，局部区域应力值稍有降低。

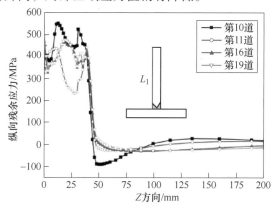

图 5-20　沿 L_1 上纵向残余应力分布

图 5-21 所示为沿 L_1 上第 10 道、第 11 道、第 16 道和第 19 道焊接完成后的横向残余应力分布情况。从图 5-21 可清楚地看到，横向残余应力在第 10 道、第 11 道、第 16 道和第 19 道焊接完成后的分布趋势保持一致。进一步观察可发现，第 10 道和第 11 道焊接完成后，横向残余应力的分布状态和数值基本上保持一致，仅是峰值拉应力和压应力略有降低。对比第 11 道、第 16 道和第 19 道的焊后横向残余应力分布情况，第 16 道和第 19 道焊接完成后的横向残余应力的分布形态和数值都非常相近，而第 11 道和第 16 道、第 19 道的差异为在焊缝及其附近区域应力值整体大幅升高，峰值应力由 333MPa 增大至 577MPa。

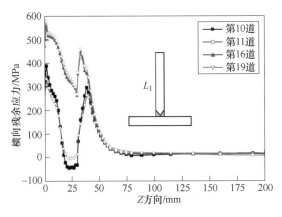

图 5-21　沿 L_1 上横向残余应力分布

图 5-22 所示为沿 L_3 上第 10 道、第 11 道、第 16 道和第 19 道焊接完成后的纵向残余应力分布情况。从图 5-22 可看到，在 $150\text{mm} \leqslant Y \leqslant 200\text{mm}$ 内纵向残余应力的拉应力宽度依次有所增加，这是因为 MSC. Marc 软件通过生死单元技术模拟焊缝的填充过程，即在未焊之前焊缝单元处于未激活状态，所以随着焊缝单元的逐层激活，拉应力区域越来越宽。从图 5-22 还可以看到，纵向残余应力的分布形态呈 M 形，即两个波峰一个波谷。第 11 道焊接完成后，位于 $200\text{mm} \leqslant Y \leqslant 212\text{mm}$ 区域的纵向残余应力较前一道明显升高，第 16 道焊接完成后，后焊一侧的波峰应力有所降低，先焊一侧的波峰应力有所增加，第 19 道焊接完成后，其纵向应力分布形态和数值基本都没有改变。

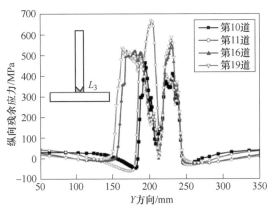

图 5-22　沿 L_3 上纵向残余应力分布

图 5-23 所示为沿 L_3 上第 10 道、第 11 道、第 16 道和第 19 道焊接完成后的横向残余应力分布情况。从图 5-23 可看到，横向残余应力在 $150\text{mm} \leqslant Y \leqslant 225\text{mm}$ 内的拉应力区域宽度也随着焊缝的逐层填充而逐渐增大，而在先焊一侧 $225\text{mm} \leqslant Y \leqslant 250\text{mm}$ 内，横向应力分布较为相似。第 11 道焊接完成后，位于后焊一侧焊缝处的峰值应力有所降低，第 16 道焊接完成后，拉应力区域宽度增加，峰值应力增加且在翼缘板中间位置出现压应力，第 19 道焊接完成后，横向残余应力无论是分布形态还是数值大小都没有太大差异，仅是后焊一侧拉应力区域向左平移了最后一层焊缝在 L_3 上的距离。

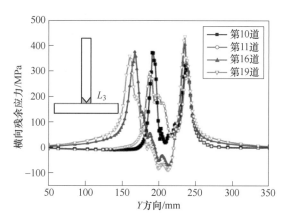

图 5-23　沿 L_3 上横向残余应力分布

5.1.5　有限元数值分析与试验结果对比

在实际工程应用中，大多采用易于控制变形的双 V 形接头来控制减小焊后变形。图 5-24 对比了模拟计算得到的试件变形和实际变形。从图 5-24 可看到，考虑了焊前预变形的模拟计算结果与试件实际的变形非常吻合。由于 T 形接头双 V 形坡口实施双侧多层多道焊，随着先焊一侧焊接的进行，变形不断积累增大，而后焊一侧沿反方向积累变形，因此腹板始终在积累变形。对翼缘板而言，其变形不明显。这主要是因为，焊接热量主要作用于腹板，而翼缘板较厚、刚度较大，从而阻碍焊接变形。

a) 计算结果　　　　　　　　b) 实际变形

图 5-24　模拟计算结果与试件实际变形的比较

图 5-25 所示为沿 L_2 上 Y 方向位移的计算结果与试验结果，并且显示了先焊一侧最后三层（第 5、7、10 道）和后焊一侧最后三层（第 14、16、19 道）焊后冷却到层间温度以下时的 Y 方向变形情况。从图 5-25 中可看到，计算得到的最终变形量为 26.4mm，而实际测量为 25.3mm，以试验值为基准的误差是 4.3%，计算结果与实测结果吻合良好。进一步观察先焊一侧第 5、7、10 道焊后的变形结果，发现最大变形量由 15.9mm 增加到 26.8mm 再增加到 33.1mm，其增量分别为 10.9mm 和 6.3mm，共积累 17.2mm，总体表现为前道焊缝比后道焊缝产生的变形大。这是由于前道焊缝焊接时比后道焊缝的拘束小，因此更容易受热量的影响，从而产生收缩。观察后焊一侧第 14、16、19 道焊后的变形结果，由于其变形方向与先焊一侧相反，因此表现为焊接变形逐渐被抵消。具体变形量依次减小为 28.7mm、27.4mm 和 26.4mm，由此可发现，后焊一侧最后三层焊后的变形量抵消幅度不是很大。

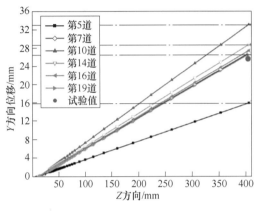

图 5-25　沿 L_2 上 Y 方向位移

图 5-26 所示为数值模拟计算得到的焊道数与腹板和翼缘板夹角的关系，以及实际测量的焊后腹板和翼缘板的夹角结果。从图 5-26 可明显看到，实际焊后腹板与翼缘板之间几乎垂直（90°），而模拟计算得到焊后最终角度为 90.2°，因此模拟计算结果和试验结果非常吻合。从图 5-26 中还可看到，先焊一侧（第 1～10 道）焊接变形幅度增加很快，由 86.4°显著

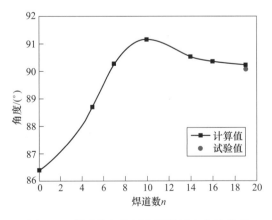

图 5-26　焊道数与腹板和翼缘板夹角的关系

增加至 91.2°，而后焊一侧（第 11~19 道）因变形方向相反而导致角度逐渐减小，焊接 9 道后角度共减小 1°，抵消的幅度非常小。这是由于后焊一侧尤其是最后三层比先焊一侧焊接过程中的拘束要大得多，因此产生的变形较小，角度变化也很小。

5.1.6　本节小结

本节以 MSC. Marc 软件为平台，采用热-弹-塑性有限元计算方法对 T 形接头的焊接残余应力和变形进行了数值模拟。同时，采用试验方法测量了接头焊接残余应力和变形，将试验结果与计算结果进行对比。此外，重点分析了 T 形接头焊接残余应力与变形的分布特征和演变过程，得出以下结论。

1）T 形接头考虑了预变形，对比了残余应力与变形的计算结果和试验结果，表明开发的有限元计算方法的有效性，在预测钢结构厚板焊接残余应力和变形方面的准确性。

2）双 V 形坡口的 T 形接头，在接头的焊趾及其附近出现高的三向应力区，同时，焊趾及其附近组织恶化及应力集中严重，将增大接头脆断的可能性。

3）双 V 形坡口的 T 形接头焊接变形演变规律大致为：先焊接的 V 形坡口一侧引起 4.8° 的角变形，后焊接的 V 形坡口一侧引起的角变形为 1.3°，后焊接的 V 形坡口引起的角变形远小于先焊接的 V 形坡口引起的角变形。

5.2　大型桁架结构整体焊接顺序数值模拟技术

5.2.1　理论基础

在众多的工程数值计算方法中，有限元法（Finite Element Method，FEM）很早就因其适用性强，以及处理非均质、非线性、复杂边界方便等突出优点而成为工程数值分析最有效的通用工具。经过近半个世纪的发展，有限元法已十分成熟并在各个领域的工程分析中广泛应用。

在有限元法中，可以取节点位移作为未知量，也可以取节点力作为未知量。随着所取未知量的不同，有位移法、力法和混合法，其中位移法用得最普遍，其基本思路主要包括以下几方面。

1. 连续体的离散化

将所求解对象（连续体）划分为有限个具有规则形状的微小块体，将每个微小块体设为一个单元，相邻两个单元之间只通过若干点互相连接，每个连接点称为节点。

2. 选择单元形函数（位移模式）

当采用位移法时，物体离散化之后，就可将单元中的一些物理量如位移、应变和变力等由节点位移来表示。这时可以对单元中位移的分布采用一些能逼近原函数的近似函数予以描述。通常，有限单元法中将位移表示为坐标变量的简单函数，这种函数称为位移模式或形函数。

3. 单元分析（应力场、应变场）

根据单元的材料性质、形状、尺寸、节点数目、位置及其含义等，找出单元节点力和节点位移的关系式，这是单元分析中的关键一步。此时需要应用弹性力学中的几何方程和物理方程来建立力和位移的方程式，从而导出单元刚度矩阵，这是有限元法的基本步骤之一。

4. 刚度矩阵

根据虚功原理及单元平衡关系，导出结构刚度矩阵。

5. 节点外荷载

物体离散化后，假定力是通过节点从一个单元传递到另一个单元。但是，对实际的连续体，力是从单元的公共边界传递到另一个单元中去的。因而，这种作用在单元边界上的表面力、体积力或集中力都需要等效地转移到节点上去，也就是用等效的节点力来替代所有作用在单元上的力。

6. 单元组集

利用结构力的平衡条件和边界条件将各个单元按原来的结构重新连接起来，形成整体的有限元方程。

7. 边界条件

根据问题的实际情况，引入几何边界条件，在结构的边界处位移是给定的，按此适当修改有限元方程。

8. 解方程

求解有限元方程式便可得出节点位移。这里可以根据方程组的具体特点来选择合适的计算方法。

9. 后处理（求解应力、应变）

由节点位移计算结构单元的应变和应力。

5.2.2 焊接过程模拟技术要点

焊接是一个牵涉电弧物理、传热、冶金和力学的复杂过程。焊接现象包括焊接时的电磁、传热过程、金属的熔化和凝固、冷却时的相变、焊接应力和变形等。因此，要得到一个高质量的焊接结构，必须控制以上因素。一旦各种焊接现象能够实现计算机模拟，就可以通过计算机系统来确定焊接各种结构和材料的最佳设计、最佳工艺方法和焊接参数。

焊接过程是一个热力学耦合的过程，通常采用弹塑性有限元法对其进行分析，包括温度场分析和应力场分析。有限元模型是真实系统理想化的数学抽象。建立有限元模型，包括确定单元类型、材料属性、集合模型及划分网格，都是温度场分析和应力场变性分析中最关键的一环。由于焊接是一个从局部位置加热到高温，并随后快速冷却的过程，所以随着热源的移动，整个焊接的温度随时间和空间而发生变化，材料的物理性能参数也随温度而剧烈变化，同时还存在熔化相变时的潜热现象。因此，焊接温度场的分析属于典型的非线性瞬态热传导问题。因为焊接温度场分布十分不均匀，所以在焊接过程中和焊后将产生相当大的焊接应力和变形。焊接应力和变形的计算既有大应变、大变形等几何非线性问题，又有弹塑性变形等材料非线性问题。对均匀、各向同性的连续介质，且其特征值与温度无关时，在能量守

恒的基础上，可得到热传导微分方程式为

$$\rho c \frac{\partial T}{\partial t} = \frac{\partial}{\partial x}\left(\lambda \frac{\partial T}{\partial x}\right) + \frac{\partial}{\partial y}\left(\lambda \frac{\partial T}{\partial y}\right) + \frac{\partial}{\partial z}\left(\lambda \frac{\partial T}{\partial z}\right) + Q \tag{5-2}$$

式中　T——温度（K）；

　　　λ——材料的导热率 $[\mathrm{W/(m \cdot K)}]$；

　　　t——过程进行的时间（s）；

　　　c——材料的比热容 $[\mathrm{J/(kg \cdot K)}]$；

　　　ρ——材料的密度（$\mathrm{kg/m^3}$）；

　　　Q——单位体积输出或消耗的热能（$\mathrm{W/m^3}$）。

焊接过程属于瞬态传热过程，在这个过程中，系统的温度、热流率、热边界条件及系统内能均随时间明显变化。

根据能量守恒原理，其瞬态热平衡方程可表示为

$$C\dot{T} + KT = Q \tag{5-3}$$

式中　K——传导矩阵，包含热导率、表面传热系数及辐射率和形状系数；

　　　C——比热容矩阵，考虑系统内能的增加；

　　　T——节点温度向量；

　　　$\dot{T}$——温度对时间的导数；

　　　Q——节点热流率向量，包含热生成。

在焊接过程中，材料必然会有相变产生，而随着相变会发生热量转换（潜热的放出和吸收）。因此，为了准确计算焊接温度场，必须考虑相变潜热。ANSYS 热分析最强大的功能之一就是可以分析相变问题，ANSYS 通过已定材料的焓随温度变化来考虑熔融潜热，焓的单位是 $\mathrm{J/m^3}$，单位密度与比热容的乘积对温度的积分，其数学定义为

$$H = \int_{T_0}^{T} \rho c \mathrm{d}T \tag{5-4}$$

在热物理性能参数定义时，确定随温度变化的密度和比热容后，ANSYS 会自动计算出焓。在焊接温度场求解过程中，将每个焓再划分为若干个时间步。将计算得到的各节点温度保存在热分析结果文件中，以便作为应力场分析的体荷载。

在厚板焊接过程温度场的三维有限元模拟中，x、y、z 三个方向的热导率、对流都要考虑，且冷却和升温的速度都相当快，是高度非线性的过程。因此在求解过程中，做一些非线性特殊处理是必要的。

热源模型是否选取适当，对瞬态温度场的计算精度，特别是在靠近热源的地方，会产生很大影响。在电弧焊时，通常采用高斯分布的热源模型，此时的热流分布为

$$q(r) = q_m \exp\left(-3\frac{r^2}{\bar{r}^2}\right) \tag{5-5}$$

式中　r——离开热源中心的距离（mm）；

　　　$\bar{r}$——电弧有效加热半径（mm）；

q_m——最大比热流〔J/(kg·℃)〕。对移动热源（非高速），有

$$q_m = \frac{3}{\pi r^2}q, \quad q = \eta UI$$

式中　q——热源瞬时传递给试件的热能（J）；

　　　η——焊接热效率；

　　　U——电弧电压（V）；

　　　I——焊接电流（A）。

由于高斯分布函数没有考虑电弧的穿透作用，为了克服这个缺点，A. Goldak 提出了双椭球热源模型。

高斯、双椭球两种热源模型将焊接热流直接施加在整个试件有限元模型上，不能模拟焊缝金属熔化和填充，无法模拟实际焊接过程，而生死单元能够克服这个缺点。生死单元技术是采用生死单元模拟焊缝填充的方法来模拟焊接热输入的过程。通过试验测量，将全部焊接热 Q 均匀分布在焊缝上，假设所有焊缝单元在计算前是不激活的。在开始计算前，将焊缝中所有单元"杀死"。在计算过程中，按顺序将被"杀死"的单元"激活"，模拟焊缝金属的填充。同时，给激活的单元施加生热率（HGEN），热载荷的作用时间等于实际焊接的时间。

焊接温度场的准确计算是焊接冶金分析、焊接应力和变性分析及焊接质量控制的前提。由于焊接过程中，随着热源移动，整个试件的温度均随时间和空间变化，以及焊接过程中存在熔化潜热相变，因此焊接温度场的问题是典型的非线性瞬态传热问题。

5.2.3　桁架有限元模型的建立和简化

本项目对巨型带状桁架模拟主要采用的单元有以下几种。

1. SOLID70

SOLID70 具有三个方向的热传导能力。该单元有 8 个节点且每个节点上只有一个温度自由度，可以用于三维静态或瞬态的热分析。该单元能实现匀速热流的传递。假如模型包括实体传递结构单元，那么也可以进行结构分析，此单元能够用等效的结构单元代替（如 SOLID45 单元）。

该单元存在一个选项，即允许完成实现流体流经多孔介质的非线性静态分析。选择了该选项后，单元的热参数将被转换成相类似的流体流动参数，例如温度自由度将变为等效的压力自由度。

2. SOLID185

SOLID185 单元用于构造三维实体。该单元通过 8 个节点来定义，每个节点有三个沿着 x、y、z 方向平移的自由度。单元具有超弹性、应力刚化、蠕变、大变形和大应变的能力。该单元还可以使用混合模式模拟几乎不可压缩的弹塑性材料和完全不可压缩的超弹性材料。

3. BEAM188

BEAM188 为 2 节点 3D 线性有限应变梁单元，是铁摩辛柯梁，可以考虑剪切变形，支持弹性、塑性、大挠度、大应变、应力刚化及生死单元等功能。

项目对焊缝及焊缝两侧受温度影响较大的斜腹杆焊接接头部分采用 SOLID70 建立实体模型，远离焊接区域的杆件选取 BEAM188 建立梁单元模型，进入结构场分析时，SOLID70会转化为结构实体单元 SOLID185。梁单元则选择 BEAM188。分析本项目建立的有限元模型，如图 5-27 所示。

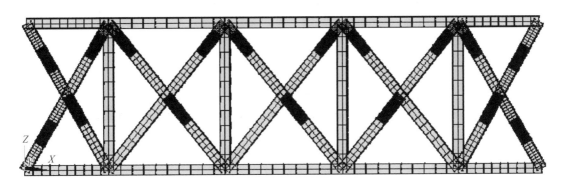

图 5-27　桁架结构有限元模型

焊接模拟的整体思路（见图 5-28）是首先进行焊接热分析，之后转入焊接结构分析，将热分析的温度作为温度荷载施加在结构上。

焊缝模型用生死单元模拟焊缝的从无到有，真实反映焊接过程。

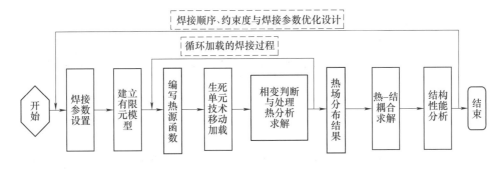

图 5-28　焊接模拟整体思路

5.2.4　巨型带状桁架焊接顺序的选取

为研究不同焊接顺序对桁架残余应力、残余变形及残余应力的影响，提出三种不同的焊接顺序，其中在斜腹杆焊接之前，带状桁架的上下弦杆及竖向腹杆已经焊接完成，形成了带状桁架的基本框架。

1. 顺序一

首先焊接最靠近巨柱的斜腹杆；然后按照自两侧向中间、自下而上的顺序完成斜腹杆与下弦节点焊缝焊接以及十字节点处焊缝焊接（同一杆件端头两侧不能同时焊接）；最后完成斜腹杆与上弦节点焊缝焊接，详见表 5-3。

表 5-3　带状桁架施工焊接顺序一

焊接顺序	第一步焊接
图片示意	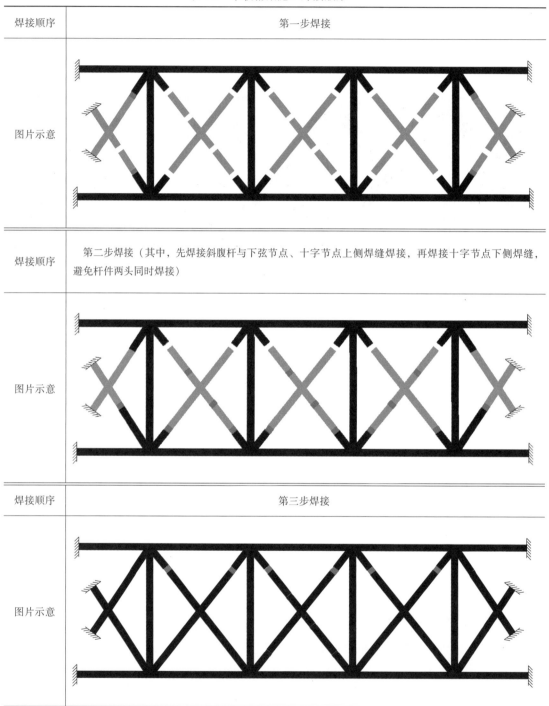
焊接顺序	第二步焊接（其中，先焊接斜腹杆与下弦节点、十字节点上侧焊缝焊接，再焊接十字节点下侧焊缝，避免杆件两头同时焊接）
图片示意	
焊接顺序	第三步焊接
图片示意	

注：红色代表正在焊接的接头，白色代表未焊接接头。

2. 顺序二

为了验证施工焊接顺序的合理性，以及试图找寻更优的焊接顺序，本文基于顺序一提出了两种新的焊接顺序：焊接顺序二按照自上而下、从中间向两侧，首先完成斜腹杆与上弦桁架节点焊缝焊接，其次焊接斜腹杆与下弦节点焊缝，最后焊接两侧斜腹杆与钢柱焊缝，详见表 5-4。

3. 顺序三

焊接顺序三按照先完成十字节点焊缝焊接，然后完成上下弦杆节点处焊缝焊接，最后完成两侧斜腹杆与钢柱焊接，详见表 5-5。

表 5-4　带状桁架施工焊接顺序二

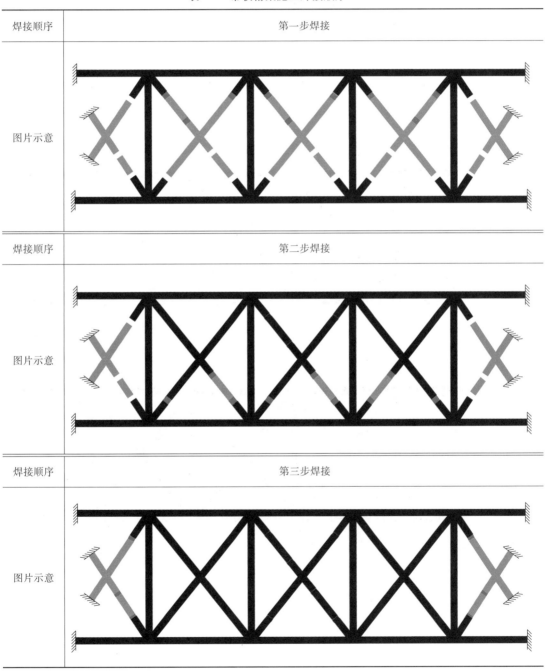

注：红色代表正在焊接的接头，白色代表未焊接接头。

表 5-5　带状桁架施工焊接顺序三

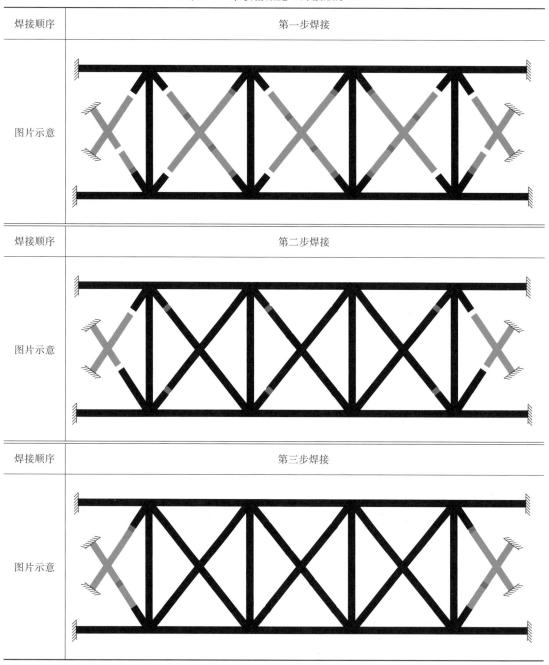

焊接顺序	第一步焊接
图片示意	
焊接顺序	第二步焊接
图片示意	
焊接顺序	第三步焊接
图片示意	

注：红色代表正在焊接的接头，白色代表未焊接接头。

5.2.5　焊接残余应力模拟分析

1. 热力学及结构力学参数

试验用母材为 Q355GJ 钢，属于 B 级碳素结构钢。根据 GB/T 700—2006《碳素结构钢》的规定，其化学成分为：$w_C<0.20\%$；$w_{Mn}<1.4\%$；$w_{Si}<0.35\%$；$w_S<0.045\%$；$w_P<0.045\%$。

进行焊接温度场分析时，必须确定的材料热物理性能参数有：导热系数、对流换热系数、密度、焓、比热容、熔点、弹性模量及焊接初始温度。其中，导热系数、密度、焓、比热容及弹性模量等热力学参数如图 5-29~图 5-33 所示。

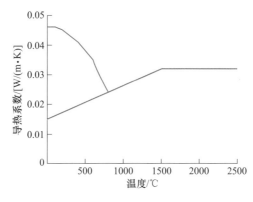

图 5-29　Q355GJ 钢导热系数

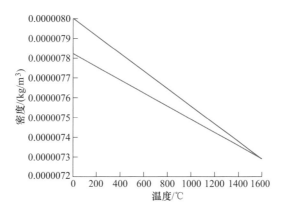

图 5-30　Q355GJ 钢密度

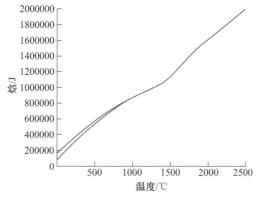

图 5-31　Q355GJ 钢焓

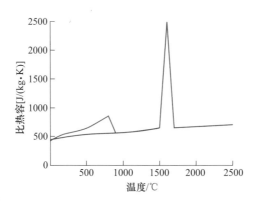

图 5-32　Q355GJ 钢比热容

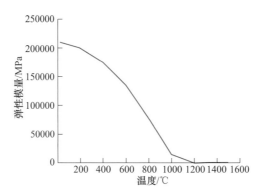

图 5-33　Q355GJ 钢弹性模量

2. 焊接残余应力模拟分析

本节对不同焊接顺序下，各焊接步骤完成后桁架的残余应力进行对比分析（见表 5-6~表 5-8）。试图对焊接顺序的优劣进行直观地判断。

表 5-6　第一步焊接斜腹杆 BT2 冷却后残余应力分布

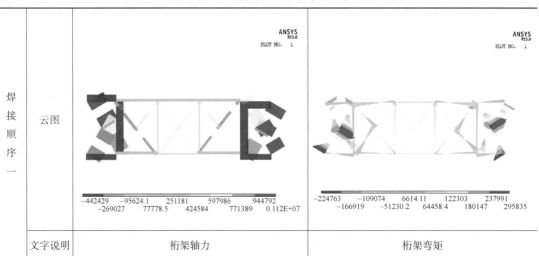

焊接顺序一	云图	桁架轴力	桁架弯矩
	文字说明	桁架轴力	桁架弯矩

（续）

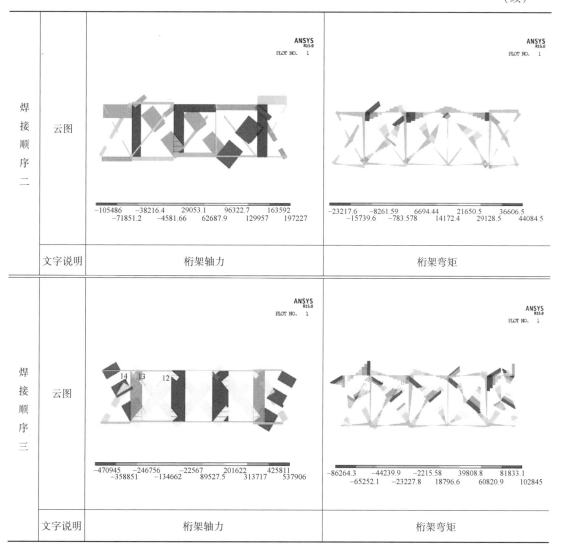

		云图	桁架轴力	桁架弯矩

文字说明 栏目如上表所示。

焊接顺序一的第一步是焊接最靠近巨柱的腹杆。该步骤完成后，桁架左右最外侧斜腹杆受拉，轴拉力最大值为 1120kN，即 112t，此时弦杆和竖腹杆受压，左右最外侧的弦杆和竖腹杆轴压力最大，峰值为 442.43kN，即 44.243t。斜腹杆焊后受弯，节点处弯矩较大，峰值为 295.84kN·m。桁架内部三榀腹杆未焊接，因定位板的作用，而受较小的轴压力作用，弯矩幅值几乎为零。

焊接顺序二的第一步是焊接桁架内侧上部的三根斜腹杆。斜腹杆在焊后受拉，最大轴拉力为 197.23kN，即 19.723t。左右两端上弦杆同样受拉，左侧端上弦杆轴拉力较大，为 14.028t。与腹杆焊缝临近的竖腹杆受压，轴压力最大为 105.49kN，即 10.549t。焊后腹杆受弯，因此腹杆节点位置弯矩较大，最大值为 44.084kN·m。

焊接顺序三的第一步为焊接桁架最外侧靠内的腹杆 BT2a 和桁架内侧三榀的上下相邻腹杆。所有焊后的腹杆均受拉，由于桁架两侧受到巨型柱边界约束作用，轴拉力最大为

537.91kN，即 53.791t。竖向腹杆全部受压，桁架内侧两根竖腹杆轴压力最大，峰值为 470.95kN，即 47.095t。施焊腹杆受弯，腹杆十字节点弯矩最大，峰值为 102.845kN·m。

表 5-7　第二步焊接斜腹杆 BT2 冷却后残余应力分布

焊接顺序一	云图	ANSYS R15.0 PLOT NO. 1 −699325　−267144　165037　597217　0.103E+07 −483234　−51053.8　381127　813308　0.125E+07	ANSYS R15.0 PLOT NO. 1 −194751　−92897.7　8955.86　110809　212663 −143824　−41970.9　59882.6　161736　263590
	文字说明	桁架轴力	桁架弯矩
焊接顺序二	云图	ANSYS R15.0 PLOT NO. 1 −770814　−412445　−54076.6　304292　662661 −591630　−233261　125108　483477　841846	ANSYS R15.0 PLOT NO. 1 −143986　−77766.9　−11547.5　54671.9　120891 −110877　−44657.2　21562.2　87781.5　154001
	文字说明	桁架轴力	桁架弯矩
焊接顺序三	云图	ANSYS R15.0 PLOT NO. 1 −551184　−292259　−33333.1　225593　484518 −421722　−162796　96129.8　355055　613981	ANSYS R15.0 PLOT NO. 1 −106384　−56026.7　−5669.18　44688.3　95045.8 −81205.4　−30847.9　19509.6　69867.1　120225
	文字说明	桁架轴力	桁架弯矩

焊接顺序一的第二步是焊接桁架最外侧靠内的腹杆 BT2a 和桁架内侧三榀的上下相邻腹杆。该步骤完成后，桁架左右最外侧斜腹杆轴拉力增大，轴拉力峰值增至 1250kN，即 125t。弦杆和竖腹杆仍受压，左右最外侧竖腹杆轴压力增至 734.33kN，即 73.433t。桁架内三榀斜腹杆有受压状态转为受拉，轴力最大值为 276.326kN。第二步焊接的腹杆在焊后受弯，受弯方向与第一步焊接腹杆受弯方向相反，使腹杆十字节点弯矩幅值降低为 263.59kN·m。

焊接顺序二的第二步是焊接桁架内侧下部，桁架两侧腹杆在焊后受拉，最大轴拉力为 841.846kN，即 84.185t。竖腹杆全部受压，轴压力最大为 770.814kN，即 77.081t。焊后腹杆受弯，因此腹杆节点位置弯矩较大，最大值为 154kN·m。

在焊接顺序三中，是焊接桁架内侧的三根斜腹杆。左右斜腹杆轴拉力在焊后均增大，由于桁架两侧受到巨型柱边界约束作用，轴拉力最大，为 613.981kN，即 61.40t。竖向腹杆全部受压，桁架内侧两根竖腹杆轴压力最大，峰值为 551.184kN，即 55.119t。施焊腹杆受弯，腹杆十字节点弯矩最大，峰值为 120.225kN·m。

表 5-8　第三步焊接斜腹杆 BT2 冷却后残余应力分布

焊接顺序一	云图	ANSYS R15.0 PLOT NO. 1 −878494　−401128　76236.9　553602　0.103E+07 −639811　−162446　314919　792285　0.127E+07	ANSYS R15.0 PLOT NO. 1 −180074　−83472.8　13128.3　109729　206330 −131773　−35172.2　61428.8　158030　254631
	文字说明	桁架轴力	桁架弯矩
焊接顺序二	云图	ANSYS R15.0 PLOT NO. 1 −932500　−471696　−10893　449910　910714 −702098　−241295　219509　680312　0.114E+07	ANSYS R15.0 PLOT NO. 1 −192134　−89176.3　13781　116738　219696 −140655　−37697.7　65259.7　168217　271174
	文字说明	桁架轴力	桁架弯矩

（续）

焊接顺序三	云图	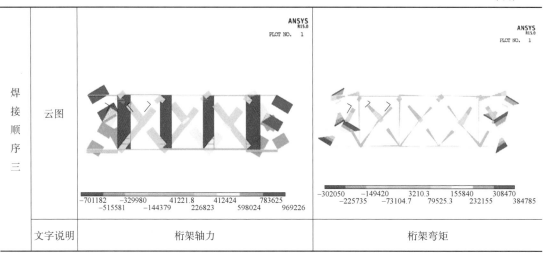	
	文字说明	桁架轴力	桁架弯矩

焊接顺序一的第三步是焊完桁架内侧上部三根剩余的腹杆。该步骤完成后，桁架左右最外侧斜腹杆轴拉力继续增大，轴拉力峰值增至1270kN，即127t。弦杆和竖腹杆轴压力均增大，左右最外侧竖腹杆轴压力增至878.494kN，即87.850t。第二步焊接的腹杆在焊后受弯，受弯方向与第一步焊接腹杆受弯方向相反，使腹杆十字节点弯矩幅值降低为254.631kN·m。

焊接顺序二的第三步是焊接最靠近巨柱的腹杆，所有斜腹杆轴拉力继续增大。桁架两侧斜腹杆轴拉力最大，峰值为1140kN，即114t。竖腹杆全部受压，轴压力最大为932.5kN，即93.25t。焊后腹杆受弯，因此腹杆节点位置弯矩较大，最大值为271.174kN·m。

焊接顺序三的第三步焊接与焊接顺序二相同。左右斜腹杆轴拉力在焊后均增大，轴拉力峰值为969.226kN，即96.923t。竖向腹杆全部受压，横街内侧两根竖腹杆轴压力最大，峰值为701.182kN，即70.118t。施焊腹杆受弯，腹杆十字节点弯矩最大，峰值为384.785kN·m，这导致该处 von Mises 应力大于焊接顺序二和焊接顺序一。

5.2.6 焊接残余应力的现场监测

为检验数值模拟方法的正确性和结果的准确性，在117项目桁架的焊接过程中对桁架斜腹杆焊后的轴向应力进行监测。

被监测桁架为双层桁架（见图5-34），在施工期间考虑分段施工，分段后共存在46个对接接头。双层环带桁架所有杆件均为 800×800mm 箱形截面，板厚共有 50mm、40mm、35mm、30mm 四种，材质分别为 Q355GJC 钢、Q355GJD 钢。本次现场监测对象为桁架斜腹杆，板厚为 40mm，材质为 Q355GJC 钢。

1. 桁架应力监测点的布设

（1）布设位置

监测点布置如图 5-35 所示。

1）整体布置：每个斜腹杆均布置一个监测点，共计 16 个监测点。

2）局部布置：根据箱形截面特点，在每个监测点箱形截面四面各布置一个应变片。

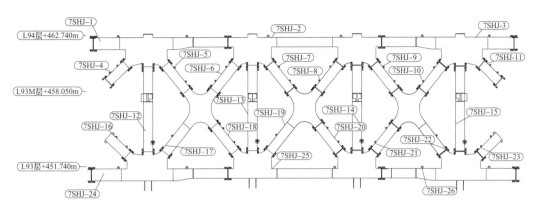

图 5-34　桁架立面图

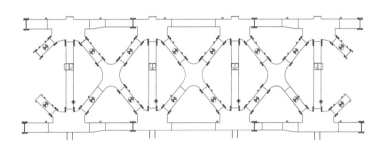

a) 应变片监测点

b) 监测点应变片贴法

图 5-35　监测点布置

（2）布设方法

在桁架斜腹杆焊接前将所有应变片贴设完毕，同时连接设备，平衡读数，导出平衡结果，此为焊前设备读数，即焊后对比基准点。采集读数后将设备拆除，待焊后温度降至常温后连接设备，导入焊前平衡结果，检测读数，即可得到因焊接变形而导致的桁架斜腹杆应力值。每个监测点 4 个内力值取平均数即为对应杆件的内力值。

2. 桁架应力监测结果

桁架应力监测结果见表 5-9。

表 5-9　桁架应力监测结果

步　骤	焊接构件	应力监测值/MPa	构件内力/t
第一步：焊接 7SHJ-17，7SHJ-19，7SHJ-22	7SHJ-17	1.75、1.76、1.68、1.72	21
	7SHJ-19	1.92、1.93、1.82、1.90	23
	7SHJ-22	1.4、1.36、1.56、1.60	18
第二步：焊接 7SHJ-4，7SHJ-16，7SHJ-6，7SHJ-18，7SHJ-8，7SHJ-20，7SHJ-9，7SHJ-21，7SHJ-11，7SHJ-23	7SHJ-17	7.84、6.68、7.05、6.72	86
	7SHJ-19	6.45、6.32、6.89、7.64	83
	7SHJ-22	5.05、5.03、4.78、5.21	61
	7SHJ-4	5.32、5.12、5.68、5.59	66
	7SHJ-16	5.23、5.15、5.78、4.56	63
	7SHJ-6	5.12、5.01、4.68、5.58	62
	7SHJ-18	4.56、4.65、4.99、5.21	59
	7SHJ-8	5.32、5.15、4.98、5.60	64
	7SHJ-20	4.56、5.32、4.75、4.45	58
	7SHJ-9	4.65、4.25、5.32、4.53	57
	7SHJ-21	4.85、4.98、5.32、4.59	60
	7SHJ-11	7.01、7.35、6.85、7.08	86
	7SHJ-23	6.99、6.32、7.12、6.87	83
第三步：焊接 7SHJ-5，7SHJ-7，7SHJ-10	7SHJ-17	7.32、6.98、7.86、7.77	91
	7SHJ-19	7.32、7.15、7.66、7.48	90
	7SHJ-22	5.33、5.63、5.12、5.30	65
	7SHJ-4	5.86、5.35、5.23、5.93	68
	7SHJ-16	4.89、5.32、5.66、6.17	67
	7SHJ-6	4.65、7.04、4.86、5.16	66
	7SHJ-18	5.32、5.01、5.35、5.04	63
	7SHJ-8	5.12、6.08、5.55、5.95	69
	7SHJ-20	5.32、5.34、5.38、5.34	65
	7SHJ-9	5.01、5.32、5.22、5.17	63
	7SHJ-21	4.86、5.32、5.22、4.99	62
	7SHJ-11	7.88、7.98、8.02、6.38	92
	7SHJ-23	6.88、6.98、7.77、7.98	90
	7SHJ-5	7.12、7.01、6.32、6.52	82
	7SHJ-7	6.32、6.65、6.56、6.79	80
	7SHJ-10	6.52、6.1、6.92、6.12	78

注：1t=10kN。

3. 监测结果分析

通过现场实际监测，得到桁架斜腹杆的内力在焊接前与焊接后的变化情况。实测值普遍较数值模拟结果偏小，实测数据在模拟数值 80%~85% 内居多。

杆件内力的分布趋势与数值模拟结果基本一致，可以认为数值模拟方法可靠，模拟结果与现场实际情况较为贴切。应力监测现场应用照片如图 5-36 所示。

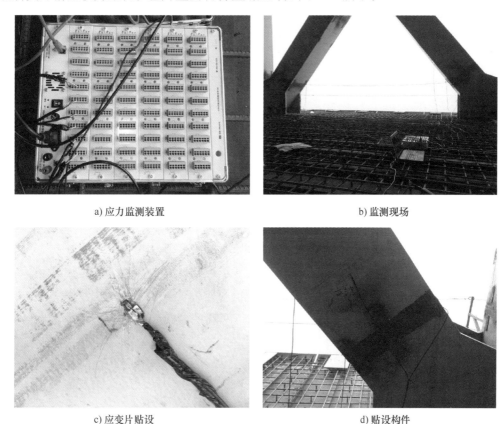

a) 应力监测装置　　　　　　　　　　　　　b) 监测现场

c) 应变片贴设　　　　　　　　　　　　　d) 贴设构件

图 5-36　应力监测现场应用照片

5.2.7　本节小结

在本节所述三种焊接顺序中，焊接顺序一的桁架左右两侧斜腹杆轴拉力值和竖腹杆轴压力值最大，斜腹杆十字节点处弯矩峰值最小。三种焊接顺序中，焊接顺序一的桁架内部斜腹杆轴拉力值、竖腹杆及弦杆轴压力值最小。由此可以看出，焊接顺序一为带状桁架的最优焊接顺序。

针对大型复杂桁架结构，交叉腹杆的焊接顺序是影响桁架焊接完成后整体内力的关键。应先焊接桁架两端的斜腹杆，再向内侧焊接；十字斜腹杆的顺序应为从下至上错位焊接，同一杆件两端不能同时焊接。

第6章

绿色高效埋弧焊技术

6.1 集成冷丝复合埋弧焊技术

6.1.1 技术背景

埋弧焊具有熔敷效率高、焊接质量好等优点，是当今焊接生产中普遍使用的熔焊方法之一。但是在埋弧焊焊接时，母材受到焊接大热输入的循环作用，使热影响区组织粗大，易产生脆化失效现象。

冷丝复合埋弧焊技术是在传统埋弧焊基础上发展起来的一种优质高效焊接技术，其利用多余的焊接热量来熔化冷丝，消耗了部分熔池热，减少热量对母材的过热损害，同时提高了焊接熔敷效率。

6.1.2 冷丝复合埋弧焊工艺设计

冷丝复合埋弧焊是在单粗丝埋弧焊的基础上，在粗丝（即热丝）后面加上两根不通电的细丝（即冷丝）。通电的热丝直径为5.0mm，不通电的冷丝直径为1.6mm，如图6-1所示。利用通电的热丝产生的电弧热量熔化后面的冷丝，热丝和冷丝的排布方式为等边三角形，冷丝倾斜角度75°，如图6-2所示。通过设备系统软件设计来控制冷丝送丝速度，其可

图6-1　冷丝复合埋弧焊设备

以在一定范围内调整（10%～100%）。通过软件控制保证稳定的焊接过程，设计的开始程序保证冷丝送丝之前引燃电弧，结束程序保证电弧熄灭前冷丝从熔池中抽回。

图 6-2　冷丝复合埋弧焊原理

6.1.3　焊接工艺试验

1. 冷丝送丝速度对焊缝成形系数的影响

埋弧焊焊丝采用天津金桥牌号 JQ. H10Mn2，直径分别为 5.0mm、1.6mm，母材材质为 Q355B。热丝焊接参数为：焊接电流 750A、电弧电压 34V、焊接速度 32cm/min。保持焊丝焊接参数不变，分析不同冷丝送丝速度对焊缝成形的影响，不同冷丝送丝速度下焊缝宏观形貌如图 6-3 所示，焊缝成形参数见表 6-1。

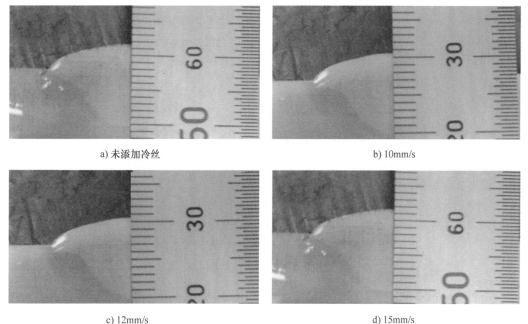

图 6-3　不同冷丝送丝速度下焊缝宏观形貌

表 6-1　不同冷丝送丝速度下焊缝成形参数

冷丝送丝速度/(mm/s)	余高/mm	熔宽/mm	熔深/mm	成形系数
未添加冷丝	3.0	22.8	8.4	2.71
10	3.4	22.6	7.2	3.13
12	3.5	22.4	7.5	2.98
15	3.9	22.5	7.6	2.96

由表 6-1 可知，添加冷丝后，焊缝熔深减小，熔宽变化不大，随着冷丝送丝速度的增加，焊缝余高呈增大趋势。本试验设定冷丝最大送丝速度为 15mm/s，因为当冷丝送丝速度超过 15mm/s 时，通过超声波检测发现，焊缝存在未熔合缺陷。

2. 焊缝组织与性能

在冷丝插入位置、送丝速度，以及热丝焊接电流、电弧电压、焊接速度等工艺参数的合理匹配下，即可获得满意的焊缝组织与性能。对比冷丝复合埋弧焊与单粗丝埋弧焊两种焊接方法所得对接接头的力学性能，试验结果见表 6-2。从表 6-2 可看出，添加冷丝后，焊缝和热影响区的冲击吸收能量有显著提高，而焊缝的抗拉强度略有降低。

表 6-2　不同焊接方法所得对接接头力学性能

焊接方法	板厚/mm	抗拉强度/MPa	冲击吸收能量/J	
			热影响区	焊缝
冷丝复合埋弧焊	40	503	231	194
单粗丝埋弧焊	40	535	104	77

从金相组织角度分析，与冷丝复合埋弧焊相比，单粗丝埋弧焊焊缝区晶粒粗大，呈现过热魏氏组织特征，如图 6-4、图 6-5 所示。

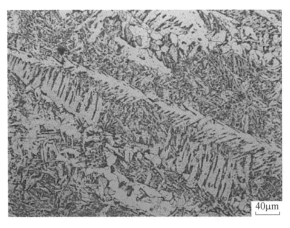

图 6-4　单粗丝埋弧焊焊缝区组织

单粗丝埋弧焊热影响区块状先共析铁素体呈网状并沿原奥氏体晶界分布，呈魏氏组织特征，晶内为针状铁素体+粒状贝氏体+少量珠光体，可见原奥氏体晶粒较为粗大，如图 6-6 所示。冷丝复合埋弧焊组织为粒状贝氏体+针状铁素体，晶粒较为细小均匀，如图 6-7 所示。

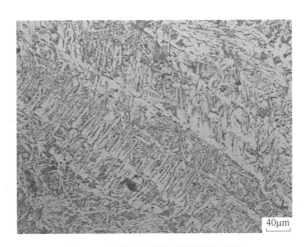

图 6-5　冷丝复合埋弧焊焊缝区组织

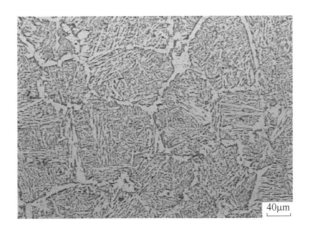

图 6-6　单粗丝埋弧焊热影响区组织

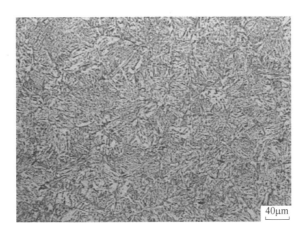

图 6-7　冷丝复合埋弧焊热影响区组织

6.1.4　焊接效率分析

　　焊接作为制造生产的重要环节，效率的提高对总生产效率的提高具有举足轻重的作用。为此，对于如何改善焊接质量和提高焊接生产效率进行了大量的研究，其中主要包括两个方面：一是以提高焊接材料的熔化速度为目的的高熔敷效率焊接，主要用于厚板焊接。二是以提高焊接速度为目的的高速焊接，主要用于薄板焊接。冷丝复合埋弧焊主要从提高熔敷效率方面来提高焊接生产效率。

　　以车间实际构件焊接为例，对比冷丝复合埋弧焊和单粗丝埋弧焊两种焊接方法的焊接生产效率，冷丝复合埋弧焊焊接过程如图6-8所示。

图 6-8　冷丝复合埋弧焊焊接过程

　　不同焊接方法效率对比见表6-3。由表6-3可知，在相同坡口深度和坡口宽度条件下，采用冷丝复合埋弧焊焊接道数为16道，而单粗丝埋弧焊为21道，焊接效率整体提升约26%。同时，由于冷丝对焊接热量的吸收，使扩散至母材的焊接热量减少，焊工作业环境得到了改善，焊接过程中也更容易清渣。

表 6-3　不同焊接方法效率对比

焊接方法	坡口宽度 /mm	根部间隙 /mm	坡口深度 /mm	焊接长度 /mm	焊接道数 /道	焊接用时 /min
冷丝复合埋弧焊	39	5	42	2100	16	206.6
单粗丝埋弧焊	35	5	42	2100	21	279.1

6.1.5　本节小结

1）构建冷丝复合埋弧焊装置，采用热粗丝+双细冷丝的结构，热丝直径 5.0mm，冷丝直径 1.6mm。热丝和冷丝的排布方式为等边三角形，实现了对热丝及冷丝填充的双丝埋弧焊接过程实时控制。

2）添加冷丝后，焊缝熔深减小，熔宽变化不大，随着冷丝送丝速度的增加，焊缝余高呈增大趋势；冷丝最大送丝速度为 15mm/s，当冷丝送丝速度超过 15mm/s 时，通过超声波检测，发现焊缝内在质量不稳定，存在未熔合缺陷。

3）填充冷丝消耗了部分熔池热，减少了母材的过热损害，使热影响区和焊缝区微观晶粒细化，冲击韧度得到明显提高。与单粗丝埋弧焊相比，冷丝复合埋弧焊焊接层道减少，焊接效率整体提升约 26%。

6.2　双电源三粗丝埋弧焊技术

为了探究高效的埋弧焊焊接技术，研制了双电源三丝埋弧焊焊机，开展三丝（粗丝）埋弧焊试验，探究双电源三粗丝埋弧焊在钢结构施工中的应用。

试验重点包括以下三方面。

1）三粗丝布置为两热丝一冷丝，通过试验调节出合理稳定的焊接参数。

2）通过与单粗丝埋弧焊、单电源三丝埋弧焊进行对比，分析焊接生产效率。

3）双电源三粗丝埋弧焊由于冷丝的加入，降低了焊缝中的热量，是否会对焊缝的性能产生影响，需要试验进行验证。

6.2.1　试验设备

双电源三粗丝埋弧焊设备共布置 3 根焊丝，分为 1 个前置焊丝、1 个中间焊丝和 1 个后置焊丝，前置焊丝和后置焊丝为热丝，中间焊丝为冷丝，如图 6-9 所示。

前置的热丝稍向后斜，以获得最佳的熔深；中间冷丝垂直于钢板表面，且为了使中间冷丝获得较好的熔合效果，中间焊丝与前置焊丝距离较近，基本接触；后置热焊丝一般向前倾斜，以获得平滑的焊道表面。

3 个焊丝纵向排列，其熔池特性采用共用 1 个熔池的形式。与常规埋弧焊焊接技术原理无异，焊接时，前丝和后丝形成电流通路，产生较大的热输入，使中间冷丝得以熔化，热丝和冷丝配合适当的送丝速度，形成填充焊缝金属，在埋弧焊剂的保护下，最终凝固形成焊缝。

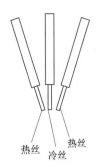

热丝　冷丝　热丝

图 6-9　三丝布置图

6.2.2　焊接参数调试

目前，热丝与冷丝搭配的双电源三粗丝埋弧焊焊接技术在钢结构中应用还不广泛，相应的焊接参数还未形成统一的规范。因此，为了更好地匹配合适的焊接参数在钢结构中进行应用，对焊接参数进行了调试。确定双电源三粗丝埋弧焊焊接参数的重点在于调试出合适的冷丝送丝速度与两热丝的焊接电流、电弧电压及送丝速度的最佳匹配度。

通过对大量试验数据不断地进行调试，总结出了双电源三粗丝（$\phi4.8mm+\phi4.0mm+\phi4.8mm$）埋弧焊焊接参数，见表6-4。

表 6-4　双电源三粗丝埋弧焊推荐焊接参数

焊接电流/A			电弧电压/V		焊接速度/（cm/min）
前	中	后	前	后	
680~800	0	700~780	28~36		100~150

6.2.3　焊接生产效率对比

为了更好地探索双电源三粗丝埋弧焊的焊接生产效率，开展了与常规单电源单粗丝埋弧焊、单电源三丝（一粗丝两细丝）埋弧焊的对比试验；焊接设备为埋弧焊小车，以方便在实验室开展相关试验。为了更好地保证试验数据的准确性，此次试验去除了焊接准备、层间清理等时间，记录的时间仅为埋弧焊设备各自的焊接时间。焊接试板的坡口形式及焊丝搭配见表6-5。

表 6-5　焊接试板的坡口形式及焊丝搭配

坡口形式	焊接方法	焊丝直径/mm	试样编号
	①	4.8	1
	②	1.6（冷丝）+4.8+1.6（冷丝）	2
	③	4.8+4.0（冷丝）+4.8	3
	①	4.8	4
	②	1.6（冷丝）+4.8+1.6（冷丝）	5
	③	4.8+4.0（冷丝）+4.8	6
	①	4.8	7
	②	1.6（冷丝）+4.8+1.6（冷丝）	8
	③	4.8+4.0（冷丝）+4.8	9

注：①代表单粗丝埋弧焊；②代表单电源三丝埋弧焊；③代表双电源三粗丝埋弧焊。

通过焊接试验全过程的数据记录，得出三种方法焊接同种规格试板的纯焊接时间，如图 6-10 所示。由图 6-10 可知，双电源三粗丝埋弧焊焊接生产效率最高，至少为单粗丝埋弧焊的 3 倍。

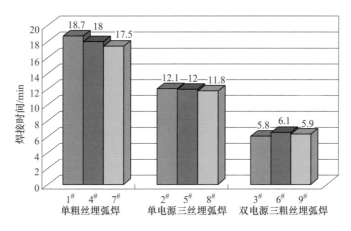

图 6-10　焊接生产效率对比

上述试板焊接完成后，按照 GB 50661—2011《钢结构焊接规范》的要求进行外观及力学性能检测。焊缝外观未发现肉眼可见的气孔、夹杂等缺陷；UT 检测结果合格，抗拉强度、冲击吸收能量均满足要求，弯曲试验结果无裂纹，力学性能试验见表 6-6。

表 6-6　试样力学性能试验结果

试样编号	抗拉强度/MPa		冲击吸收能量（0℃）/J			弯曲试验	硬度 HV	
	标准要求	试验结果	标准要求	试验结果			标准要求	试验结果
				焊缝	热影响区			
1		522		158	123	无裂纹		合格
2		538		136	225	无裂纹		合格
3		498		129	63	无裂纹		合格
4		535		110	124	无裂纹		合格
5	470~630	581.5	≥34	71	78	无裂纹	≤350	合格
6		512		95	138	无裂纹		合格
7		519.5		96	98	无裂纹		合格
8		512.5		110	60	无裂纹		合格
9		492		91	124	无裂纹		合格

对试样进行宏观金相检测，如图 6-11 所示。由图 6-11 可知，焊缝和热影响区均熔合良好，无气孔、裂纹、未熔合等缺陷。

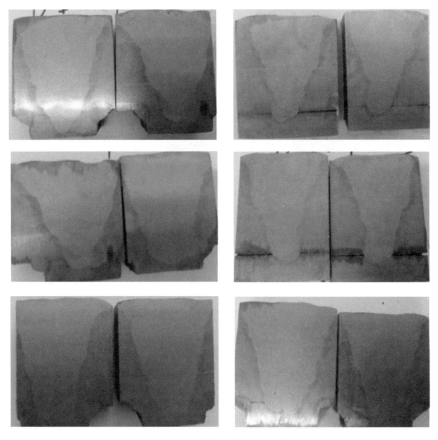

图 6-11　部分试样宏观金相

6.2.4　本节小结

1）焊缝力学性能方面，采用双电源三粗丝埋弧焊焊接的所有焊缝力学性能试验结果均满足标准要求，焊缝熔合较好。

2）根据产品的要求，双电源三粗丝埋弧焊焊接技术，搭配不同直径的焊丝进行焊接，可满足产品要求，且焊接生产效率比单粗丝埋弧焊与单电源三丝埋弧焊高。

6.3　埋弧焊全熔透不清根技术

6.3.1　技术背景

随着焊接结构的大型化、高参数化，钢结构或钢混结构建筑成为建筑工程领域的重要发展方向。厚板、超厚板焊接 H 型钢的应用也越来越广泛，对焊接接头的性能要求也越来越高。目前，对全熔透 H 型钢常规的做法为 CO_2 气体保护焊清根焊接（GMAW）。如图 6-12 所示，在首层打底焊后、背面首层焊接前，采用碳弧气刨的方法在背部清除焊缝根部的夹杂、气孔、裂纹及未熔合等缺陷。该方法主要为手工操作，加工过程具有很大的不可控性。但采

用 CO_2 气体保护焊焊接过程会产生大量的烟尘、弧光和噪声，对工人自身的劳动防护具有极高的要求。此外，相对于常规的填充焊接而言，碳弧气刨不仅会额外消耗碳棒，形成的坡口也需要额外的焊丝进行填充，这就造成了焊接辅材的浪费。

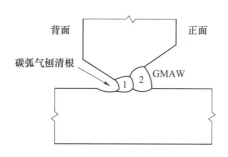

图 6-12　背面碳弧气刨清根

鉴于传统的清根焊接工艺存在环境污染、人工劳动强度大、材料浪费多等缺点，葛文亮等借助双丝双弧埋弧焊设备，经过多次不同方案的试验和生产实践，总结出了大钝边、大坡口、大电流的不清根焊接技术，最终获得了与传统清根全熔透工艺相同的焊接质量。图 6-13 所示为上述不清根工艺的坡口形式。该技术的应用在一定程度上规避了传统清根工艺的缺点，大幅度提高了生产效率，改善了生产作业环境，并开辟了不清根全熔透焊接的新思路。此工艺的坡口角度较大，焊后容易清渣，但也需要更多的熔敷金属填充大坡口，从而造成焊丝成本的增加。此外，由于钝边厚度普遍在 8mm 左右，而埋弧焊的熔深在 5~6mm，所以在实际工程应用中，焊缝根部未焊透的现象时有发生。

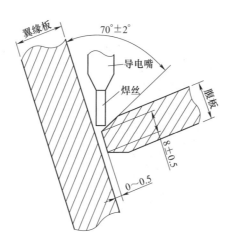

图 6-13　大钝边不清根工艺的坡口形式

为了解决大钝边无法焊透的问题，刘亮等通过对不同钝边尺寸和不同根部间隙 T 形接头不清根打底焊熔透情况展开研究，总结出钝边为 0、根部间隙为 4~5mm 的气体保护焊单面焊双面成形技术，如图 6-14 所示。该技术虽然在一定程度上解决了焊不透的问题，但是由于首层焊背面无填充物，电流电压调节稍有不慎就会焊穿，因此背面成形较差。

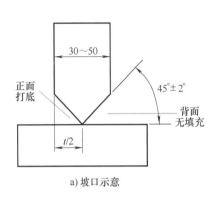

b) 背面无填充

c) 背面成形

a) 坡口示意

图 6-14　单面焊双面成形技术

为了降低电弧焊穿的概率，有些学者基于上述研究结果在打底焊的背面封堵水泥、石英砂混合物，如图 6-15 所示。但是，由于填充物里面掺有水分，焊缝背面会产生氢致裂纹，且硬化后的水泥清渣困难，严重影响背面焊缝的内部组织及外观质量。

图 6-15　背面封堵水泥、石英砂混合物

受背面填充水泥、石英砂混合物方法的启发，人们相继提出了背衬金属衬垫、黄沙衬垫、玻璃纤维衬垫、绳状衬垫及陶瓷衬垫等方法。但单种衬垫的应用范围较为狭窄，且价格昂贵，不适用于大批量、非标准件生产的建筑钢结构件。

综上所述，现有的关于不清根熔透焊工艺依赖于气体保护焊打底和大熔深来实现不清根的目的，其优缺点也较为明显。因此，本文提出一种新型、高效、高质、节能和环保的焊接工艺，以满足厚板焊接 H 钢制作的发展需求。

6.3.2 新型埋弧打底填充焊

1. 耐高温复合型轻质防护衬垫

在埋弧焊过程中，焊剂可对焊缝起到良好的保护作用，若将焊剂填充在焊缝背面，则势必会使得背面成形较好。但焊剂为干燥的颗粒状物质，无法自行附着在焊缝的背面。为此，本文采用新型耐高温复合型轻质衬垫铝箔纸作为背部的支撑，其结构及原理如图 6-16 所示。

图 6-17 所示为粘贴铝箔纸的施工现场，粘贴铝箔纸的具体做法如下。

1）粘贴铝箔纸工序要在背面填充焊剂前完成。

2）粘贴铝箔纸前，要清除焊道内的铁锈、灰尘、油污及焊渣等杂物。

3）铝箔纸中心与背侧焊道的中心对齐，整条焊道被密封在铝箔纸内，不能遗留任何孔隙。

粘贴完铝箔纸并确认无任何遗漏后，将构件放平，粘贴铝箔纸的一侧朝下，如图 6-18 所示。由于翼腹板之间组立间隙为 4.0~6.0mm，所以将焊剂倒在焊道上后焊剂将自行流到背面焊道，填满背面焊道与铝箔纸之间的空隙，具体做法如下。

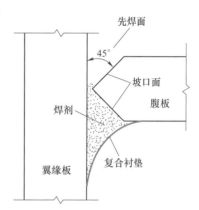

图 6-16 耐高温复合型轻质衬垫的结构及原理

图 6-17 粘贴铝箔纸的施工现场

1）焊剂要按照规范烘干，烘干制度为 350℃×2h。

2）在铝箔纸和背面焊道之间均匀填充焊剂，不能留死角。

3）要对背面焊道内的焊剂进行震荡捣实处理。

图 6-18 背部填充焊剂施工现场

2. 埋弧焊打底要点

1）如图 6-19 所示，焊枪与翼缘板的角度控制在 15°~20°。首层打底焊前要沿着焊道空走一遍，确认小车轨道平直、准确，焊接过程中要根据焊缝跟踪器的位置实时调整焊丝走向，以免焊偏。

图 6-19 打底焊焊枪角度要求

2）按规定组立间隙必须控制在 4.0~6.0mm，在打底焊过程中，焊工要时刻检查焊枪前方的实际组立间隙。当间隙较小或较大时，应适当调大或调小焊接电流，并修正电弧电压，以免发生烧穿或未焊透的情况，焊接电流调整范围为±50A。

3）背面首道焊接前，正面焊缝的深度不得小于 8mm。背面首道焊时，为了将正面打底时的焊缝缺陷熔化并消除，要采用较大的焊接电流施焊。

4）两条主焊缝要同时同向对称施焊，焊接过程中，要采用卷尺、板尺、三角靠尺等工具实时监测焊接变形。

6.3.3 焊接参数

选取腹板厚度为 40mm、50mm、60mm、80mm 和 100mm 共 5 种典型中厚板构件作为试验对象。每个试件的长度均≥9m，每种板厚的试件数量为 8 个，4 个采用传统清根工艺，4 个采用新型埋弧打底填充焊不清根技术。

检查确认背面焊剂密实填充无遗漏后，采用半自动小车埋弧焊设备进行首层打底和填充。表6-7 给出了焊接参数。

表 6-7 新型埋弧打底填充焊不清根技术焊接参数

序　号	工　序	焊接电流/A	电弧电压/V	焊枪角度/(°)	焊接速度/(mm/s)	备　注
1	正面打底	650~720	33~36	15~20	6~8	无
2	正面填充	680~730	34~36	—	6~8	填充 2~3 道/6mm 厚
3	背面首道	700~750	35~38	15~20	6~8	无
4	背面填充	680~730	34~36	—	6~8	填充 2~3 道

注："—"表示不强制规定的参数，操作者可根据实际情况而定。

6.3.4 接头性能试验分析

限于篇幅，仅对腹板厚度为 80mm 的焊接接头试验结果进行对比分析，研究新型埋弧打底填充焊不清根技术与传统清根技术在金相组织、构件质量与力学性能等方面的区别。

1. 金相组织

（1）宏观性能

H 型钢焊接后的宏观形貌如图 6-20 所示，其中图 6-20a 为清根工艺，图 6-20b 为新型埋

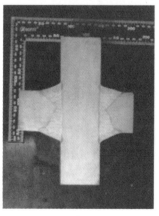

a) 清根　　　　　　　　　　　b) 不清根

图 6-20　接头宏观形貌

弧打底填充焊不清根工艺。对焊接后的板材取宏观切片，制备金相试样，打磨、抛光后用4%硝酸酒精溶液在24℃下腐蚀，观察腐蚀后接头处的形貌及熔合情况。由图6-20可见，两者的表面均无裂纹和夹渣等明显焊接缺陷，但与不清根试件相比，清根试件焊缝有明显的轮廓线，其熔合线较粗，附近稳态或亚稳态的组织分布较多，对钢板的力学性能有一定的削弱。

（2）微观分析

焊接热影响区金相组织如图6-21所示。由图6-21可知，传统清根试件因碳弧气刨热量与较大热输入，而使热影响区贝氏体组织异常长大，呈板条状，组织晶粒粗大。而新型埋弧打底填充焊不清根试件热输入小，因此热影响区针状贝氏体组织晶粒细小。

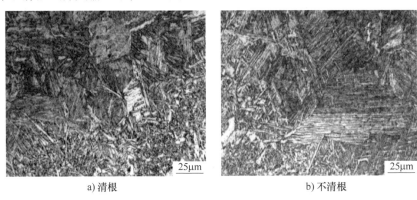

a) 清根　　　　　　　　　　　b) 不清根

图 6-21　焊接热影响区金相组织

焊缝区金相组织如图6-22所示。由图6-22可知，在焊缝区，清根焊缝在不稳定热源的作用下出现了异常长大的贝氏体组织（晶粒较大），这将有损于接头的冲击韧度和塑性。而新型埋弧打底填充焊不清根焊缝热输入较小，焊剂引入合金元素或介质充当结晶形核的孕育剂，促进了熔池金属的晶粒形核（晶粒细小）。

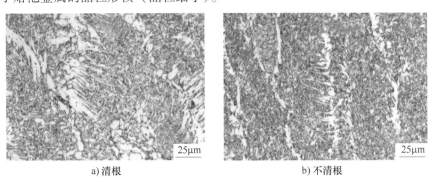

a) 清根　　　　　　　　　　　b) 不清根

图 6-22　焊缝区金相组织

2. 构件质量

（1）变形量

与传统清根工艺相比，新型埋弧打底填充焊不清根工艺减少了碳弧气刨环节，避免了大批热量的重复输入，可有效降低焊接变形。焊接过程中借助卷尺实时监控焊接变形，传统清根工艺与新型埋弧打底填充焊不清根工艺的变形量对比如图 6-23 所示。由图 6-23 可知，不清根工艺能将变形量控制在很小的范围内。由此说明，新型埋弧打底填充焊不清根工艺控制变形的效果较好，技术较为稳定可靠。

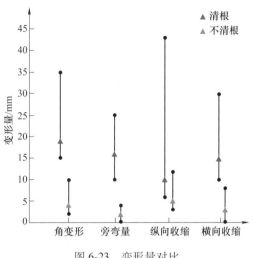

图 6-23　变形量对比

（2）超声波检测

图 6-24 展示了腹板厚度为 40mm、50mm、60mm、80mm、100mm 板厚的超声波检测合格率。由图 6-24 可知，采用传统清根工艺焊接的接头随着板厚的增加，超声波检测合格率逐渐降低。当板厚达到 100mm 时，超声波检测合格率降为 46%。而采用新型埋弧打底填充焊不清根工艺焊接的接头，随着板厚的增加，超声波检测合格率也在逐渐增大，尤其是当腹板厚度≥60mm 时，焊缝的超声波检测合格率首次可以达到 95% 以上。综上可知，该技术可主要应用于板厚≥40mm 的中厚板 H 型钢焊接。

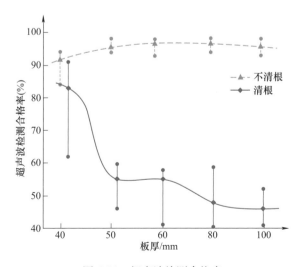

图 6-24　超声波检测合格率

3. 力学性能

（1）硬度检测分析

对板厚为80mm的接头进行硬度检测，结果如图6-25所示。由图6-25可知，采用新型埋弧打底填充焊不清根工艺的接头硬度较低，在母材、热影响区及焊缝区的分布较为均匀，意味着焊缝接头具有良好的综合力学性能；而清根试件焊缝接头内部组织的硬度分布不均匀。两种工艺下，母材区的硬度均小于热影响区和焊缝区；母材区和热影响区内的中心层硬度小于亚表面的硬度，而在焊缝区则相反。这是由于焊缝区冷却速度较快，内部产生了淬硬马氏体组织，使焊缝区的硬度大于母材的硬度。

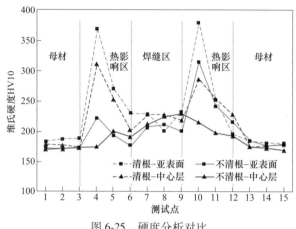

图6-25　硬度分析对比

（2）拉伸性能分析

采用拉伸试验机检测板厚为80mm的接头力学性能，其力与位移曲线如图6-26所示。

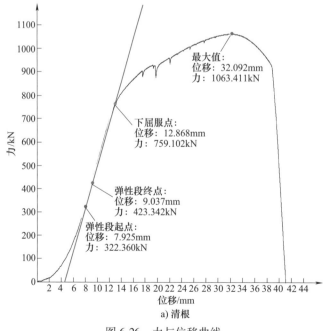

a）清根

图6-26　力与位移曲线

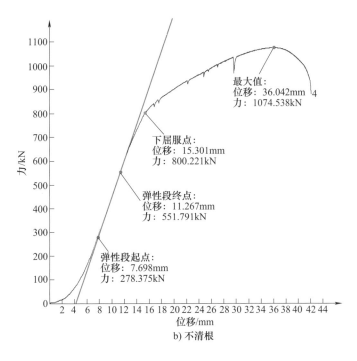

最大值：
位移：36.042mm
力：1074.538kN

下屈服点：
位移：15.301mm
力：800.221kN

弹性段终点：
位移：11.267mm
力：551.791kN

弹性段起点：
位移：7.698mm
力：278.375kN

位移/mm

b) 不清根

图 6-26　力与位移曲线（续）

由图 6-26 可知，新型埋弧打底填充焊不清根工艺接头的屈服载荷均值为 800.2kN，拉断时所承受的最大力均值为 1075.4kN；而清根工艺接头的屈服载荷均值为 759.1kN，拉断时所承受的最大力均值为 1063.4kN。由此可知，不清根的力学性能均优于清根接头的力学性能，这是因为不清根焊缝热影响区的碳含量和碳当量均较小，致使该区域的贝氏体组织呈现针状形态，对材料综合力学性能的损伤较小。

（3）冲击性能分析

对试样在 20℃ 条件下进行冲击性能试验，结果见表 6-8。不清根试件焊缝区和热影响区的冲击吸收能量分别高达 185.0J 和 198.7J，远高于清根试件的 140.3J 和 175.3J，且新型埋弧打底填充焊不清根工艺接头在焊缝区和热影响区的冲击吸收能量相差不大，表明其韧性较好。

表 6-8　20℃冲击吸收能量　　　　　　　　　　　　　　（单位：J）

试　件	测试位置							
	焊缝				热影响区			
	1	2	3	均值	1	2	3	均值
清根	137	143	141	140.3	182	180	164	175.3
不清根	180	184	191	185.0	208	184	204	198.7

6.3.5　本节小结

1）本文提出一种新型埋弧打底填充焊不清根工艺，其背部采用新型低成本耐高温的铝箔纸作为支撑。新型埋弧打底填充焊不清根工艺中组立间隙必须控制在 4.5~6.0mm，首层焊时焊枪与翼缘板的角度要控制在 15°~20°，打底焊接过程中，应根据实际的间隙适当调整焊接电流，调整幅度为±50A。

2）相对于背衬石英砂、水泥混合物和陶瓷衬垫的做法而言，新型埋弧打底填充焊背面焊缝粘贴铝箔纸并填充焊剂的工艺不仅能承受住熔融金属的高温，保护焊缝成形，而且能大幅节约成本。

3）与传统不清根工艺相比，新型埋弧打底填充焊不清根工艺接头的变形量小、超声波检测合格率高、力学性能良好。

4）相对于传统清根工艺而言，新型埋弧打底填充焊不清根工艺消除了 95% 的环境污染，且节约了碳棒和焊丝，提高了 1.5~2 倍生产效率，降低了成本。

6.4　埋弧横焊技术

6.4.1　技术背景

目前，国内外相关研究表明，在建筑钢结构工厂制造、石油化工、船舶制造等行业中，已实现一定程度的自动化焊接替代传统手工操作，大大提高了高强度、大厚度板及超长横焊缝的焊接质量及生产效率。但由于施工环境及条件复杂，较少见自动焊技术在建筑施工现场的应用，且 CO_2 气体保护焊等传统焊接技术，效率低、质量不稳定，已难以满足当前大型、复杂、超长超厚板等工程的焊接施工。因此，针对现场厚板长焊缝巨柱钢结构，开展埋弧横焊焊接技术研究，对于促进建筑钢结构现场自动化焊接具有重要意义。

6.4.2　技术原理

为解决高强度、大厚度板及超长焊缝的焊接难题，提高生产效率，自行研发了一项挂壁式埋弧横焊技术。该技术依据埋弧焊焊接原理，采用焊接机器人小车在设置于待焊构件臂上的导轨上行走，同步送丝与埋弧焊剂，其后焊枪按设定的焊接参数进行单向单道自动焊接，单道焊完成后焊接小车回位至起点并开始下一道焊接，依此反复循环行走焊接作业，整体实现了超高空（530m）、超长超厚巨型构件高处原位现场焊接自动化，且施工质量满足相关规范要求。该焊接机器人构造主要由焊接电源系统、焊接控制系统、焊接设备本体系统及焊接工装组成，如图 6-27、图 6-28 所示。

该技术的创新关键点包括以下几方面。

1）实现设备的轻型化与一体化改造，为保证焊接设备本体（包括焊机行走机构、送丝机构、焊枪（钳）、导航指示器、焊剂回收系统及焊丝焊剂）和控制系统控制面板组成一个

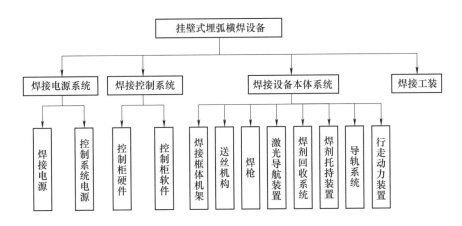

图 6-27 挂壁式埋弧横焊设备系统结构

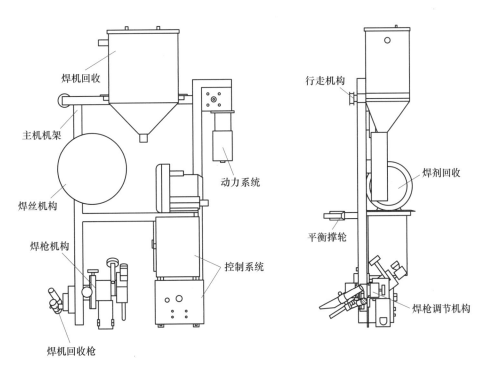

图 6-28 挂壁式埋弧横焊机设计简图

模块体系，设计框架式主机机架，如图 6-29 所示。

2）采用行走动力系统，往返行走解决厚板多层多道焊接，横焊机行走动力系统包括行走驱动、行走轮系及快速回位装置，如图 6-30 所示。通过增设曲柄凸轮机构实现动力系统的方向可逆，曲柄机构滚轮向下顶紧行走轨道，迫使整个机架沿着从动轮逆时针方向反转，从而架空主动轮，其后利用人力即可推动主机架体返回起点，如图 6-31 所示。

a) 整体外观

b) 工作状态

图 6-29　焊接设备实体

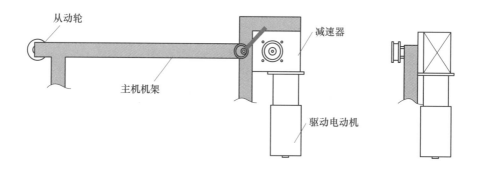

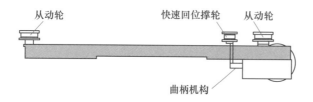

图 6-30　行走动力系统设计简图

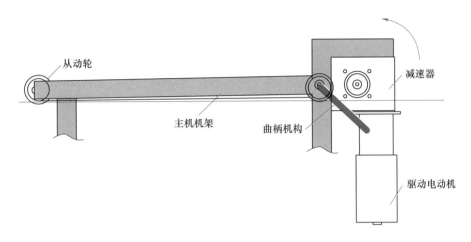

图 6-31　快速回位装置示意图

3）增设磁吸附式焊剂保护装置，将平焊转换为横焊，在焊接时为了防止焊剂溢出或掉落，需在焊缝坡口下方增设焊剂托板，实现对焊剂的承托保护并回收利用，如图 6-32 所示。

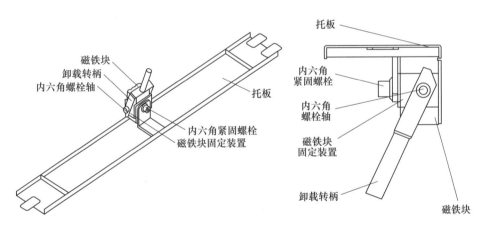

a) 焊剂托板的等轴测外观图　　　　　　　　b) 焊剂托板工作状态右视图

图 6-32　焊剂托板设计简图

4）采用焊枪倾角变位装置，实现焊接坡口角度（15°~45°）适应性。主机整体结构为挂壁式，焊枪需与横焊缝呈一定夹角方可施焊，通过增设"高低位、进出位、1/8 圆角度"焊枪倾角调节变位装置，大大提高了焊枪对坡口角度的适应性，如图 6-33 所示。

5）采用双侧双向焊剂回收系统，实现焊剂自动回收。结合主体机架的往复方向行走，通过在焊枪两侧各设置一个焊剂回收枪，实现了本设备的焊接方向可逆，即双向焊接过程中焊剂自动同步回收，如图 6-34 所示。该回收系统包含以下基本部分：真空焊剂桶 3、焊剂下料管道 2、焊剂桶端回收管道 4、鼓风机 5、鼓风机端回收管道 7、三叉头铜管 6、左侧焊剂

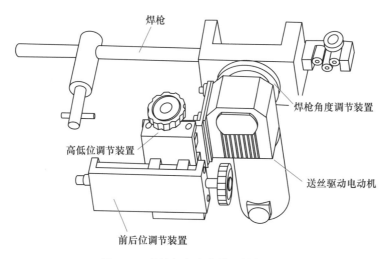

图 6-33　焊枪倾角变位装置结构总图

回收枪 8 及右侧焊剂回收枪 1。当焊机沿正方向焊接施工时，焊剂回收路径为 3→2→1→6→7→5→4→3；当焊机沿逆方向焊接施工时，焊剂回收路径为 3→2→8→6→7→5→4→3。

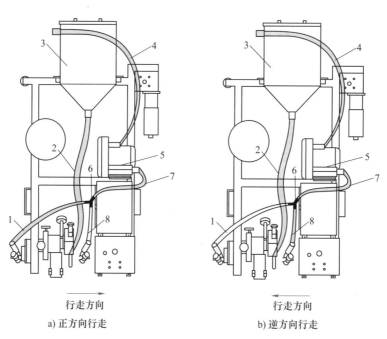

a) 正方向行走　　　　　　　　　b) 逆方向行走

图 6-34　焊剂回收系统工作示意图

1—右侧焊剂回收枪　2—焊剂下料管道　3—真空焊剂桶　4—焊剂桶端回收管道
5—鼓风机　6—三叉头钢管　7—鼓风机端回收管道　8—左侧焊剂回收枪

6）采用焊缝导航装置，改善焊缝外观成形。埋弧坡口熔透横焊技术需在较为精密的工装下才能获得高质量的焊缝成形效果，为弥补焊接行走轨道的水平度、焊接工件立面平整度及焊机整体稳定性等方面的不足，通过在焊枪端部设置焊缝导航装置来引导焊缝沿所设计的方向成形，具体设计如图 6-35 所示。

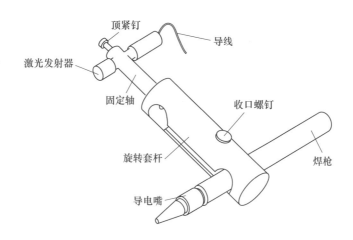

图 6-35　焊缝导航装置设计简图

6.4.3　技术应用

1. 焊接试验及工艺评定

在埋弧横焊技术正式应用于广州东塔工程现场焊接前，进行了一系列焊接试验及工艺评定，包括：小型钢板焊接试验；5m、3.5m 大型对接焊缝（1∶1）焊接试验；5 个大试板实体仿真试验和 5000mm（长）×3400mm（宽）的外框巨柱焊接试验，部分试验过程如图 6-36~图 6-38 所示。

a) 小型钢板焊接试验　　　　　　　　　　b) 焊接外观质量

图 6-36　小型钢板复核焊接试验

在进行自动焊机焊接试验时，采用的焊接工艺为 CO_2 气体保护焊打底（以减少根部缺陷），焊缝填充及盖面自动焊接完成。焊接过程中无烟尘、火花污染现象，焊缝与母材之间

a) 大型L形钢板焊接试验

b) 焊缝成形效果

图 6-37 大型 L 形钢板 (1∶1) 复核焊接试验

a) 外框巨柱现场焊接

b) 现场试验焊缝效果

图 6-38 外框巨柱焊接试验

成形圆滑过渡，焊缝波纹均匀，表面光亮、美观。经无损检测合格，未发现明显的气孔或夹杂等缺陷，焊接质量良好，且满足规范要求。

2. 巨柱横焊缝现场焊接应用

克服广州东塔工程现场恶劣环境及狭小作业空间等不利因素，埋弧横焊技术已成功应用于塔楼巨柱横焊缝焊接施工，焊接质量稳定、良好，且充分验证了自动焊接效率高、人工成本低的优点。自动焊综合效果显著，可较好地胜任广州东塔工程现场巨大钢结构焊接工作量，应用效果具体对比如下。

（1）工效对比分析

单节巨柱外壁焊缝总长 18.2m，采用 CO_2 气体保护焊需 10 个人工日完成，折合焊接时间为 80h；而采用埋弧横焊技术，仅使用 2 台自动焊机、2 名焊工，可在 16h 内完成，工效提高 2.5 倍。

（2）人工对比分析

采用 CO_2 气体保护焊，单节巨柱需同时由 10 名焊工对称施焊；而采用埋弧横焊技术则只需 4 名焊工，且避免人工焊接返修及材料费，对比可降低约 60% 人工成本。

6.4.4　本节小结

1）埋弧横焊技术基于自动回收焊剂，以及现场施工无弧光、无有害气体，可降低劳动强度，提高施工效率，符合绿色施工技术要求。

2）埋弧横焊技术在广州东塔项目施工现场实现超高、超长、超厚巨柱高空原位对接的自动化焊接，大大提高了现场施工生产效率。同时，保证了焊接的均匀性，有效提高了焊接质量及稳定性，综合效益显著，具有广阔的应用前景。

3）埋弧横焊技术在钢结构施工机械化、自动化领域的突破，显著推进了建筑钢结构焊接技术的发展，也为后期焊接施工柔性化生产提供技术依据，并为高智能化焊接机器人的研究提供了实践载体。

第 7 章

超厚板铸锻件焊接技术

7.1　高强超厚锻钢节点焊接技术

7.1.1　技术背景

武汉中心工程塔楼 88 层，裙楼 4 层，建筑高 438m，结构标高为 410.7m，形式为巨柱框架+核心筒+伸臂桁架的筒体结构。整栋塔楼共有 6 道巨型桁架加强层，其中 3 道为伸臂桁架，分别位于第 31~33 层、46~48 层、63~65 层。伸臂桁架节点处牛腿众多且多为异形构件，焊接空间有限，若采用传统的全焊接形式，工艺难度极大且焊接质量难以保证，故将该处节点优化为锻钢节点。

锻钢节点主要材质为 Q390GJC，最大板厚 100mm，最重约 52t。节点模型如图 7-1 所示，节点中心主杆件为锻钢，与之连接的部件为低合金高强度结构钢，单根节点焊缝总长21940mm，熔敷金属达到 1223kg，焊缝填充量大。

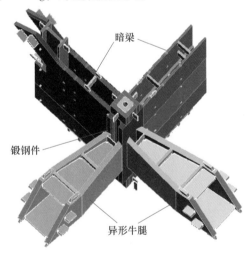

图 7-1　典型锻钢节点

7.1.2　重难点分析

1）锻钢节点焊接要求较高，钢板板厚最大达 100mm，因此如何选择焊接参数、避免焊接裂纹、防止层状撕裂是节点制作的难点之一。

2）锻钢节点构件外形尺寸大、结构复杂、焊缝集中，故合理制定装配制作方案和焊接顺序、设置合理的焊缝收缩余量、控制焊接变形和残余应力，以及确保构件尺寸精度是节点制作难点之一。

3）锻钢节点部分零件板为异形板，需进行折弯处理，因此选择合理的折弯工艺、确保零件板折弯精度也是节点制作难点之一。

7.1.3　锻钢节点组装工艺

1. 零件下料工艺要求

（1）纵向收缩变形

$$\Delta L = K_1 A_w L / A \tag{7-1}$$

式中　　A_w——焊缝截面积（mm^2）；

　　　　A——杆件截面积（mm^2）；

　　　　L——杆件长度（mm）；

　　　　ΔL——纵向收缩量（mm）；

　　　　K_1——取值 0.043（GMAW）。

（2）横向收缩变形

$$\Delta L = 0.1\delta + 0.6 \tag{7-2}$$

式中　　δ——板厚（mm）。

根据式（7-1）、式（7-2）计算可得，牛腿和暗梁节点板长度方向加放收缩余量 6mm，牛腿宽度方向加放收缩余量 10mm，暗梁宽度方向加放收缩余量 6mm。

2. 坡口开设

零件与锻钢件焊接坡口形式如图 7-2 所示。由图 7-2 可知，坡口角度为 25°，根部间隙为 10mm。坡口开设采用火焰切割，切割完成后，打磨坡口面，去除淬硬层。

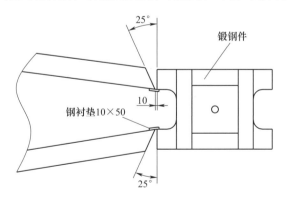

图 7-2　零件与锻钢件焊接坡口形式

3. 零件折弯工艺要求

待坡口开设完成后，异形板需要折弯处理，零件板板厚达 100mm，采用火焰加热（见

图 7-3）与机械压制的工艺进行折弯处理（见图 7-4）。首先，确定折弯线；然后，在折弯线左右两侧 100mm 范围内进行火焰加热，加热温度为 750～800℃；加热完成后，在专用胎架上采用 2000t 油压机进行机械折弯，采用靠模测量折弯精度。

图 7-3　火焰加热

图 7-4　机械折弯及靠模测量

7.1.4　焊接工艺

1. 焊接顺序

如图 7-5 所示，先装配一侧牛腿和暗梁，并采用定位焊固定，焊缝 1 和焊缝 2 打底焊完成后翻身进行焊缝 3 和焊缝 4 打底焊；打底焊完成后翻身填充焊接焊缝 1 和焊缝 2，填充至 1/3 处时再翻身填充焊接焊缝 3 和焊缝 4，且填充至 1/3；然后翻身填充焊接焊缝 1 和焊缝 2 至 2/3 处，再翻身填充焊接焊缝 3 和焊缝 4 至 2/3 处；最后以同样方法进行填充盖面焊接。注意焊缝 1 和焊缝 2、焊缝 3 和焊缝 4，需两名焊工同时、对称、等速焊接。

如图 7-6～图 7-8 所示，焊缝 1～焊缝 4 焊接完成后，装配另一侧牛腿和暗梁，并加设工艺支撑，按左右对称焊接的方式完成剩余组件的焊接。

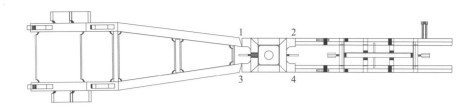

图 7-5　锻钢节点焊接顺序示意

注：1~4 为焊缝代号。

图 7-6　牛腿焊接

图 7-7　加设工艺支撑

图 7-8　焊接并涂装后的锻钢节点

2. 焊接参数

根据焊接工艺评定（PQR）要求，编制焊接工艺（WPS）。GMAW 焊接参数选择见表 7-1、表 7-2。

表 7-1　GMAW 平焊焊接参数

焊接层道	焊丝型号	焊丝直径 /mm	焊接电流 /A	电弧电压 /V	焊接速度 /（cm/min）	气体流量 /（L/min）
打底	ER50-6	1.2	220~240	26~30	20~25	15~20
填充	ER50-6	1.2	240~280	30~36	25~35	15~20
盖面	ER50-6	1.2	240~280	30~36	25~35	15~20

表 7-2　GMAW 横焊焊接参数

焊接层道	焊丝型号	焊丝直径 /mm	焊接电流 /A	电弧电压 /V	焊接速度 /（cm/min）	气体流量 /（L/min）
打底	ER50-6	1.2	200~230	24~28	20~25	15~20
填充	ER50-6	1.2	220~260	26~32	25~36	15~20
盖面	ER50-6	1.2	220~260	26~32	25~36	15~20

3. 焊接过程控制措施

（1）焊前控制

焊前对锻钢件进行表面清理（见图 7-9），使用电加热设备进行预热（见图 7-10），预热温度 120~150℃。

图 7-9　锻钢件表面清理

图 7-10　电加热

（2）焊中控制

焊接过程中应严格控制层间温度，在焊接过程中，焊接操作人员及监护人员应随时对同一焊接区域的温度进行检测。当层间温度<120℃时，应及时进行补热；当层间温度>250℃时，应立即停焊，待温度自然降至120℃时，再进行焊接。

（3）焊后控制

焊后应及时进行保温处理，保温方式为保温被覆盖，保温时间4h。

7.1.5　本节小结

以异形多支腿锻钢节点为例，通过对节点制作重点、难点的可操作性分析，对焊缝收缩余量设置、零件板折弯工艺、工艺吊耳设置、装焊顺序、焊接参数、焊接过程及焊接变形控制进行了系统阐述。实践证明，所形成的焊接工艺是成功的，对同类结构节点的制作具有重要的参考意义。

7.2　超厚多面体铸钢节点焊接技术

7.2.1　技术背景

随着我国经济的快速发展，铸钢件因其更大的设计灵活性、冶金制造的可变性、力学性能的各向同性、大范围重量的可变性，而越来越多地在国计民生领域得到重要应用。

在建筑行业，铸钢件主要应用于荷载较大、受力复杂的节点部位，是工程中关键构件之一。相比轧件或锻件，铸钢件在铸造过程中，容易引入外来夹杂或生成内生夹杂，这些夹杂物在焊接过程中容易滞留在熔池中心，最终聚集在焊缝组织的晶界处，割裂基体组织的连续性，引起局部应力集中，形成起裂源。铸钢的组织不均匀，本身存在缩孔、疏松、成分偏析及晶粒粗大等缺陷，容易在焊接时导致气孔、氢脆、裂纹和组织脆化等不利现象。铸钢件的温度控制要求严格，过高的热输入量容易导致奥氏体晶粒粗大，形成魏氏组织；过低的热输入量则容易导致焊接裂纹。

7.2.2 铸钢节点结构分析

铸钢件材质为 G20Mn5，供货状态为 QT（调质处理，即淬火+回火），其化学成分及力学性能分别见表 7-3、表 7-4。根据碳当量计算公式得出 CE = 0.401%。结果表明，铸钢件的碳当量处于中等水平，焊接时热输入太低易产生冷裂纹，热输入太高容易产生晶体粗大、冲击性能降低，因此要确保热输入量接近最佳值。

表 7-3　G20Mn5 铸钢件化学成分分析（质量分数）　　　　　　　　　（%）

元素	C	Mn	Si	S	P	Mo	Ni	Ti
要求值	0.17~0.23	1.00~1.60	≤0.60	≤0.02	≤0.02	≤0.05	≤0.4	0.03~0.05
检测结果	0.19	1.24	0.40	0.003	0.015	0.01	0.036	0.049

表 7-4　G20Mn5 铸钢件力学性能

项目	屈服强度/MPa	抗拉强度/MPa	伸长率（%）	冲击吸收能量（室温）/J
要求值	≥300	500~650	≥22	≥60
检测结果	365	545	27	114，130，110

铸钢对接截面由 6 个阳角与 2 个阴角组成，组成一个八边形多棱角的复杂截面，如图 7-11 所示。由图 7-11 可知，构件截面尺寸为 1400mm×1400mm×200mm×200mm，对接处厚度设计为 200mm，工厂铸造完成后实际厚度为 215mm，阳角位置厚度达 304mm。

7.2.3 焊接难点分析

1）在铸造过程中，铸件会产生缩孔、缩松、成分偏析及晶粒粗大等缺陷。在焊接电弧燃烧过程中，缩孔内部气体的分解，增加了熔池中的气体成分，使熔池易产生气孔。

2）铸钢件节点处截面为多棱角形式，阴角处转角为 90°，焊缝深度达 259mm，不利于气体的排出，容易产生气孔；且空间狭小，视角不好，对焊工连续、平稳运弧带来很大困难。

3）对焊接过程中的层间温度要求严格，过高、过低的热输入量都容易产生裂纹，一旦出现裂纹，修复的难度非常大，因此必须尽量避免裂纹出现。

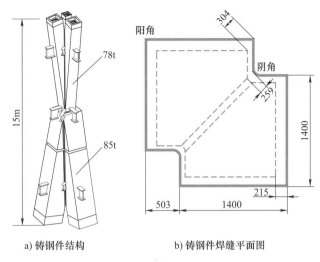

| a) 铸钢件结构 | b) 铸钢件焊缝平面图 |

图 7-11　铸钢件结构及焊缝平面图

7.2.4　焊接模拟试验

为了探索满足现场施工需要的焊接方法和参数，本项目将进行带直拐角的 200mm 超厚铸钢件 1∶1 焊接模拟试验。采用一次性连续焊接完成，最后进行无损检测和力学性能检测。

焊接收缩量统计结果见表 7-5，结果表明焊缝最大收缩量达 3mm。

表 7-5　焊接收缩量统计结果

图片示意								
焊接进度	焊缝间距		收缩监测线间距		根部间距	试件背面总高度		最大收缩量
	①	②	③	④	⑤	⑥	⑦	
焊接前（原始）	152	150	500	500	11	1015	1018	
焊接一半	151	149.5	500	499	11	1014	1017	3
焊接结束	150	148	498.5	497	11	1013	1016	

通过超声波检测结果可以证实，一次性成形焊接的方法可使1：1铸钢焊接试验一次性合格率达到99.5%，对焊接质量控制更加有利；通过力学性能检测可知，在当前的焊接工艺下，焊缝及热影响区的拉伸及冲击性能均满足要求。

对焊接完成的试件进行金相分析，结果如图7-12所示。由图7-12a可知，母材组织基本由等轴铁素体和珠光体组成，晶粒尺寸较为细小，分布比较均匀。由图7-12b可知，热影响区晶粒微观组织存在不均匀性，并且相比母材组织，有部分晶粒发生了明显的长大。这些不同尺寸晶粒维持相对平衡，在组织内产生了微观残余应力，会对材料的性能造成影响。根据Hall-Petch公式，晶粒尺寸的变大会使材料的屈服强度和抗拉强度同时降低。由图7-12c可知，焊缝微观组织中没有裂纹或白点出现，可以认为焊接工艺的选择较为合理。由图7-12d可知，焊缝存在一定的魏氏组织脆性相，这种魏氏组织是由大量针状铁素体彼此交错而形成的。这些大量针状铁素体所形成的脆弱面，会使材料的塑性和冲击韧度急剧降低，并显著提高材料的韧脆转变温度。针对金相检测所显示的上述情况，可以考虑采取控制加热及冷却措施，均匀组织微观尺寸，改善晶粒的粗大问题，抑制脆性相的产生，从而进一步提高焊接接头的质量。

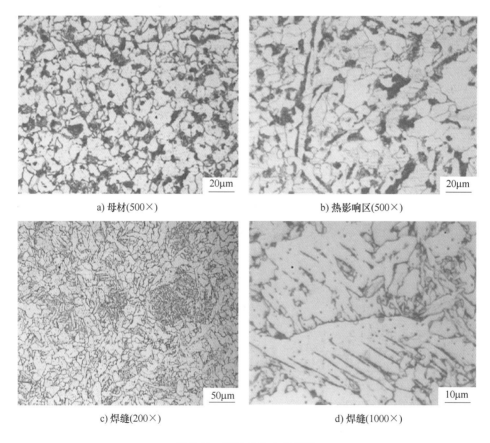

a) 母材(500×)

b) 热影响区(500×)

c) 焊缝(200×)

d) 焊缝(1000×)

图7-12　焊接接头金相组织

7.2.5　现场焊接

1. 焊接设备与焊接材料

该项目铸钢件焊接使用半自动 CO_2 气体保护焊，焊机和焊接材料详细信息见表 7-6。

表 7-6　焊机设备与焊接材料

项目	品牌	型号	规格
焊接设备	烽火	NB-630	—
焊接材料	锦泰	JM-56	$\phi1.2mm$
保护气体	文川	CO_2	气体纯度不小于 99.9%

2. 焊接顺序

单个铸钢件焊接截面长度为 5700mm，含 2 个阴角和 6 个阳角，焊接难度很大，焊缝填充量大，焊接时间长，因此必须采用对称焊接方法，减小焊接变形。根据截面形状和焊接量，一个铸钢节点由 4 名焊工同时进行焊接，人均焊接长度约 1700mm；不宜在转角处起弧和熄弧，应在平直段起弧，且距离角部至少 100mm。

3. 焊前处理措施

（1）坡口处理

针对焊接试验中存在的点状缺陷，采取进一步强化坡口处理加以控制。焊前先采用角向磨光机、砂布、盘式钢丝刷，将坡口打磨至露出金属光泽。重点清除坡口表面的水、氧化皮、锈蚀及油污，坡口表面不得有不平整、锈蚀等现象。

（2）焊前预热

针对焊缝金相中的魏氏组织，考虑通过强化焊前预热措施、减缓焊接时的冷却速度，来预防针状铁素体组织的析出，从而保证焊接质量。焊前采用氧乙炔焰在焊缝两侧均匀加热。预热区在焊道两侧宽度均应大于焊件厚度的 1.5 倍，且不应小于 100mm。预热区温度应整体达到 100~120℃，当预热温度均达到预定值后，恒温 20~30min，总预热时间不少于 2h。

4. 焊接层间温度及质量控制措施

（1）焊接参数

根据焊接工艺评定和焊接模拟试验收集的参数，本项目铸钢件焊接的层间温度控制在 120~150℃，焊接参数见表 7-7。

表 7-7　铸钢件焊接参数

焊接层道	保护气流量 /（L/min）	焊接电流/A	电弧电压/V	焊接速度 /（cm/min）
打底	40~50	255~300	37~40	40~45
填充	50	300~340	40~42	45~50
盖面	50	286~320	39~41	45~50

（2）打底层焊接

本项目的铸钢件焊缝存在多处拐角，焊缝是环形闭合状，无法加装引弧板，因此焊接时在焊缝平直段起弧，避免在角部位置起弧，起弧点离开角部边缘至少100mm，并由4名焊工同时对称焊接，减小焊接变形。焊工在正式开始焊接前先练习阴角位置平滑过渡的运弧手法，熟练后方可开始焊接，以达到一次性连续焊接阴角部位的目的。根部位置深度大，视角不好，且根部衬垫板对接处容易有箱体内的气体向外冒出，产生气孔，要求焊接人员焊接时要特别谨慎，如发现小缺陷应及时处理后再继续焊接。焊接过程采用往复式运弧手法，在两侧稍加停留，避免熔敷金属与坡口产生夹角，且焊枪前端与水平面夹角不大于20°，达到平缓过渡的要求，如图7-13所示。

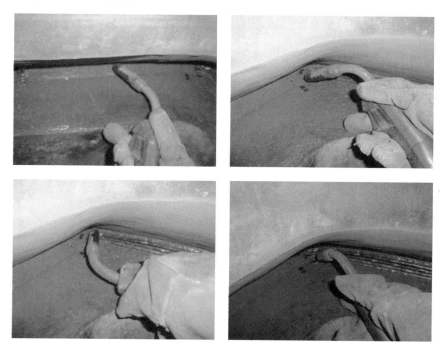

图7-13　拐角处运弧手法变化过程

（3）填充层焊接

施工人员在进行填充焊接时，应剔除前一层焊道上的凸起部分、坡壁上的飞溅及粉尘，填充层仍采用对称焊接，在焊缝平直段起弧，不同焊道之间不得在同一位置起弧，接头相互错开至少50mm，全焊段尽可能保持连续施焊，避免多次熄弧、起弧。层间温度保持在120~150℃，每一填充层完成后都应做层间清理，清除飞溅和焊渣粉尘后再进行下一道的焊接。当施焊过程中出现修理缺陷、清洁焊道所需的中断焊接的情况时，应采用适当的保温措施，若温度太低时，应进行加热直到达到规定预热温度后再进行焊接。在接近盖面层时应注意均匀留出1.5~2.0mm的坡口深度，不得伤及坡口边，为盖面层焊接做好准备。铸钢节点焊接如图7-14所示。

（4）盖面层焊接

盖面层焊接时应注意选用适中的焊接电流、电弧电压值，并注意在坡口边熔合时间稍

图 7-14　铸钢节点焊接

长。严格执行多道焊接的原则,焊缝严禁超宽,控制在坡口以外 2.0~2.5mm,焊脚余高保持在 0.5~3.0mm。

（5）焊接后热措施

焊接完成后,为保证焊缝中扩散氢逸出时间及释放焊接应力,均匀组织成分,避免产生延迟裂纹,焊后应立即进行加热及保温处理。焊后加热采用氧乙炔中性焰在焊缝两侧 1.5 倍焊缝宽度且不小于 100mm 范围内全方位均匀烘烤,保证加热区域整体温度达到 150~200℃,加热时间不少于 1h。用红外线测温仪进行监测,达到要求后用石棉布紧裹并用扎丝捆紧,保温至少达到 4h,使焊缝缓慢冷却,确保接头区域达到环境温度后再拆除石棉布。

7.2.6　本节小结

通过 1∶1 焊接模拟试验,得出"连续焊接成形"的焊接方法。针对复杂截面铸钢件拐角处的焊接,探索合理的起弧方法和施焊手法,研发焊接过程焊接参数和焊前、焊后温度控制措施,解决了 200mm 厚铸钢件焊接质量难以保证的问题。

超厚异形复杂铸钢节点实体构件的成功焊接,为工程施工节约了大量时间,减少了返修需损耗的材料、人工及管理费用,也减少了机械设备的投入使用时间,大大降低了成本,也为今后工程中超厚铸钢件的焊接提供了宝贵的经验和实用的焊接工艺。

7.3　单层折面空间网格结构焊接技术

7.3.1　技术背景

单层折面空间网格结构的钢结构屋盖通过 120 个承力节点连接,形成若干三角形结构面,每 13 个三角形结构面构成一个结构单元,20 个形状相近的结构单元呈双轴对称分布,通过椭环形循环排列连接形成稳定的大跨度悬挑空间结构体系。

结构的主杆件为热成形钢管、焊接钢管及热成形钢管+焊接钢管，直径为 700~1400mm，壁厚为 12~140mm，材质为 Q355GJ-B。结构的支座、背峰、背谷、肩峰、肩谷及冠谷位置共采用 120 个铸钢节点，主要材质为 GS20Mn5V。整个结构除 20 个球铰支座外，其他部位均采用全焊接连接，因此整个结构现场焊缝填充量巨大。

对本项目焊接难点分析如下。

（1）大直径异种高强厚壁钢管现场全位置焊接难度大

整个结构采用胎架支撑原位拼装法进行安装，由于结构的特殊性，主杆件与铸钢件之间的焊缝为异种高强钢对接焊缝，约占整个工程焊缝填充量的 30%，焊接量巨大。大量铸钢件与主杆件接头需在高空进行焊接，同时具有超倾斜、悬挑、临边及全位置（平、立、斜、仰）等特点，需要通过大量的焊接工艺评定来确定焊接参数，并针对不同位置搭设相应的焊接操作架，以提供良好的焊接操作环境。

（2）200mm 厚铸锻件现场焊接难度大

肩谷铸钢节点共 20 个，单件最重约 90t，分支达 10 个，最大支管直径 1400mm，最大壁厚 200mm。由于体型巨大、构造复杂，因此下分支采用铸造和锻造两种工艺分段进行制作，然后进行异种材质高空焊接。焊接母材强度等级高，在房屋建筑领域罕见。对接处两段钢管空间呈垂直分布，直径均为 1400mm，壁厚 200mm，焊接位置为水平横向焊缝，焊缝长度达 4.4m，单个焊缝熔敷金属填充量超过 650kg。焊接时，焊接热量集中，焊接变形和应力难以控制，在国内外房屋钢结构安装焊接中实属空前，目前国内尚无规范可循，且焊接参数及质量保证方法没有可借鉴的先例。

（3）全焊接结构现场焊接残余应力消减难度大

现场主体结构主要焊接接头有 9800 余个，数量巨大、分布均匀。焊缝的焊接应力及累积变形将对结构安装及最终成形产生较大影响。

7.3.2 单层折面空间网格结构整体焊接顺序

该工程为封闭全焊接结构，整体焊接顺序对结构成形精度及成形后的焊接残余应力具有至关重要的影响。如果按照传统焊接方法安装完一个单元、焊接一个单元的顺序进行，则合龙点处的累积变形将难以预测和控制。对于封闭结构，常规方法可以采用多设置合龙点的方式，但该工程工期紧，若增加合龙点则势必对工期产生影响。为此，经过研究，整体上采用"单元跳焊"的方式进行焊接，将焊接变形分散到每个单元，使结构在合龙点处因焊接变形而产生的累积误差非常小。经实际观测，在昼夜温差及日照等因素的影响下，结构合龙点的累积误差可以忽略不计。

如图 7-15 所示，将结构划分成 A、B 两个施工区，分别以南、北结构单元为起点，同时开始顺时针对称安装。最后在南、北方向进行合龙。随着安装的进行，每个区配备一组焊工进行主杆件的焊接。以 A 区为例，A_1 单元吊装好后随即进行焊接，与此同时钢结构吊装正常进行，当 A_1 单元焊接完成后，进行 A_3 单元的焊接。整体按照 $A_1 \rightarrow A_3 \rightarrow A_2 \rightarrow A_5 \rightarrow A_4 \rightarrow A_7 \rightarrow A_6 \rightarrow A_9 \rightarrow A_8 \rightarrow A_{10}$ 合拢单元的顺序进行焊接。B 区与 A 区轴对称同时进行焊接，最终在南北两个合龙单元同时焊接。并完成整个结构。

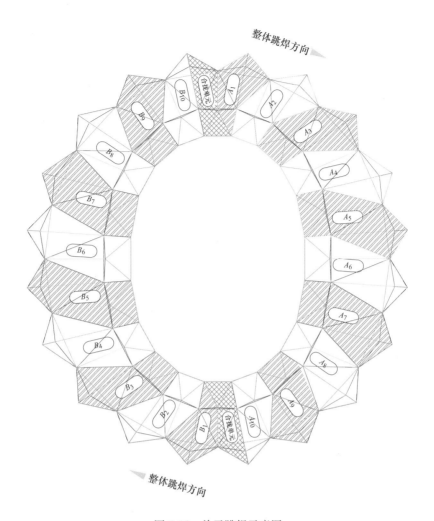

图 7-15　单元跳焊示意图

7.3.3　大直径异种高强厚壁钢管现场全位置焊接

结构的主杆件为热成形钢管、焊接钢管及热成形钢管+焊接钢管，直径为 700~1400mm，壁厚为 12~140mm；材质为 GS-20Mn5V（铸件、锻件）、Q355GJ-B 及 Q390GJC 等高强钢材。同时，由于采用胎架支撑高空原位拼装法进行结构安装，大量铸钢件与主杆件接头需在高空进行全位置焊接，因此无类似焊接工艺借鉴，且焊接位置结构复杂，需合理设置操作平台，保证焊接操作空间。特别是 200mm 厚铸锻件的现场焊接，单条焊缝长度达 4.4m，单个焊缝熔敷金属填充量超过 650kg。

1. 半自动药芯焊丝 CO_2 气体保护焊现场焊接技术

根据焊接工艺评定试验结果得到所需要的大直径异种高强厚壁钢管现场焊接的主要焊接参数，具体见表 7-8~表 7-10。

表 7-8　200mm 厚铸锻件（GS-20Mn5V）焊接参数

| 焊接层道 | 焊接方法 | 焊条或焊丝 | | 焊剂或保护气体 | 保护气体流量/（L/min） | 焊接电流/A | 电弧电压/V | 焊接速度/（cm/min） |
		型号	规格 φ/cm					
打底	GMAW	ER50-G（CHW-50C8）	1.2	CO_2	30~50	220~240	28~30	30~40
填充	GMAW	ER50-G（CHW-50C8）	1.2	CO_2	30~50	240~260	30~32	35~45
盖面	GMAW	ER50-G（CHW-50C8）	1.2	CO_2	30~50	200~240	30~32	30~40

表 7-9　100mm 厚 GS-20Mn5V 与 Q355GJ-B 板立焊焊接参数

| 焊接层道 | 焊接方法 | 焊条或焊丝 | | 焊剂或保护气体 | 保护气体流量/（L/min） | 焊接电流/A | 电弧电压/V | 焊接速度/（cm/min） |
		型号	规格 φ/cm					
打底	FCAW-G	CHT711	1.2	CO_2	30~50	160~180	20~22	30~35
填充	FCAW-G	CHT711	1.2	CO_2	30~50	180~200	22~24	30~35
盖面	FCAW-G	CHT711	1.2	CO_2	30~50	180~200	22~24	30~35

表 7-10　100mm 厚 GS-20Mn5V 与 Q355GJ-B 板平焊焊接参数

| 焊接层道 | 焊接方法 | 焊条或焊丝 | | 焊剂或保护气体 | 保护气体流量/（L/min） | 焊接电流/A | 电弧电压/V | 焊接速度/（cm/min） |
		型号	规格 φ/cm					
打底	FCAW-G	CHT711	1.2	CO_2	30~50	220~240	30~32	30~40
填充	FCAW-G	CHT711	1.2	CO_2	30~50	260~280	34~36	30~40
盖面	FCAW-G	CHT711	1.2	CO_2	30~50	240~260	32~34	30~40

2. 计算机自动控温、密集电加热技术

采用计算机温控仪进行控温，在焊缝两侧对称布设磁铁式陶瓷电加热器，沿焊缝通长进行密集式加热（见图 7-16），确保焊缝无"冷区"。工件正面加热，正面测温，加热升温速度应缓慢，一般情况应控制在 50℃/h 以内，即保证温度的均匀性。同时，由于肩谷铸钢节点的 200mm 厚焊缝厚度较大，为保证母材内外侧受热均匀，除在工件正面设置陶瓷电加热器外，在内壁也同样需要沿焊缝通长设置电加热器，进行内外壁同步加热。

在焊接过程中，应严格控制层间温度，在焊接过程中，焊接操作人员及监护人员应随时对同一施焊区域的温度进行检测。当层间温度低于 100℃时，应及时进行补热；当层间温度

a) 预热片加设　　　　　　　　　　　　　　b) 电加热控制仪器

图 7-16　焊前预热

高于 200℃ 时，应立即停焊，待温度自然降至 100℃ 时，再进行焊接。

由于板厚较厚，所以 200mm 厚铸锻件焊接时层间温度比较难控制，为此内壁设置的电加热装置在焊接过程中不取消，且应在焊接过程中实时对层间温度进行监控。当出现层间温度较低时，则使用内壁电加热器对焊缝进行加热，以维持层间温度。

为防止冷裂纹的产生，厚壁钢管焊接完成后需要后热保温。焊后的加热方法和焊前预热方法相同，均采用计算机控制的履带式电加热器进行后热，焊缝后热温度为 200 ~ 250℃。当焊缝加热到规定温度后，用石棉布包裹进行保温，保温时间按板厚计，0.5h/25mm，且不少于 1h。电加热具有恒温、可控、温度直观等优点，对焊接质量控制具有非常重要的意义。

在焊接完成后，立即对焊件进行电加热后热处理（见图 7-17），确保焊接接头中的残余氢能扩散逸出，减少延迟冷裂纹的产生。后热温度应不低于 250℃，加热到所需温度后，由计算机控制恒温 2h，然后停止供电，在不拆除加热器的情况下，保温 3h。

a) 加热片加设　　　　　　　　　　　　　　b) 保温棉

图 7-17　电加热后热处理

焊接预热、层间温度及后热温度见表 7-11。

表 7-11 焊接预热、层间温度及后热温度

板厚 /mm	钢材 种类	预热温度 /℃	层间温度 /℃	后热温度 /℃	预热时间 /h	恒温时间 /h	保温时间 /h
200	Ⅲ	130~150	100~150	250~300	5	2	3

3. 多人同步对称、分段分层退焊技术

主杆件焊缝焊接采用薄层多道窄摆幅、分段分层退焊、多人同时对称焊接的方法。焊缝采取薄层、多道进行焊接（每层厚 5~8mm，200mm 厚焊缝共约 40 层、500 道）。当单条焊缝长度大于 500mm 时，需采取分段退焊的焊接方法。每层每道焊缝的接头错开 50mm，避免焊缝缺陷集中。焊接选择相同的焊接电流及每层的焊接厚度，并尽量保持同时、同速施焊，以保证相同的焊接热输入，使收缩趋于同步。如图 7-18 所示，由于高空焊接操作空间狭小，故采取两名焊工分段对称焊的形式，即焊缝 1、2 同时进行焊接，然后是焊缝 3、4 同时进行焊接。如图 7-19 所示，铸钢节点与锻管对接焊采用三名焊工分段对称焊，即三处焊缝同时进行焊接。

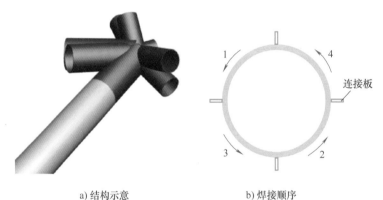

a) 结构示意   b) 焊接顺序

图 7-18 厚焊缝对接焊

注：1~4 为焊缝代号。

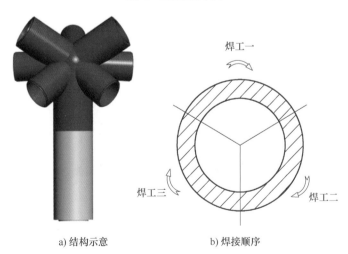

a) 结构示意   b) 焊接顺序

图 7-19 铸钢节点与锻管对接焊

4. 焊接变形控制与实时监测技术

在焊缝两侧，沿焊缝长度方向设置刚性约束板，以减少焊接变形。铸钢件与主杆件接头采用将连接耳板锁死的方式来约束焊接变形。

200mm 厚铸锻件焊接采用三块 800mm×400mm×30mm 马板，共加工 4 个单元的马板循环使用。同时，为了防止因刚性约束而使得焊缝内产生较大焊接应力，在焊缝填充至约 1/2 时将约束板切除，然后再继续进行焊缝填充（见图 7-20）。

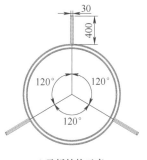

a) 马板结构示意　　　　　　b) 马板切除　　　　　　c) 焊接完成

图 7-20　200mm 厚铸锻件焊接变形控制措施

在施工过程中，通过对 20 条 200mm 厚焊缝在焊前、焊后的焊缝宽度进行标记统计，采用刚性约束焊接方法的平均焊缝收缩量约为 2.5mm。

5. 焊缝的无损检测

在外观检查合格的前提下，经焊后≥24h 冷却使钢材组织稳定后，按图样要求对焊缝进行超声波检测，执行相关规范对超声波检测方法和结果进行分级，并出具检测报告。

200mm 厚铸锻件整条焊缝焊接完毕并经后热保温处理，待冷却 48h 后，按设计要求对焊缝进行 100% 的超声波和磁粉检测（见图 7-21、图 7-22），且根据专家论证意见，超声波检测采用单面双侧检测，并使用了两种角度探头进行了检测；所有磁粉检测使用直流电磁化方法进行表面及近表面缺陷检测。

为保证焊接质量、防止冷裂纹的发生，在焊接 15 天后对焊缝再次进行磁粉检测。

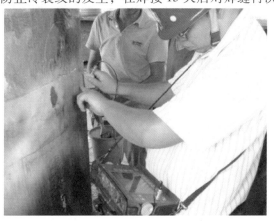

图 7-21　超声波检测

图 7-22　磁粉检测

6. 操作平台及焊接防护

根据节点组对形式设置专用立式拼装胎架，胎架内部根据焊缝位置设置操作平台，作为200mm厚铸锻件焊接操作平台（见图7-23），顶部设置防风棚。节点段与锻造管段均设置独立支撑，保证焊缝焊接时处于最小应力状态。

a) 示意图　　　　　　　　　　b) 实物

图 7-23　200mm 厚铸锻件焊接操作平台

7.3.4　本节小结

通过对单层折面空间网格结构整体焊接顺序的研究，采用单元跳焊的方式，将焊接变形有效地分散给结构的每个单元。在结构最终合龙点，结构的焊接累积变形非常小，这对结构最终合龙的精度控制具有十分重要的意义。事实证明，单元跳焊、选择合理的杆件焊接顺序，在采用焊接连接方式的大跨度钢结构工程中十分重要。

应用半自动药芯焊丝 CO_2 气体保护焊现场焊接，同时采用计算机温控电加热、分段分层退焊、多人同步对称焊接技术及焊接变形控制与实时监测技术，攻克了大直径异种高强厚壁钢管现场全位置焊接技术难关，成功完成了 200mm 厚铸锻件现场焊接。

第 *8* 章

复杂钢结构焊接技术

8.1 管结构多角度全位置焊接技术

8.1.1 工程概况

深圳文化中心（见图 8-1）位于深圳市福田新开发区北部，毗邻深圳市民中心、少年宫、电视中心，是深圳市二次创业的重点文化项目之一。总建筑面积 8.98 万 m², 其中地上 5.5 万 m², 由音乐厅、图书馆和室外大平台三部分组成，总长 312m、总宽 89.7m、高 40m。

图 8-1 深圳文化中心

"黄金树"结构是整个文化中心的点睛之笔，也是钢结构设计和施工的重点。建筑师巧妙地将建筑结构设计赋予了树形的想象，按照树的生长机理，由下至上按照主干、粗枝、中枝和端枝组成结构体系。多根钢管杆件以不同的角度汇交于一点，组成树形的空间三维体系，如图 8-2 所示。主干从一层 6m 标高开始，为 4 根钢-混凝土柱结构，主干上伸出的树枝用钢管做成。主干及各树枝的连接处采用铸钢节点，铸钢节点为多根 420mm 与 390mm 大直径钢管直接汇交而成。随着树枝的生长，4 个主干的支出树枝钢管交错、汇集，最终在顶部形成一个整体屋盖。主杆件共计 216 根，连接"黄金树"端枝的构件作为主梁，在主梁的各面上设置次梁。两棵树最高点高度为 40m，投影面积约 3400m²，汇交节点共计 67 个。67 个铸钢节点形状各异，没有两个是完全相同的，伸出的枝管数量由 3 个到 10 个不等。钢结构工程量约 1200t。

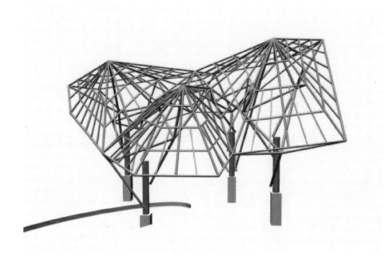

图 8-2　"黄金树"树枝结构概貌

8.1.2　焊接特点

"黄金树"采用了铸钢节点与无缝钢管相对接的接头形式，铸钢件材料选用 ZG275-485H，无缝钢管材料选用 Q355B，钢管材料规格为：ϕ350mm×12mm、ϕ350mm×19mm、ϕ450mm×22mm。接头达到 395 个，焊缝总长 14900m。铸钢件接头在整个结构中起连接、承载、传力的作用，焊缝形式为内加衬管 V 形坡口，焊缝质量要求严格。

该工程焊接有以下特点和难点：

1）异种材质焊接。铸钢件材质为 ZG275-485H，无缝钢管材质为 Q355B。

2）不等壁厚的对接焊。铸钢件壁厚为 40mm，钢管壁厚为 22mm 或 19mm。

3）焊接全部为高空管全位置焊接，相当部分接头焊缝呈斜向对接，仰焊部位较多。

4）空间狭窄，且材料厚度为 12~22mm，"黄金树"的枝叉多达 3~10 个，需经常调整焊接作业位置并变更焊接参数。

5）防止出现焊接裂纹等质量问题。铸钢件接头必须连续完成，一气呵成，否则将有出现裂纹的危险。

6）焊接变形应严格控制。从根本上减少焊接拘束，保证焊接应力释放自由，防止因应力受约束过大而导致"黄金树"整体变形过大。

8.1.3　多角度全位置焊接技术

铸钢节点与无缝钢管进行现场高空多角度全位置焊接。所谓全位置，指每个对接接头的圆形焊缝都要进行四面围焊，焊工要经常变换焊接位置及焊接参数，逐步完成仰焊、仰立焊、立焊、立平焊及平焊等操作。所谓多角度，指铸钢节点的每个伸出钢管和相应无缝钢管的对接面呈各种不同的空间角度，焊工施焊时必须考虑因倾角大小的差异而带来的熔池成形的差异，因此要变换焊接参数才能达到每个接头施焊均匀、焊缝和母材充分熔合等要求。

利用有限元计算单元应力分布及荷载-位移曲线，最终选用半空心、半实心节点。该节点形式既减轻了自重，也降低了节点铸造及焊接难度。由于树枝节点杆件较多且构件分布较集中，因此为给焊工的焊接操作提供空间，杆件外壁最小间距设计为 300mm；当相邻杆件夹角较小时，杆件长度超过 2m，杆件外壁间距按 ≥150mm 设计。由于对接钢管是不同壁厚的，焊缝连续性较差，故坡口设计为带衬板 V 形坡口。此坡口形式可减小焊缝断面，减小根部与盖面焊缝部收缩差，防止因焊接应力过度集中而在近盖面焊缝区产生撕裂现象。

1. 坡口清理与组对

组对前先采用锉刀、砂布、盘式钢丝刷，仔细清除铸钢件接头处坡口内壁 15~20mm 处锈蚀及污物。坡口外壁自坡口边 10~20mm 也必须仔细除去污物，坡口的清理是工艺重点。由于铸钢件的表面比较粗糙，因此在组对前必须将凹陷处用角向磨光机磨平，坡口表面不得有不平整、锈蚀等现象。无缝钢管的对接处清理要求与铸钢件相同。组对时不得在铸钢件部位进行硬性敲打，防止产生裂纹。错口现象必须控制在规定允许范围内。

2. 焊前预热

预热应沿焊缝中心两侧各 100mm 以内进行全方位均匀加热，预热温度 60~80℃（见图8-3）。当预热温度、预热范围均达到设定值后，恒温 20~30min。温度的测试需在距坡口 80~100mm 处进行，采用红外线测温仪感应测温。热源采用氧乙炔中性火焰，进行加热时使火焰焰蕊距管壁的距离 ≥100mm，且不时绕管运作，以免造成加热不均匀，因单点温度过高而造成对铸钢件的损伤。

图 8-3　焊前预热

3. 根部焊接

全位置管-管对接接头在焊接根部时，应自接头的最低处中心线 10mm 处起弧，至接头的最高处中心线超过 10mm 左右止，完成半个接头的封底焊接。在另一半接头焊接前，应将前半部分始焊与收尾处用角向磨光机修磨呈缓坡状并确认无未熔合现象后，在前半部分焊缝上起弧，焊接至前半部分结束处焊缝上，完成整个接头的封底焊接。由于该工程所使用的铸钢件接头处带有与其连为一体的管内垫板，故根部焊接只需注意衬板与无缝钢管坡口部分的熔合，并确保熔敷金属厚度为 3.0~3.5mm。

4. 填充层焊接

在进行填充层焊接前，应剔除首层焊道上的凸起部分与粘连在坡口壁上的飞溅及粉尘，仔细检查坡口边沿有无未熔合及凹陷夹角，如有上述现象则必须采用角向磨光机除去，不得伤及坡口边沿。焊接时注意每道焊道应保持在宽 8~10mm、厚 3~4mm。运焊时采用小 8 字方式，仰焊部位焊接时采用小直径焊条，仰爬坡时电流逐渐增大，在平焊部位再次增大电流密度焊接；在坡口边沿注意停顿，以便于焊缝金属与母材的充分熔合。每一填充层完成后均应采用与根部焊接完成后相同的处理方法进行层间清理，在接近盖面层时应注意均匀留出 1.5~2mm 的坡口深度，不得伤及坡口边沿，为盖面层焊接做好准备。

5. 盖面层焊接

因为直接关系到焊接接头的外观质量能否满足质量要求，所以在盖面层焊接时应注意选用小直径焊条，适中的焊接电流、电弧电压值并注意在坡口边沿熔合时间稍长。水平固定口时不采用多道盖面焊缝，而垂直与斜固定口则须采用多层多道焊。严格执行多道焊接的原则，焊缝严禁超宽（应控制在坡口以外 2~2.5mm 内）、超高（保持为 0.5~3mm）。焊后成形如图 8-4 所示。

图 8-4　焊后成形

6. 后热与保温

节点焊接完成后，为保证焊缝中扩散氢有足够的时间逸出及焊接收缩产生的应力释放，从而避免产生延迟裂纹出现，焊后必须立即进行后热、保温处理。后热时采用氧乙炔中性焰在焊缝两侧各 100mm 内全方位均匀烘烤，并有意识地将最后加热处放置在始焊处。经表面温度计在距焊缝 80~100mm 处测试达到 200~250℃后，用不少于 4 层石棉布紧裹并用扎丝捆紧，保温时间 ≥2h，确保接头区域达到环境温度后方能拆除。

8.1.4 "黄金树"整体焊接变形控制

主要采取控制"黄金树"各节点、各节点的分枝、各分枝的接头焊接顺序等措施进行整体焊接变形控制。

1. 节点焊接顺序的控制

采用局部热矫正来改变主焊管的 x、y、z 指向，使之在无外力约束条件下完成与铸钢节点的首次接驳，从而逐层消化"黄金树"躯干部的变形。施工顺序从内向外、先单独后整体，力求对称施焊，合理分解约束力，使焊接应力自由释放，从根本上减小焊接变形。

节点各分枝的焊接顺序控制按"先焊收缩量较大节点、后焊收缩量较小节点"的原则，先焊粗杆（热输入量大）再焊细杆，平面力求对称施焊，以控制各分枝先焊与后焊所带来的焊接收缩差，从而将收缩差对节点分枝空间三维坐标的影响控制在最低限度。因复杂枝状节点的空间定位不可避免地存在误差，所以焊前进行精确复测记录焊前节点各分枝的误差值，并根据测量报告进一步优化调整节点每个分枝焊接顺序，从而达到控制整体焊接变形的目的。

2. 接头全位置焊接顺序的控制

为使焊接过程中焊接接头不同位置的熔池形状成形更合理，按仰焊→仰立焊→立焊→立平焊→平焊的顺序施工，按管周长分 2 个半圆分层多道对称施焊来控制接头水平方向的焊接变形；预先通过试验分析得出上下管壁间存在的收缩差值，采取了节点安装标高预先抬高 2~3mm 的措施来抵消接头垂直方向的焊接变形；采取中性火焰后热反弯，上部加热面积小、下部加热面积大，从而恢复接头位置进行接头反变形控制。

8.2 弯扭构件复合焊接工艺

深圳国际会展中心（一期）项目占地面积 125 万 m²，建筑面积 158 万 m²，由一条 1.8km 长的中央通廊将两侧 18 个 2 万 m² 的标准展厅、1 个 5 万 m² 的超大展厅和 2 个登录大厅串联而成，如图 8-5 所示。中廊总长 1.8km，分为 13 个单体，为"下部钢框架+树杈柱+单层网壳钢罩棚"，最大跨度 27m，结构最大标高 42.5m。共计 4 个登录大厅，每个登录大厅面积约 2.7 万 m²，为"下部钢框架+树杈柱+单层网壳钢罩棚"，最大跨度 27m，最大标高 39.5m。

根据建筑造型要求，该项目中廊和登录厅屋面及拱门结构大量应用箱形弯扭构件，主要截面尺寸见表 8-1。

图 8-5　深圳国际会展中心项目效果图

表 8-1　弯扭构件截面尺寸

构件类型	截面尺寸/mm
弯扭构件	2300×900×80×80
	1500×600×30×50
	600×300×10×14
	700×300×12×16
	600×300×12×20
	700×400×14×30
	700×400×14×30

8.2.1　弯扭构件焊接分析

1）箱形弯扭构件规格多，板厚跨度大（12~80mm），弯扭成形工艺要求高。

2）弯扭构件弧度变化范围大，部分弯扭构件焊接倾斜角度>8°（见图 8-6），焊缝外观成形控制难度大。

3）部分弯扭构件牛腿焊缝集中，板厚较薄，焊接变形和构件体形控制难度大。

8.2.2　弯扭构件复合焊接工艺研究

由于弯扭构件的结构特点，传统弯扭构件主焊缝焊接采用 CO_2 气体保护焊打底、填充，当构件焊接方向无坡度或坡度较小（<6°）时，可以采用埋弧焊盖面。当坡度较大时，必须采

图 8-6　大倾斜角度弯扭构件

用手工气体保护焊盖面。采用气体保护焊填充、盖面，一方面，焊接效率低、对工人技术水平要求高，劳动强度大；另一方面，人工盖面焊缝外观成形难以保证。同时，该工程部分弯扭构件截面高度仅 300mm，无法采用埋弧焊进行焊接。针对上述情况，根据弯扭构件截面大小、板厚、倾斜角度采取相应的焊接工艺措施。

1. 小截面薄板弯扭构件焊接工艺研究

截面尺寸为 600mm×300mm×10mm×14mm、700mm×300mm×12mm×16、600mm×300mm×12mm×20、700mm×400mm×14mm×30、700mm×400mm×14mm×30mm 的箱形弯扭构件主体零件板，首先通过火烤或三辊卷板机进行弯扭成形，然后在专用胎架上进行组装，如图 8-7 所示。

图 8-7　小截面薄板弯扭构件组装

　　焊接整体顺序为箱体内隔板焊接→箱形组立→主焊缝打底、填充→牛腿组装焊接→下胎→主焊缝盖面。焊接过程中要注意：①胎架遮挡处焊缝需下胎后再进行打底填充焊接。②牛腿焊接处主焊缝需先在胎架上焊接完成，经检测合格后再焊接牛腿。

　　1）主焊缝打底、填充焊接要求：箱形构件拼装完成后，为控制构件加工精度，在胎架上进行打底、填充焊接，填充高度至与坡口表面齐平或低于坡口面1mm以内。打底和填充采用药芯焊丝气体保护焊，焊接位置为横焊位，焊接参数见表8-2。

表 8-2　小截面薄板弯扭构件打底、填充焊接参数

焊接层道	焊接方法	焊丝型号	焊丝直径/mm	保护气体	焊接电流/A	电弧电压/V	焊接速度/(cm/min)	备　注
打底	FCAW	E501T-1	1.2	CO_2	180~220	22~26	20~30	胎架上焊接
填充	FCAW	E501T-1	1.2	CO_2	180~220	22~26	20~30	胎架上焊接

　　2）主焊缝盖面焊接要求：采用柔性轨道的气体保护焊小车进行盖面，如图8-8所示。中间平缓部分采用气体保护焊小车直接施焊，两端坡度较陡处需采用马镫支撑，减小构件坡度，然后采用气体保护焊小车下坡焊，焊接材料使用药芯焊丝，焊接参数见表8-3。

图 8-8　小截面薄板弯扭构件盖面工艺

表 8-3　小截面薄板弯扭构件盖面焊接参数

焊接层道	焊接方法	焊丝型号	焊丝直径/mm	保护气体	焊接电流/A	电弧电压/V	焊接速度/(cm/min)	备　注
盖面	FCAW	E501T-1	1.2	CO_2	180~220	22~26	20~30	—

2. 大截面厚板弯扭构件焊接工艺研究

截面尺寸为 2300mm×900mm×80mm×80mm、1500mm×600mm×30mm×50mm 的箱形弯扭构件主体零件，首先通过三辊卷板机进行弯扭成形，然后在专用胎架上进行组装。

焊接整体顺序按照内隔板焊接→箱形组立→主焊缝打底→下胎→主焊缝填充、盖面→牛腿组装→牛腿焊接。

1）主焊缝打底、填充焊接要求。箱形构件拼装完成后，在胎架上进行打底焊，然后下胎采用焊接小车进行填充（见图 8-9），填充高度至与坡口表面齐平或低于坡口面 1mm 以内，焊接参数见表 8-4。

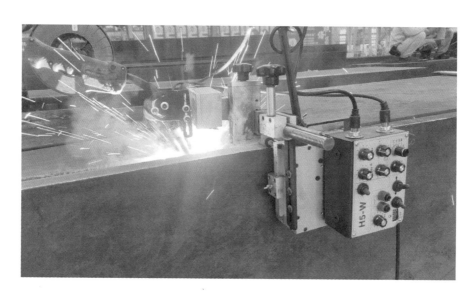

图 8-9　大截面厚板弯扭构件填充焊接

表 8-4　大截面厚板弯扭构件打底、填充焊接参数

焊接层道	焊接方法	焊丝型号	焊丝直径 /mm	保护气体	焊接电流 /A	电弧电压 /V	焊接速度 /(cm/min)	备　注
打底	FCAW	E501T-1	1.2	CO_2	180~220	22~26	20~30	胎架上焊接
填充	FCAW	E501T-1	1.2	CO_2	200~240	22~26	22~32	下胎焊接

2）主焊缝盖面焊接要求。盖面焊接过程中需确保焊接坡度在 8° 以内，中间平缓部分采用常规埋弧焊小车加导向轮施焊，两端坡度较陡处需采用"马镫"支撑，然后采用下坡埋弧焊焊接。采用改进的埋弧焊设备，即埋弧焊小车前端加装磁力小车，如图 8-10 所示。焊接过程中，磁力小车和埋弧焊小车移动速度保持一致，调整埋弧焊小车焊接参数进行施焊。其原理为通过磁力小车的磁吸力控制埋弧焊焊接速度，避免发生焊接速度过快的现象，具体焊接过程如图 8-11 所示。大截面厚板弯扭构件盖面焊接参数见表 8-5。

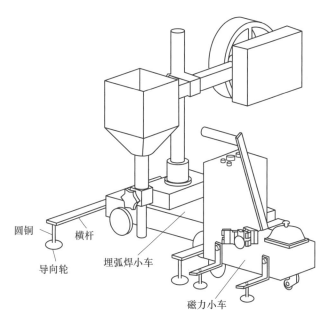

圆铜　横杆

导向轮　埋弧焊小车

磁力小车

图 8-10　下坡埋弧焊焊接设备

图 8-11　下坡埋弧焊焊接过程

表 8-5　大截面厚板弯扭构件盖面焊接参数

焊接方法	焊丝型号	焊丝直径/mm	焊剂型号	焊接电流/A	电弧电压/V	焊接速度/(cm/min)	坡度/(°)	设　备
SAW	H10Mn2	5.0	SJ101	580~620	30~32	20~25	4~8	磁力小车+埋弧焊小车
SAW	H10Mn2	5.0	SJ101	580~620	30~32	20~25	0~4	埋弧焊小车

8.2.3 弯扭构件焊接变形及尺寸控制工艺研究

1）制作过程中，在弯扭构件箱体内部增加工艺隔板，通过刚性约束来控制焊接变形。工艺隔板与箱体采用三边角焊缝焊接。

2）焊接过程中，小截面薄板构件在胎架上完成打底、填充焊接，大截面厚板构件在胎架上完成打底焊接。在胎架上首先完成箱体内隔板及工艺隔板的三边焊接，然后盖板完成箱形组立。在胎架上进行主体焊缝打底焊接，焊接过程中采用两边对称分段退焊工艺，如图 8-12 所示。

3）由于箱体为弯扭形状，呈空间结构，一般的检测方法不能对其进行精确测量。制作过程中，通过放地样+全站仪测量来控制各

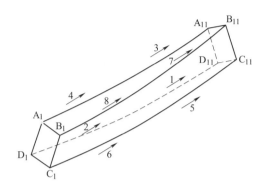

图 8-12　弯扭构件分段退焊

角点坐标精度。首先根据其理论数据建立坐标系，然后对箱体端点和棱线上的布置进行测量。根据采集的坐标值与理论坐标系进行对比分析，完成对弯扭箱体的尺寸测量。

8.3　大尺寸超厚板"天圆地方"复杂变截面过渡节点制作技术

重庆陆海国际中心项目外框钢结构第四层以下为直径 2.8m 的圆形柱，第五层以上为边长 2.4m 的正方形柱。因此，在四五层之间设计一个巨型的圆方过渡节点，并将其命名为"天圆地方"节点（以下简称圆方节点，见图 8-13）。该节点设计高 4m、板厚 70mm，单个节点重约 30t。大尺寸、超厚板圆方节点加工、焊接控制技术难度大。

图 8-13　圆方节点示意图

8.3.1　组焊工艺分析

圆方节点有以下两种加工方式：①由 4 个折弯钢板组成，焊缝位于方口边中心线处（见图 8-14）。②由 4 个面板组成，焊缝位于方口直角处（见图 8-15）。

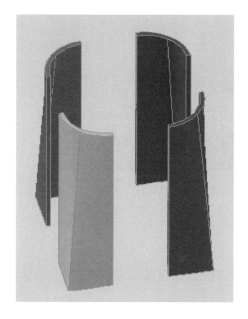

图 8-14　加工方式 1

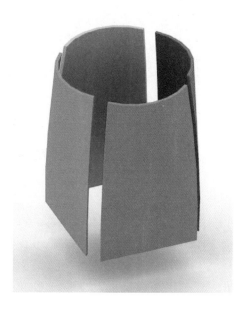

图 8-15　加工方式 2

1. 加工方式 1

由于加工方式 1 中需将钢板进行折弯，从圆口端至方口端折弯的幅度越来越大，至方口端需要折弯成 90°。此加工方式存在以下难点。

（1）内部应力大，容易开裂

材质为 Q355GJC 的 70mm 厚钢板压制过程中会产生很大的应力，方口端直接形成 90°折角，在应力的作用下，会产生开裂的现象（见图 8-16）。根据目前了解的加工情况，在开设止裂孔及加热的前提下，高强度厚板在压弯的过程中会产生直接断裂现象。同时，虽然压制完成后部分构件可能不会断裂，但后期焊接过程中，在焊接热应力的影响下，也会产生断裂的现象。

（2）焊缝重叠

竖向板与管壁的焊缝、管壁与管壁的对接焊缝位于同一位置（共 4 条焊缝），焊缝重叠，而且焊缝竖向贯穿圆方节点，单条焊缝长度 >4m。焊缝集中，焊接应力大、变形大。

综上可知，加工方式 1 将钢板进行折弯，存在较大的质量风险和安全隐患。

2. 加工方式 2

加工方式 2 中圆方节点主体由 4 个面板组成，类似于箱形构件制造，不同之处在于每个

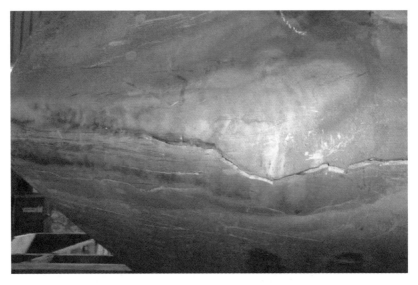

图 8-16　厚板折弯后开裂形貌

面板都需要压制成从圆到方的过渡曲面。此加工方式存在以下难点。

（1）面板压制

Q355GJC 的 70mm 厚钢板压制需要 1 万 t 的压力机，过渡曲面需要多次压制而成，压制后曲面的精度，以及不产生较大应力、防止开裂是制作的难点。

解决措施：分多次压制，并在压制过程中跟踪监测，及时调整，以保证曲面的成形精度；钢板开裂是从端部开始，为了防止钢板在多次压制过程中产生较大应力、出现开裂情况，在压制前对钢板端部进行局部加热处理。

（2）钢板边缘精度控制

钢板压制后，在沿压制方向容易出现翻边现象，影响面板与面板拼接。

解决措施：钢板下料时设置余量，待面板压制成形后再切除。

（3）渐变坡口开设

圆方节点在不同高度处对应的截面在不停变化，每隔 0.5m 取剖面，可以看出在不同高度处面板的弧度不同，面板与面板对接的角度也不同，在方口端为 T 形接头，形成 90°的自然坡口，在圆口端为板与板的对接接头，渐变坡口的开设尤为重要。

解决措施：面板拼接焊缝采用 X 形坡口，根据渐变情况开设渐变坡口，坡口开设前需提前放样划线。焊缝焊接完成后需将焊缝打磨至需要的外观尺寸。

综上所述，圆方节点制作确定采用加工方式 2，由 4 个面板组成，焊缝位于方口直角处。

8.3.2　圆方节点的 CAD 建模方法及外观成形技术

常规圆方节点三维建模方式，是在 CAD 软件中利用一个圆形截面和一个方形截面直接放样得出的（见图 8-17），因此这种三维建模方式得出的节点分片压制时，无法采用压道线均匀分布的方式进行压制。

经研究，采用新的三维建模，如图 8-18 所示。该圆方节点通过 4 块面板拼接形成（见图 8-19），每个拼接面分别由一块平面三角板和两块空间曲面板组成（见图 8-20）；其中，空间曲面板是"取自"斜圆柱面的 1/8 表面（见图 8-21），以此保证 8 块空间曲面板组合之后底面形成一个圆形。

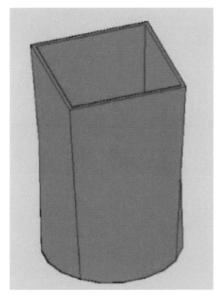

图 8-17　常规三维建模示意图

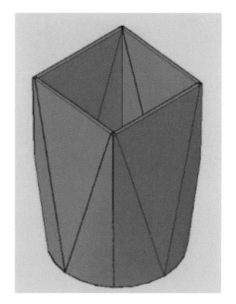

图 8-18　新的三维建模示意图

图 8-19　4 块面板拼装示意图

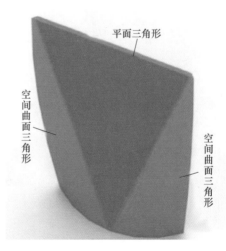

图 8-20　单块面板示意图

圆方节点以 AutoCAD 为平台进行三维建模，其步骤如下。

1）步骤一：建立平面直角坐标系，并以原点作为圆心画出内圆（$r = 1330\text{mm}$）和外圆（$R = 1400\text{mm}$）形成圆环。同时，在坐标系分别画出边长为 2400mm 和 2260mm 的正方形组成正方形接口。将正方形接口移至设计高度（$Z = 4000\text{mm}$）。在底面圆内圆做辅助的正八边形，要求其中 4 个端点在坐标轴上。连接内接圆与 Y 轴上的端点 A 与内接正方形的角点 B 连线。圆方节点母线的选取如图 8-22 所示。

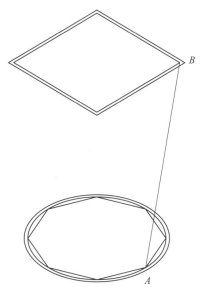

图 8-21　斜圆柱面 1/8 表面　　　　图 8-22　圆方节点母线的选取示意图

2）步骤二：移出图 8-22 中的底面圆和 AB 连线，在同一坐标系中，以底面圆环为截面，AB 连线为母线，画出倾斜柱体（见图 8-23、图 8-24）。

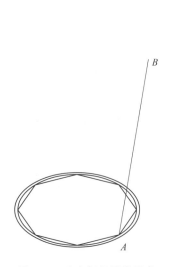

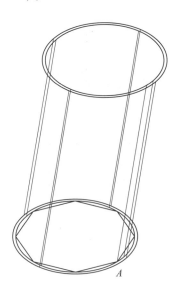

图 8-23　确定好的母线示意　　　　图 8-24　选取母线作出的斜圆柱

3）步骤三：以截面 *OAB* 和截面 *OBC* 作柱体剖切面，得到底部为 1/8 圆弧的曲面 *ABC*，其中 *C* 点为八边形的一个角点（见图 8-25、图 8-26）。

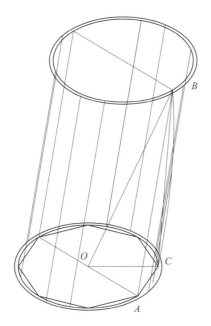

图 8-25　斜圆柱的两个剖切面示意图

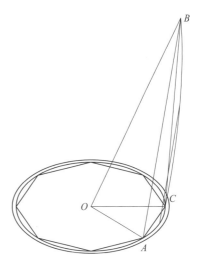

图 8-26　斜圆柱中剖出的斜弧面板

4）步骤四：将该曲面移入底面圆相同位置，同理可得出其他 7 个曲面，然后在 4 个方向上组合，每一个拼接面分别由一块平面三角板与两块空间曲面板组成。

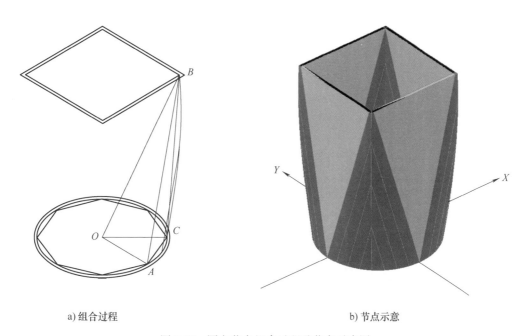

a) 组合过程　　　　　　　　　　　　　　　　b) 节点示意

图 8-27　圆方节点组合过程及节点示意图

8.3.3 圆方节点组焊工艺

1. 下料

按放样图进行数控下料，制作余量做好样冲标记。根据压力机模具实际情况，上模具为单板，下模具为双板，结合加工经验，初步考虑 100mm 的加工余量，该预留值主要作用是防止因压制而造成面板两侧板边界处出现压制缺陷，如厚板撕裂、边部压断、板侧翘曲等，在压制完成后将预留部分的材料沿设计的边线切割掉，并将切割处打磨平整。

2. 压制

压制步骤如下。

1）步骤一：根据圆方节点上下端口尺寸及构件高度，确定平面三角板斜边的长度，根据计算结果，从而确定整块组合面板板材下料具体尺寸和形状。

压道线间距计算公式为 $b = 1.2t = 1.2 \times 70\text{mm} = 84\text{mm}$（$t$ 为板材厚度，取 70mm），根据以上计算结果，最终将轧道线间距取为 80mm。两块面板压制前拼接如图 8-28 所示。

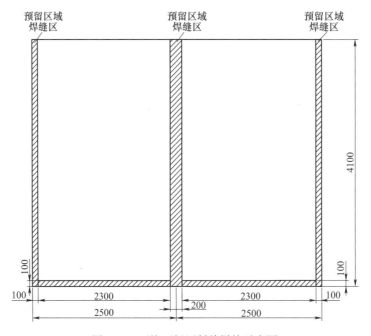

图 8-28　两块面板压制前拼接示意图

2）步骤二：将两块相同矩形钢板（4100mm×2500mm）通过焊缝拼接，分别在两个矩形钢板中标出组合面板的边界线，边界线以外部分为预留区域。

3）步骤三：确定压道线和三角板斜边平行的方向。根据步骤一中确定的压道线距离为80mm，压道线的示意如图 8-29 所示，其中红色四边形区域为压制区域。

4）步骤四：在压制前，应对板材尺寸进行检查，根据提供的尺寸检查参照表，对板材尺寸沿高度方向，每隔 500mm 进行逐一检查。

5）步骤五：沿平行四边形的斜向压道线依次采用 10000t 自制液压机进行初步压制，然后采用 3000t 自制液压机进行修正。压制时，根据底面圆的半径以及每道压道线的间距计算确定每条压道线的压制弯曲角度为 176°。面板压制过程如图 8-30 所示。

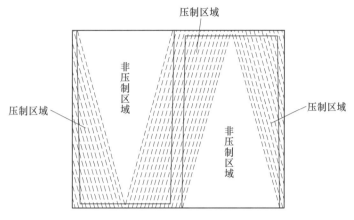

图 8-29 面板压道线示意图

图 8-30 面板压制过程

压制时采用分段压制、分段检测、分段完成的方法，用样板检测分段压道线弧度，用样箱检测分段及整体。压制分为多次进行，压制过程中及时采用样箱检测弧度是否满足要求，若不满足，则需根据样箱尺寸及时纠偏。压制成形及压制曲率检查如图 8-31 所示。

图 8-31 压制成形及压制曲率检查

在压制成形后、焊接之前，应对成形的组合面板进行再检验，根据提供的尺寸参照表（见表8-6），沿高度方向检验压制成形质量。

表8-6　尺寸参照标准　　　　　　　　　　　　（单位：mm）

压　制　前			成　形　后	
高度	板宽	加预留后板宽	高度	端点间距
0	2245.6	2445.6	0	1979.9
500	2289.8	2489.8	500	2089.2
1000	2332.2	2532.2	1000	2184.3
1500	2371	2571	1500	2264.8
2000	2404.2	2604.2	2000	2329.9
2500	2428.2	2628.2	2500	2378.2
3000	2439.7	2639.7	3000	2407.8
3500	2433.5	2633.5	3500	2415.5
4000	2400	2600	4000	2396.7

整体压制后切割压制余量（见图8-32）。为了确保钢板压制成形后不出现裂纹，在钢板压制成形后对压制区域进行超声波检测。

图8-32　整体压制后切割压制余量

3. 拼装焊接流程

拼装焊接顺序为：4块面板组装、焊接（设置临时加强措施）→水平板组装、定位焊固定→竖向板组装定位焊固定→内部板焊接。

1）对单片钢板多次压制部位进行局部正火处理，使该部分材料的组织接近材料原始组织。

2）单片切割去除余量，焊接坡口严格按图样及焊接工艺卡要求进行切割拼接坡口，清除毛刺。

3）按图样尺寸进行 4 块面板组对、校正、拼装及定位焊。

4）在构件两端端口及中间加装临时加强措施，防止焊接变形。

5）按焊接工艺要求对构件 4 条直缝进行焊接。焊接完成后进行超声波检测。

6）拆除临时加强措施，复检尺寸，并进行局部校正。

7）内部板装配焊接：①在圆方内壁按图样尺寸划出筋板位置线。②按构件内壁位置线，先装配构件中部水平筋板，再装配构件竖向加筋板，最后装配构件两端水平筋板。③筋板采取双面坡口焊接，采取措施控制面板的焊接变形，保证其平面度。

8）在方口端外部圆角处堆焊成直角，并打磨光滑。

圆方节点拼装焊接流程见表 8-7。

表 8-7　圆方节点拼装焊接流程

拼装焊接流程	流程一：面板压制完成后拼装第一个面板	流程二：拼装两块侧向面板，并在柱中和两端设置三层加固措施	流程三：拼装顶部面板，并按流程二中的要求设置加固措施，保证 4 个面板的定位。面板拼装完成后进行 4 条拼缝的焊接	流程四：面板 4 条焊缝无损检测合格后开始组装内部板，先安装柱中的水平板，再进行定位焊固定
图片示意		a) 示意图 b) 现场图	a) 示意图 b) 现场图	

（续）

拼装焊接流程	流程五：安装竖向板（先将竖向板组焊成T形再与管壁进行组焊），进行定位焊固定	流程六：安装柱两侧的水平板，进行定位焊固定。待所有板组装完成，尺寸检测合格后统一进行焊接。焊接顺序为从中间往两边	流程七：无损检测，并经验收合格后进行喷砂除锈、最后进行底漆和中间漆施工，完成圆方节点制作	
图片示意		a)示意图 b)现场图		

4. 焊接方法

圆方节点加工主要分为两部分：管壁和内部板；焊缝也分为两种：管壁与管壁对接焊缝、板与板及板与管壁对接焊缝。

（1）管壁焊接方法

4块弧形面板拼装在一起时，拼接处形成一条厚板渐变坡口的不规则弧形长焊缝，由方口端的90°渐变到圆口端的0°（见图8-33~图8-35）。

图8-33　对接坡口示意图

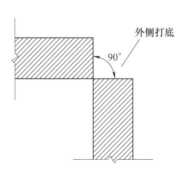

图8-34　方口坡口示意图

管壁分 4 块压制完成后进行拼焊，焊缝采用埋弧焊，通过多次翻身的多层多道焊接来控制焊接变形。焊缝分段如图 8-36 所示。

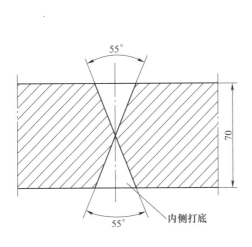

图 8-35　圆口坡口示意图

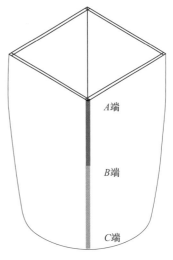

图 8-36　焊缝分段示意图

对单条焊缝整体焊接顺序介绍如下。

1）未放在焊接工装平台前，先清理焊缝及近焊缝区域，然后两人同时面对面焊接 BC 段，其中 AB 段长度 1.8m，BC 段长度 2.2m。在外侧采用气体保护焊进行 3 道打底，依次完成 4 条 BC 段打底。如有坡口不到位时，则先对坡口进行碳弧气刨，以防止变形。

2）将圆方节点放置于工装平台上，AB 段在内侧采用气体保护焊打底 3 道，如有坡口不到位时，则先对坡口进行碳弧气刨。打底 AB 段内侧采用埋弧焊焊接内侧，焊接采用多层多道焊，按照对角方式完成 4 条焊缝内侧的焊接。

3）碳弧气刨 BC 段内测，采用气体保护焊，焊接注意采用多层多道焊。

4）碳弧气刨清根 AB 段外侧，由于节点拼接在一起时，越接近 A 端，坡口尺寸越小，直至没有坡口，碳弧气刨需刨削一定宽度，以便焊接。

5）在焊接过程中，如发现圆度等有明显变形时，应暂停焊接，待纠偏处理后再继续焊接。

（2）内部板焊接方法

管壁拼焊完成后再依次组装水平板和竖向板，最后进行焊接，焊接方法采用多层多道 CO_2 气体保护焊。焊接顺序为先焊水平板，再焊竖向板；先焊中间再焊两边。内部板焊缝修改为半熔透焊缝+角焊缝的组合焊缝。

（3）焊缝返修

焊接完成后，如果存在无损检测不合格的焊缝，则按补焊工艺进行返修。补焊采用碳弧气刨清根，CO_2 气体保护焊进行焊接。

（4）焊缝检测

超声波检测方法及评定依据按照 GB/T 11345—2023《焊缝无损检测超声检测技术、检测等级和评定》进行，其合格等级应为该标准 B 级检测的 Ⅱ 级及 Ⅱ 级以上。

焊缝检测的要求为：全熔透对接焊按 100% 超声波检测；局部熔透对接焊及其中焊脚 >12mm 的角焊按≥20%进行超声波检测。

8.3.4　本节小结

圆方节点板通过液压机压制成形，较热轧成形或采用铸钢件、锻钢件等大大降低了成本。圆方节点的外壳面板为平行压制，压道线平行布置，与常规压道线为圆锥射线状分布的压制工艺相比，其优点是避免了径厚比越来越小（趋于零），超出规范、超出实际压制能力的问题。保证了节点板能顺利实现压制成形，而且压制成形后其母材不受损伤，性能满足要求，压制完成后板材拼接处的弧形渐变坡口也与常规的焊接方式有所不同。

8.4　超大型组合巨柱焊接变形控制

随着建筑钢结构市场的迅速发展，一些超高层建筑项目中设计了超大型的组合巨柱。由于这些巨柱结构较为复杂，对母材材质要求较高，且板厚较厚，焊接工作量大，所以控制巨柱的焊接变形显得尤为重要。在巨柱的制作过程中，若不控制好焊接变形，则会给焊后的矫正工序带来很大的困难。

如图 8-37 所示，以某超高层项目为例，巨型钢柱平面尺寸长为 22.8m，宽为 24m，巨柱总高度为 19.15m，总重约 1607t。根据项目吊装现场分段要求，划分为 6 层 41 个单元，其中重量最大的单元约为 57.6t，外形尺寸最大为 4061mm×6000mm×3300mm。巨柱壁厚 80mm、100mm，柱底板厚 100mm，内部竖板厚 60mm。材质为 Q355GJC-Z25、Q355GJC-Z35 及 Q390GJD-Z25、Q390GJD-Z35。

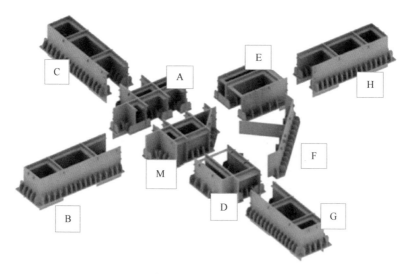

图 8-37　某超高层项目地下一节巨型单元分段图

图 8-38 所示为地下室一节巨柱 B 单元和四节巨柱 D 单元三维简图，此类单元截面外形尺寸较大，主要由柱脚底板、壁板和隔板等组装焊接而成。

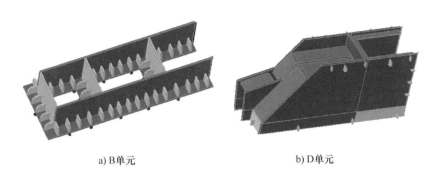

a) B单元   b) D单元

图 8-38　具有代表性的超大型组合巨柱

8.4.1　巨柱单元焊接变形的种类

巨柱单元焊接变形主要种类为：焊接收缩变形和角变形。

1. 焊接收缩变形

按方向可分为两种：一是构件焊后在焊缝方向发生收缩的纵向收缩变形；二是在垂直于焊缝方向发生收缩的横向收缩变形（见图 8-39）。其中，纵向收缩变形主要产生原因是焊后焊缝及其附近金属纵向收缩所引起的。横向收缩变形主要是由于近缝高温区金属在横向的热膨胀中受到附近温度较低金属阻碍，被挤压而产生了横向的压缩塑性变形，冷却后使整个接头产生了横向收缩变形。

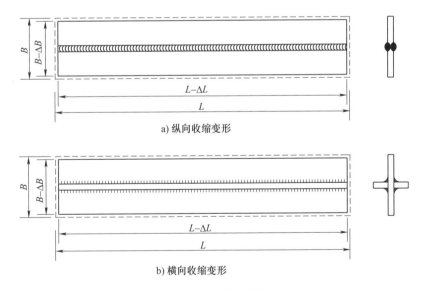

a) 纵向收缩变形

b) 横向收缩变形

图 8-39　纵向和横向收缩变形

2. 角变形

焊后构件的平面绕焊缝产生的角位移（见图 8-40）。主要由于焊接区沿板厚方向不均匀的横向收缩而引起的转变形。

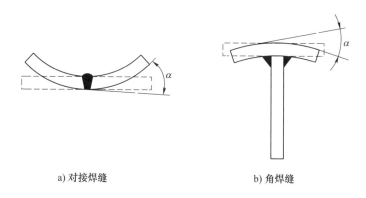

a) 对接焊缝   b) 角焊缝

图 8-40　角变形

上述两种类型的变形，在焊接结构生产中往往并不是单独出现的，而是同时出现且互相影响的。

8.4.2　焊接变形控制的设计措施

1. 合理选择焊缝形式和尺寸

1）采用 X 形或 K 形坡口，避免采用单面坡口，如图 8-41 所示。

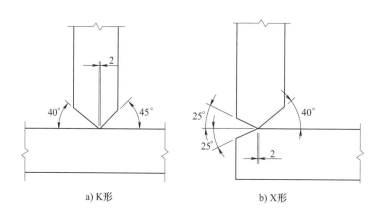

a) K形   b) X形

图 8-41　坡口形式

2）适当减小坡口的大小，减少填充量。如图 8-42 所示，自然坡口为 55°，角度过大，经坡口优化，采用反坡，将坡口开成 40°。

2. 减少不必要的焊缝

考虑到巨柱单元在结构中的重要性，设计时巨柱空间较大，但为了满足运输及现场吊装要求，巨柱单元要划分成若干分段，同时为了减少现场焊接工作量，巨柱单元的分段工艺要求在满足车间制作及运输的条件下，尽量增大分段单元的重量。划分后的每个巨柱单元块体重量为 55~60t。

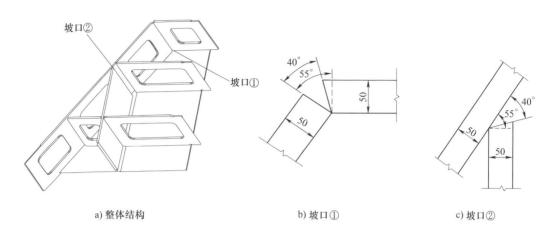

a) 整体结构　　　　　　　　　b) 坡口①　　　　　　　　　　c) 坡口②

图 8-42　焊接坡口优化

3. 合理安排焊缝的位置

在第一节巨柱制作过程中，遇到 60mm 与 80mm 厚板 L 形角接焊缝。为了减小焊接变形，通过将大坡口开在较薄的 60mm 板上，减少了焊接的填充量，如图 8-43 所示。

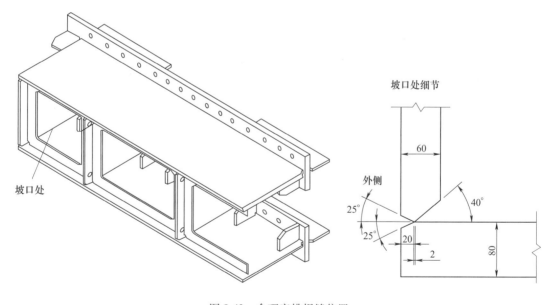

图 8-43　合理安排焊缝位置

8.4.3　焊接变形控制的工艺措施

1. 反变形法

平板对接时，焊接前在开坡口侧背面设置 2°~3°反变形，以抵消焊后的横向变形，如图 8-44 所示。

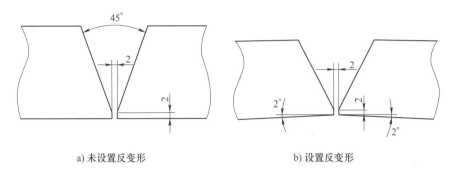

a) 未设置反变形   b) 设置反变形

图 8-44 反变形示意图

2. 刚性固定法

在巨柱单元的制作过程中，加设临时支撑，能够有效地减少焊接变形。具体工程实例如图 8-45 所示。

a) 斜撑固定   b) 拉杆固定

图 8-45 刚性固定法实例图

3. 合理选择焊接方法和规范

在巨柱制作过程中，考虑到热输入对焊接变形的影响，在容易发生焊接变形的部位，尽量避免采用热输入较大的埋弧焊进行焊接。同时，严格控制焊接电流、电弧电压、焊接速度等参数，尽量减小焊接的热输入量。

对长焊缝应采用分段退焊法或跳焊法施焊，避免热量过分集中；长焊缝可同时安排两名焊工从焊缝中心线往两端焊接，如图 8-46 所示。

4. 选择合理的装配焊接顺序

以一节巨柱 B 单元的装配焊接顺序为例进行介绍。

1）底板拼接。为了减小焊接变形，对称截面的构件应对称于构件中性轴焊接。因此，同时安排 2 名焊工焊接焊缝 A_1、A_2；再同时安排两名焊工焊接焊缝 B_1、B_2，如图 8-47 所示。

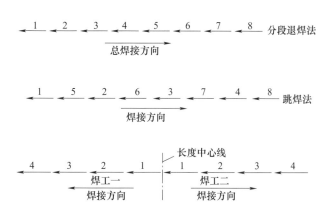

图 8-46　合理的焊接顺序示意图

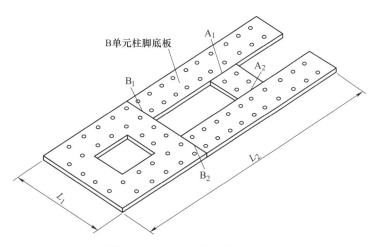

图 8-47　合理的焊接顺序示意图

2）安排 3 名焊工同时焊接 J、K、L 焊缝。同时，为了减小焊接变形，按图 8-48 所示顺序进行焊接。

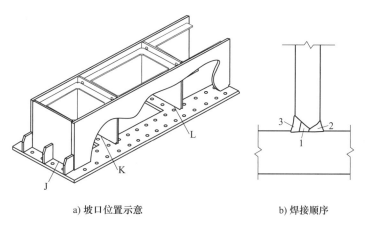

a) 坡口位置示意　　　　　　b) 焊接顺序

图 8-48　隔板焊接顺序

3）将块体侧翻 90°（见图 8-49），安排 3 名气体保护焊焊工同时焊接 D、F、H 焊缝。安排 4 名气体保护焊焊工从中间往两边分别同时对称焊接 M、N 焊缝，先焊大坡口侧并填充至坡口深度的一半位置。

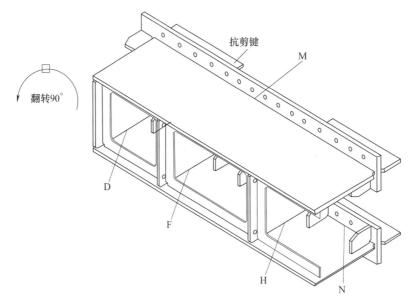

图 8-49　翻转 90°焊接的焊缝

4）将块体侧翻 180°（见图 8-50），安排 3 名气体保护焊焊工同时焊接 C、E、G 焊缝。对 M、N 焊缝背面进行清根，安排 2 名气体保护焊焊工从中间往两边同时对称焊接 M 焊缝。安排埋弧焊焊工对 N 焊缝填充并盖面，完成小坡口处的施焊。

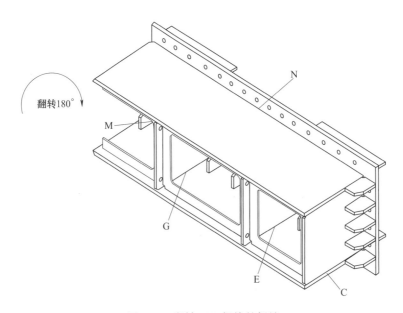

图 8-50　翻转 180°焊接的焊缝

5）将块体侧翻 180°，安排两名气体保护焊焊工分别同时对称焊接 N 焊缝的大坡口处（见图 8-51），进行填充并盖面，最终完成底板与主要壁板的焊接。

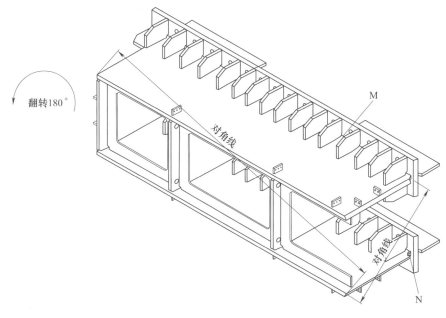

图 8-51　N 焊缝大坡口处焊接

超大型组合巨柱在钢构件加工制作前的设计阶段和制作焊接过程中的施工阶段均采取了有效的焊接变形控制措施，取得了良好的效果。图 8-52 所示分别为某层一超大型组合巨柱单元和地下一节巨柱整体预拼装制作的实景。

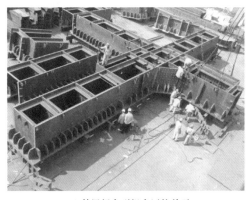

a) 某层超大型组合巨柱单元

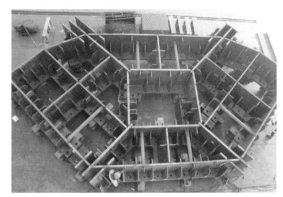

b) 地下一节巨柱结构

图 8-52　超大型组合巨柱制作实景

8.4.4　本节小结

针对大型组合巨柱，通过设置反变形，增加防变形支撑，合理采用焊接顺序、焊接规范等方式，较好地控制了焊接变形。通过超大型组合巨柱的制作，丰富了国内外超大型多腔体组合巨柱的焊接技术，同时为今后类似项目的大型巨柱焊接变形控制提供了重要的参考。

8.5 异形多腔体巨型钢柱现场焊接技术

8.5.1 多腔体巨型钢柱概述

巨型钢柱是由 50mm、60mm、80mm、100mm 厚钢板组成的箱体结构，材质为 Q390GJC、Q355GJC。地下室阶段单根巨型钢柱平面尺寸长为 24m，宽为 22.5m，重约 1607t，共分为 41 个现场拼接单元（见图 8-53），最重单元 60t。在异形腔体单元施工过程中组拼单元数量众多，拼接焊缝纵横交错（见图 8-54），因此选择合理的焊接顺序和焊接工艺，尽量减小焊接残余应力及残余变形是保证施工质量的关键。焊接工艺、焊接顺序及构件焊接应力变形的控制是巨柱施工的核心技术。

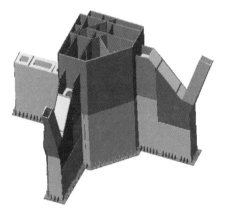

图 8-53　多腔体巨型钢柱拼装示意图　　　　图 8-54　多腔体巨型钢柱拼接焊缝示意图

8.5.2 多腔体巨型钢柱组拼技术原理及流程

多腔体巨型钢柱组拼单元众多。大部分单元都存在三个方向的拼接焊缝，部分核心单元同时存在上、下、四周共 6 个方向的焊缝。焊缝纵横交错，焊接填充量巨大，若焊缝顺序不当，则焊接过程中的焊接收缩势必会带来较大的焊接残余应力，对工程质量造成影响。对于减小焊接残余应力，结构整体的施焊原则主旨为：整体分步骤依次焊接；前一步骤的焊接工序对下步骤的焊接工序约束最小。对于拼装单元来说，每个单元都同时存在两种类型的焊缝：一是同一节单元间立焊缝；二是上下节间的横焊缝。首先对立焊和横焊的先后顺序进行分析。如图 8-55 所示，利用简单的单元模型 1、2 和 3 可知，在 3 个单元间同时存在 2 单元与3 单元之间的立焊，2、3 单元与 1 单元之间的横焊。

图 8-55　拼装单元立面

如图 8-56 所示，若先进行横焊，则会给 2 单元和 3 单元带来较大的约束，再进行立焊时不能自由收缩，从而造成较大的残余应力。如图 8-57 所示，若先进行立焊，2 单元和 3 单元的水平收缩不受约束的同时，并没有给第二步的横焊带来约束。因此，在横焊时，2 单元和 3 单元作为整体仍然可以垂直自由收缩。由此可得出，对于多腔体多单元的组拼焊接，先进行同一标高单元间的立焊焊接，将同一标高同一节的单元构件焊接成整体，再进行上下节单元间的横焊焊接。根据以上原则，可知多腔体巨型钢柱的焊接工艺流程，如图 8-58 所示。

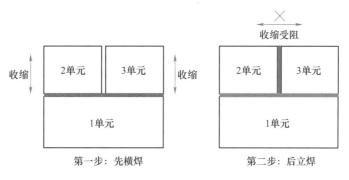

图 8-56　先横焊方案示意

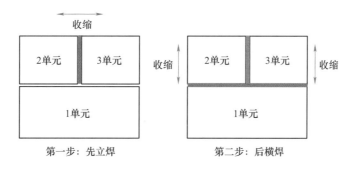

图 8-57　先立焊方案示意

8.5.3　异形单元的焊接顺序

确定异形单元构件焊接顺序的原则如下。

1）同一截面的焊缝尽量同步同时焊接，不同步焊接会造成构件同一截面内因热量不均而产生变形。

2）同时焊接的焊缝位置与焊接方向尽量保证对称原则。对称焊接可以使构件在焊接过程中的升温与降温都是均匀对称的，构件的收缩也是均匀对称的，从而可很好地控制构件的整体变形。

3）分步骤焊接时，先焊长度较长、填充量较大的焊缝，后焊长度较短、填充量较小的焊缝。

1. "西"字形截面的焊接

"西"字形截面共 13 条焊缝，首先将外围的 9 条焊缝沿顺时针方向对称焊接，焊缝总

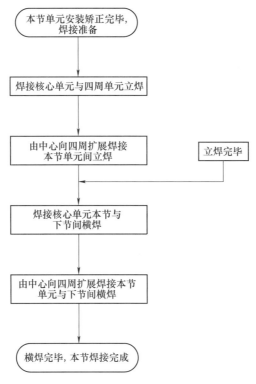

图 8-58　多腔体巨型钢柱焊接工艺流程图

长度 13.3m；再将内部的 4 条焊缝同时焊接完成，焊缝总长度 5.28m（见表 8-8）。

　　因为腔体空间狭小，若内外同时焊接，则腔体内部的温度会高达 50~60℃，人员无法操作，所以出于安全考虑，腔体内外的焊缝必须分开焊接。而腔体外围焊缝的长度和填充量均较大，因此首先焊接外围焊缝。

表 8-8　"西"字形截面焊接

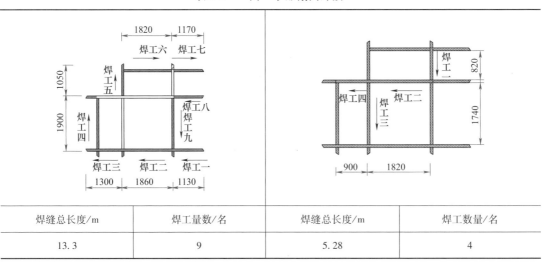

焊缝总长度/m	焊工量数/名	焊缝总长度/m	焊工数量/名
13.3	9	5.28	4

注：→代表焊接方向。

2."日"字形截面的焊接

"日"字形截面共 7 条焊缝，首先同时对称焊接长度方向的 3 条长焊缝，焊缝总长度 11.92m；再同时对称焊接宽度方向的 4 条短焊缝，焊缝总长度 5.28m（见表 8-9）。

长度方向的焊缝较长，达到 4.5m。为防止因焊接长度过长而造成焊缝收尾温度不均，焊接残余应力难以释放，长度超过 2m 的焊缝需要进行多人多段焊接，且每名焊工的施焊长度不宜超过 1.5m。

表 8-9　"日"字形截面焊接

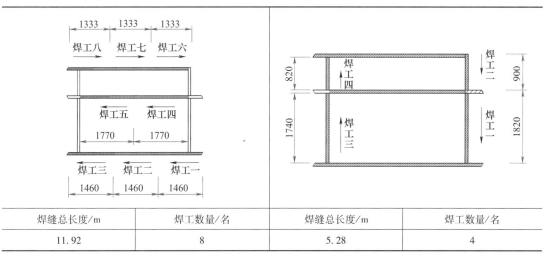

焊缝总长度/m	焊工数量/名	焊缝总长度/m	焊工数量/名
11.92	8	5.28	4

注：→代表焊接方向。

3. 双三角截面的焊接

双三角截面共 9 条焊缝，共分三步焊接：首先对称焊接外围的 4 条焊缝，焊缝总长度 13.1m；再焊接腔体内部的 3 条焊缝，焊缝总长度 5.56m；最后焊接腔体两侧的短焊缝，焊缝总长度约 1.6m（见表 8-10）。

表 8-10　双三角截面焊接

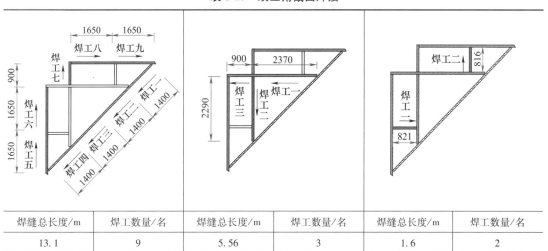

焊缝总长度/m	焊工数量/名	焊缝总长度/m	焊工数量/名	焊缝总长度/m	焊工数量/名
13.1	9	5.56	3	1.6	2

在腔体内部隔板横纵交错的情况下，人员在焊接过程中，四周的隔板尽量不要同时施焊，以免因环境温度高而造成操作人员的不适。

8.5.4　工艺措施及温度控制

1. 坡口的选取

巨型钢柱由厚度为 60mm、80mm 和 100mm 的钢板组成，材质为 Q390GJC 和 Q355GJC。对于超厚板全熔透焊接的坡口选取，规范中没有明确的说明与范例。坡口角度越大，间隙越大，越能避免出现因未熔透而导致的缺陷；而焊接坡口大则填充量大，不仅会造成较大的焊接变形，并且非常不经济。

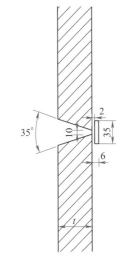

巨型钢柱现场焊接坡口选用 V 形坡口反面加衬板的方式，间隙 10mm，横焊缝为单边 V 形坡口，立焊缝为双边 V 形坡口，坡口角度均为 35°，如图 8-59 所示。此种坡口形式比规范中建议的 45°明显减小，可大大减少焊接填充量，并能保证全熔透焊缝的质量。焊接现场如图 8-60 所示。

图 8-59　对接焊缝坡口形式

图 8-60　焊接现场

2. 焊接工艺的控制

由于巨型钢柱单元最长焊缝达 10m，为减小构件因不均匀受热而导致产生残余应力与变形，每条焊缝均采用分段焊接方法，即多名焊工同一时间在同一条焊缝上分段焊接。在施焊前期，每名焊工依次进行施焊，即接焊焊工在前一名焊工收弧位置起弧，待整条焊缝每一分段都有一名焊工施焊时，全部焊接作业均已展开，各负责一段焊缝，逐层施焊。多段焊分段接头处理方式见表 8-11。

表 8-11　多段焊分段接头处理方式

步　骤	图形示意	文字说明
第一步	1500　1500　1500　焊工一	焊工一开始第一道焊缝的施焊
第二步	1500　1500　1500　焊工二　焊工一　焊工一	焊工二在焊工一收弧位置起弧，开始施焊，同时焊工一开始第二道焊缝的施焊
第三步	1500　1500　1500　焊工三　焊工二　焊工一　焊工二　焊工一　焊工一	焊工三在焊工二收弧位置起弧开始施焊，同时焊工二接焊工一第二道焊缝，焊工一开始第三道焊缝的施焊

注：— — — —代表未施焊焊道；————代表施焊焊道。

分段焊接头处的每道焊缝应错开至少 50mm 的间隙，避免接头全部留在一个断面，如图 8-61 所示。

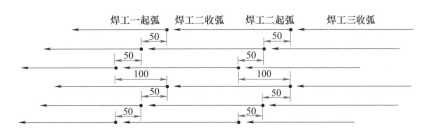

图 8-61　焊道分段接头处理

3. 焊接温度控制

焊前预热及层间温度采用电加热器加热，并采用专用的测温仪器测量（见图 8-62～图 8-64。预热的加热区域应在焊接坡口两侧，宽度应各为焊件施焊处厚度的 1.5 倍以上，且不小于 100mm，预热温度宜在焊件反面测量，测温点应在距电弧经过前的焊接点各方向不小于 75mm。

焊接温度的控制分为焊前预热、焊接层间温度控制和焊后加热保温三个步骤，见表 8-12。

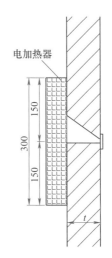

图 8-62　电加热器布置示意图

图 8-63　磁铁式电加热器

图 8-64　智能温控箱

表 8-12　厚板温度控制参数

板厚/mm	焊前预热温度/℃	层间温度/℃	焊后保温温度/℃	焊后保温时间/min
100、80	140	160~190	200~250	120
60、50	100、80	120~150	200~250	70

（1）焊前预热

板件焊前使用电加热设备对焊接坡口两侧 150mm 范围内进行加热，加热温度根据不同的板厚进行确定。

（2）层间温控

多层焊时应连续施焊，每一道焊缝焊接完成后应及时清理焊渣及表面飞溅物。连续施焊过程中应控制焊接区母材温度，使层间温度控在 120~190℃ 之间。遇到中断施焊的情况，应采取后热、保温措施，再次焊接时重新预热温度高于初始预热温度。

（3）后热处理

焊接完成后使用电加热设备在焊缝两侧 3 倍板厚范围内且不小于 200mm 加热至 200~250℃，保持时间 70~120min，同时本工程采用保温岩棉作为焊缝的保温材料，焊缝保温的主要措施是：用保温岩棉将其覆盖，并用铁丝将岩棉绑扎严密，岩棉的覆盖范围应在焊缝周围 600~1000mm，覆盖时间为 2~3h。

8.5.5　巨型钢柱组拼焊接成效

通过理论分析与施工实践相结合的方式，总结出的多腔体巨型钢柱组拼焊接方法。在施工中取得了良好的效果。焊缝一次合格率达到 99.5%，详见表 8-13。

表 8-13　巨型钢柱焊缝合格率

编　　号	焊缝数量/条	一次无损检测合格数量/条	返修焊缝数量/条	合格率（%）
1	84	84	0	100
2	168	167	1	99.4
3	148	146	2	99.3
4	148	148	0	100
5	108	108	0	100
6	136	135	1	99.3
合计	792	788	4	99.5

巨型钢柱的拼装精度得到很好的控制，整体轴线焊后偏差控制在 5mm 以内，见表 8-14。

表 8-14 巨型钢柱变形测量结果

编　号	焊前南北侧偏移量 /mm	焊前东西侧偏移量 /mm	焊后南北侧偏移量 /mm	焊后东西侧偏移量 /mm
1	2	−1	2	−2
2	0	−1	1	−1
3	2	0	2	1
4	1	2	2	2
5	−2	1	−2	1
6	−3	3	−3	4

注：东侧、北侧为"+"，西侧、南侧为"−"。

8.5.6　狭小腔体内工作环境的改善

多腔体巨型钢柱在焊接过程中，有较多的焊缝需要操作人员在腔体内部焊接完成。而腔体内部属于狭小空间，最小腔体间距仅为 800mm。腔体内部焊接所产生的烟尘、高温都会给操作人员带来伤害，影响操作人员身体健康的同时也无法保证施工质量。为了保障施工人员的身体健康，以人为本，创造适宜的操作环境，本工程采用吸尘与降温两种措施来改善狭小腔体内部的工作环境（见图 8-65）。

a) 排气扇

b) 冷风机

c) 冰块

图 8-65　排烟降温措施

1. 吸尘

本项目在腔体顶部设置排气扇，在焊接的同时不断将焊接产生的烟尘抽出腔体。相邻腔体隔板上设置空气流通孔，焊接时控制相邻的腔体不同时进行焊接作业，这样焊接的腔体内部被抽出的空气可以从相邻腔体得到补充。

2. 降温

本工程位于天津市，夏季日照时间长、温度高，在腔体内焊接时环境温度最高可达60℃。如无法及时降温，持续的高温将对焊工身体健康及生命安全造成严重威胁。针对这一情况，项目采用工业冷风机设备在操作空间相邻的腔体向操作腔体输送冷气；在操作的腔体内部设置冰块降温等方法降低温度。

一次放入腔体 2m³ 左右冰块，利用冰块融化吸收大量的热量，可起到制冷 4h 的作用，将腔体内部温度降低 7~8℃。

通过这些措施较好地改善了异形巨柱狭小腔体内焊接作业的环境，减少焊接工人的不适，大大提高了工作效率，有利于现场施工工作的开展。

8.5.7　本节小结

本方法适用于异形多腔体巨型钢柱厚板焊接施工，对其他类似钢结构施工具有较高的参考价值。通过对现场的实际情况与理论性的结合，对超高层多腔体巨型钢柱焊接有如下总结。

1）多腔体多单元钢结构的整体焊接顺序，先进行同一标高单元间的立焊，再进行单元之间的横焊。在进行立焊与横焊时，都宜由中心单元向四周单元扩散焊接。

2）焊接工艺宜采用多层多道焊，长焊缝采用多焊工分段焊，保证结构焊接过程受热均匀。

3）需要对焊缝的焊前、焊中和焊后进行全程的温度控制，焊后的保温和消氢处理对于焊后应力的消减尤为重要。

4）狭小空间内工作环境可以使用排风扇、冷风机、冰块等进行改善，在保障施焊人员身体健康的同时，可大幅提高工作效率。

8.6　厚板箱形 K 节点防层状撕裂焊接工艺研究

8.6.1　技术背景

马来西亚吉隆坡标志塔位于吉隆坡 TRX 金融国际中心，工程地下 7 层、地上 93 层，地上总高度 438.37m。钢材材质执行欧洲标准，最高强度等级为 S460M，最大板厚达 75mm。其中，塔冠工程量约为 3000t，结构呈立面斜交网格状，构件形式为箱形柱/梁、箱形"米"字节点、箱形 K 节点（见图 8-66）等。

图 8-66 箱形 K 节点构件

由于结构设计的需要，该项目制作过程中存在大量的 T 形接头、十字接头和角接接头，并且均为厚板、超厚板焊接，在强制约束的条件下易发生层状撕裂。特别是箱形 K 节点构件，在主体翼缘板侧和腹板侧均存在箱形牛腿构件，牛腿焊缝与本体焊缝交叉重叠，节点区存在很强的拉伸应力，同时由于钢材本身非金属夹杂物的存在，所以极易诱发层状裂纹的产生。

8.6.2 层状撕裂的产生机理及影响因素

1. 层状撕裂产生机理

层状撕裂既可在焊接过程中及焊后冷却过程中产生，也可在焊接完成数周后产生。由于结构已安装且已施加外部荷载，所以后者的危害性往往更甚。层状撕裂产生的主要原因是钢材中含有微量的非金属夹杂物，这些夹杂物沿钢材轧制方向平行排列并且与金属基体的结合强度较弱，自身强度也很低。因此，当厚大钢板 Z 向焊接拘束应力及其他形式拉应力在板厚方向产生的应变超过母材金属的塑性变形能力时，会在夹杂物与基体金属弱结合面处产生微裂纹，随着荷载增加，微裂纹开始扩展逐步形成大裂纹，裂纹继续扩展，便出现多处相互平行的"平台"，如图 8-67 所示。这些平台在剪切力的作用下，从一个层状平面扩展到另一个层状平面，形成台阶式的层状撕裂。

2. 层状撕裂的主要影响因素

（1）钢材材质

钢中含有 O、N、S 等元素，在钢冷却和凝固时析出并与 Fe 和其他金属元素等结合成为

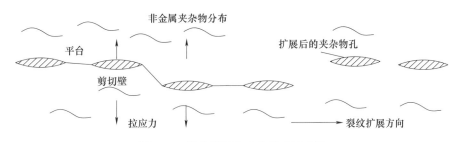

图 8-67　层状撕裂形成的微观示意图

各种化合物，称为非金属夹杂物，常见的有 MnS、SiO_2、Al_2O_3 等。夹杂物破坏了金属基体的连续性，特别是片状或条状分布的硫化物和硅酸盐，对层状撕裂敏感性较大。

（2）焊接工艺

焊缝尺寸、接头形状、预热和焊接方法等都会对层状撕裂敏感性产生不同程度影响。一是焊缝尺寸的大小，其直接影响到热影响区的大小；二是焊接坡口的形式，决定着结构连接的受力方式及焊后的残余应力；三是焊接方法，由于不同的焊接方法产生的焊接热输入不同，因此对层状撕裂影响程度也不同。四是焊接顺序、焊道层数、预热温度和焊后热处理，对层状撕裂也有显著影响。

8.6.3　箱形 K 节点防层状撕裂焊接工艺措施

1. 焊接接头及坡口层道设计

箱形主体均开设 V 形双边坡口焊缝，在满足接头强度的前提下，用焊接量少的部分熔透焊缝取代全熔透焊缝，同时针对不同板厚制定严格的坡口深度，如图 8-68 所示。焊接接头采用多层多道焊接，层道次序考虑接头局部缓冲效应，每层布置的第一道焊缝，均从翼板侧开始，如图 8-69 所示。

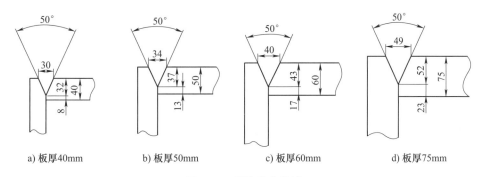

a) 板厚40mm　　　b) 板厚50mm　　　c) 板厚60mm　　　d) 板厚75mm

图 8-68　焊接接头设计

2. 焊接方法

为控制焊接热输入，主体焊缝采用药芯焊丝气体保护焊打底、埋弧焊填充盖面，牛腿焊缝一律采用药芯焊丝气体保护焊。其中，主体焊缝焊接参数见表 8-15。

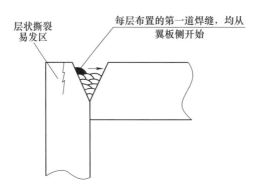

图 8-69　考虑连接范围缓冲的焊接层道布置原则

表 8-15　主体焊缝焊接参数

焊接层道	焊接方法	焊丝直径/mm	焊接电流/A	电弧电压/V	焊接速度/(cm/min)	备　　注
打底层	FCAW	1.2	200~220	24~28	30~40	打底深度15~20mm
填充层	SAW	5.0	600~650	30~32	28~32	—
盖面层	SAW	5.0	600~650	30~32	28~32	—

3. 焊接顺序设计

（1）箱形构件主体焊接顺序

由于箱形构件应力应变状态的复杂性，因此使焊接接头中钢板 Z 向受力增大，增加了层状撕裂的倾向性。如图 8-70 所示，采取正面坡口焊接完成 1/3~1/2，然后翻身完成背面坡口焊缝焊接，再翻身完成正面焊缝焊接，从而控制构件的应力应变状态。

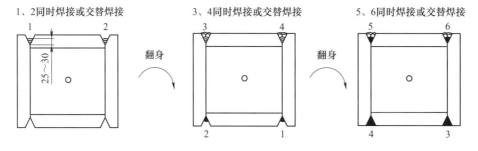

图 8-70　箱形构件主体焊接顺序

注：1~6 为焊缝代号。

（2）K 形节段牛腿与主体的焊接顺序

箱形牛腿和箱形主体为刚性连接，拘束应力较大，主体区域易发生层状撕裂，特别是图 8-71 中红色标记区域。因此，焊接时必须采用控制层状撕裂的焊接顺序进行，防止层状撕裂发生。具体焊接顺序如图 8-71 所示。其中，①完成牛腿 1 沿主体高度方向且背离牛腿 2

侧焊缝焊接。②两侧对称完成牛腿 2 沿主体高度方向焊缝焊接，起到端部延伸的作用。③完成牛腿 1 沿主体高度方向且靠近牛腿 2 侧焊缝焊接。④完成牛腿 1/2 沿主体宽度方向焊缝的焊接。

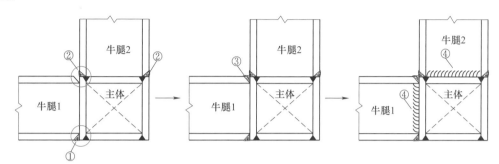

图 8-71　K 形节段牛腿与主体的焊接顺序

4. 预热、后热及层间温度控制

焊前预热可以有效地控制焊缝金属的冷却速度，降低脆硬组织的脆化，提高材料抗层状撕裂的能力。焊后保温可降低焊缝脆硬组织和冷裂纹的出现倾向，预防厚板层状撕裂的产生。预热及层间温度控制要求见表 8-16，焊后后热采用石棉布保温处理，需符合表 8-17 的规定，预热及后热过程如图 8-72 所示。

表 8-16　预热及层间温度控制要求

序　号	材　质	板厚 t/mm	最低预热温度/℃	层间温度/℃
1	S355JR、Q355B	≥40	80	100~250
2	S460	20≤t≤40	80	100~250
3	S460	≥40	100	100~250

表 8-17　焊后后热要求

序　号	材　质	板厚 t/mm	温度/℃	保温时间/h
1	S355JR、Q355B	≥40	200~250	1~2
2	S460	≥40	200~250	1~2

a) 预热

b) 后热

图 8-72　预热及后热过程

8.7　片式钢板墙结构组焊工艺

8.7.1　技术背景

超高层建筑作为社会经济发展和科技进步的重要标志，一直是世界各国争相追逐的对象。近年来，超高层建筑在我国得到了蓬勃发展，在全球高度排名前 20 的超高层建筑中，有一半坐落在中国。而钢板混凝土剪力墙以其优秀的延展性、抗侧性能和抗震性能，得到了广泛的应用，如天津津塔核心筒采用了"加劲钢板墙"；武汉中心、武汉绿地中心、长沙国际金融中心采用了"单片式钢板墙"的剪力墙结构；广州东塔（530m）和天津 117（597m）采用了"单片+双层组合钢板墙"剪力墙结构。其中，片式钢板墙（见图 8-73）单元以其力学性能好、结构轻巧，更加受到设计及业主方的青睐。然而，片式钢板墙因自身刚度差、焊接变形不易控制等因素给加工制造带来不小的难度。

图 8-73　片式钢板墙结构

8.7.2　片式钢板墙结构加工制作分析

1）钢板墙结构包括暗梁、暗柱、板墙等零件，暗梁、暗柱与板墙之间要求熔透焊接，焊缝长且焊接热输入量大，焊接变形控制技术及矫正措施是加工制造的重点和难点。

2）钢板墙结构片体上存在大量高强螺栓孔，钻孔精度控制是加工制造的重点和难点。

3）因为钢板墙面积大，一般为中厚板结构，焊接变形及火焰矫正必然导致零件尺寸收缩，所以钢板墙结构余量加设是加工制造的重点。

8.7.3　片式钢板墙组焊工艺

如图 8-74 所示，钢板墙截面达 12200mm×3200mm，钢板厚度 20mm，由下片体、中片体、上片体和 H 形暗梁组成。每块片体与 H 形暗梁之间为一级全熔透 CP 焊缝，各片体纵向两侧方向由加劲板加强，与片体钢板的焊接为部分熔透 PP 坡口焊缝。整体结构两侧纵向各有 2 排螺栓孔群。

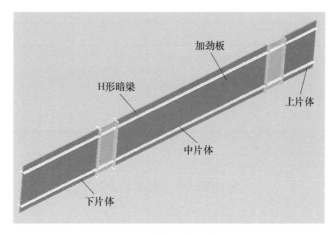

图 8-74　钢板墙三维图

1. 零件下料工艺要求

（1）余量加放

采用无余量制作，工艺排版时，上片体长度方向加设 3mm 余量，中片体长度方向加设 5mm 余量，下片体长度方向加设 3mm 收缩余量。长度方向的余量均放在需焊接侧（两侧若都需焊接，则余量均分），上片体、中片体、下片体宽度不加设焊接矫正收缩余量。

H 形暗梁长度方向加设 2~4mm 焊接收缩余量（H 形暗梁长度<2m 时加设 2mm 余量；2~2.5m 时加设 3mm 余量，>2.5m 时加设 4mm 余量），宽度方向统一加设 3mm 焊接收缩余量。H 形暗梁组立后，保证截面高度方向的公差在+2~+4mm。

（2）坡口开设

当中间片体板件两端开设坡口时，要保证坡口切割后板件的总长与工艺文件零件总长一致，不得开设根坡口，必须留 2mm 钝边，以避免短尺。

2. 片体板制作

除了高强螺栓孔之外，所有的穿筋孔、螺杆孔等，均需在片体板料下料完毕后开设。大片体可采用龙门钻进行钻孔，或辅以采用磁力钻、摇臂钻。较大的灌浆孔在下料时直接开设。

片体板开设穿筋孔、螺杆孔时，需考虑片体板加设的余量。划线定位孔时，两端孔的定位为：理论孔边距+（实际总长−理论总长）/2，一边的孔定位后，再以理论尺寸定位其他孔。

片体板下料制孔和坡口开设后，先预装加劲板，加劲板与板件为 PP 坡口，易产生变形，焊接中间需一次翻身。焊接采用 CO_2 自动焊接小车，每面安排 2 台焊接小车同时进行，焊接时从中间向两边进行。

中片体上下两端、上片体下端和下片体上端的加劲板在端部留 300mm 不焊接，待总装与 H 形构件的横向焊缝焊接完成后再焊（见图 8-75）。

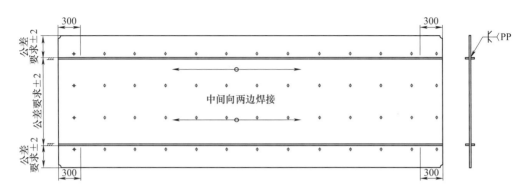

图 8-75　中片体焊接示意图

加劲板焊接完毕后，可先行焊接片体上的栓钉，减少后续工作量，少数栓钉与孔太近时可适当偏移栓钉的位置。

片体焊接完成后，若有平直度超差，则需局部矫正保证平直，以减小后续总装时产生的内应力。在车间制作过程中临时堆放时，避免因一次堆码过多过重而造成压变形，最多堆放 3 层。层间堆放时，上下层加劲板靠近，减少变形。宽度差异较大的片体在叠层堆放时，中间需用木方或搁墩，层间的木方或搁墩纵向需在一条直线上，避免堆放中因重力产生弯矩而造成变形。

3. 构件总组与焊接

片体与 H 形构件在平面胎架上进行总组，从中间向两边进行装配并定位焊，装配时应保证板边的直线度、加劲板硬档对齐在一条直线上，偏差不超过 3mm（横向 H 梁的加劲板在总组最后定位）。总组后焊前整体长度方向的旁弯不超过 3mm，用拉线进行装配后检查。总组定位时，片体之间的定位余量如图 8-76 所示。

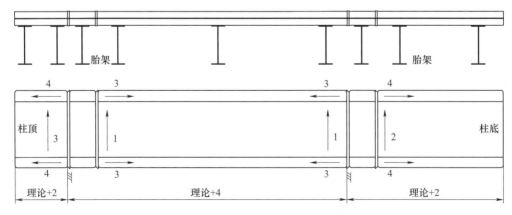

图 8-76　钢板墙组焊顺序

注：1~4 代表焊接顺序。

组装定位焊完成后，进行正面的焊接，焊接时采用 CO_2 气体保护焊，CP 坡口焊缝进行多道焊接，尽量减小每层摆动幅度，以减小反变形。焊接后进行翻身，吊装采用较长的钢丝绳，以形成小的吊装角，减少构件横向受力和变形。翻身后，CP 全熔透坡口背面采用碳弧气刨清根，再进行焊接，焊接顺序与翻身前相同。特别注意，在焊接过程中，需密切关注构件的旁弯，当旁弯超过 3mm 时，可将焊接集中在起拱度的一侧进行，用焊接热量矫正旁弯，减少后续火工矫正工作量。

4. 矫正

构件焊接完成后，局部采用小范围火工矫正，采用火工矫正时，温度不得超过 800℃，且不得使用（加水达到快速冷却的目的）矫正。

5. 制孔

（1）划线与基准

以第一排孔为基准线进行孔群的划线，确定基准线时，首先保证基准线与上牛腿的距离公差为 ±1mm，确定出基准（基准敲样冲）。然后再以确定的基准进行孔定位，孔的定位以每块连接板最上端的孔先定位。横向定位的基准以片体的中心线（图 8-77 中纵轴线）为基准，定位横向的孔距，左右孔群间的公差为 ±1mm，孔离边距 ±2mm，如图 8-77 所示。

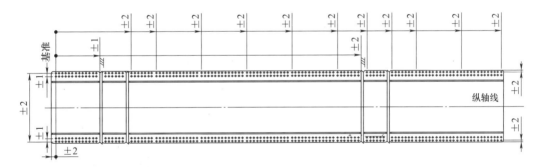

图 8-77 高强螺栓孔定位

（2）钻孔

1）若采用磁力钻，则选用连接板配钻制孔，可保证精度。钻孔时构件应平稳固定，防止因振动而磨损钻头。采用连接板进行钻孔时，先将连接板 4 个角的孔用磁力钻完成制孔，然后贴上连接板，使 4 个角孔位重合，然后定位焊连接板，进行中间的制孔。为防止连接板损坏，每个连接板最多只允许使用 2 次。

2）如果构件的整体尺寸满足龙门钻床的要求，先按上述方法确定出基准线，然后将工件的总轴线调整至与龙门钻床的纵轴线平行，以基准线为起点按理论尺寸进行孔群的打孔。

8.7.4 本节小结

以片式钢板墙结构为例，通过对制作重点、难点的可操作性分析，对零件下料、片体制作、总装定位、焊接顺序及制孔工艺进行了系统的阐述。所形成的组焊工艺是成功的，对同类结构的制作具有较大的参考意义。

8.8 超长超厚钢板剪力墙现场焊接变形控制技术

8.8.1 技术背景

我国民用现代高层建筑钢结构自 20 世纪 80 年代中期起步，如今已发展成为在高层、超高层建筑结构中分量越来越重的一种结构形式。特别是，近年来一批具有国际影响力的标志性超高层建筑，大规模使用了钢框架-混凝土芯筒结构，使得钢结构的应用领域进一步扩大。而钢板剪力墙作为钢结构中非常重要的一种抗侧力构件，也得到了充分研究和广泛应用，多种形式的钢板剪力墙可以满足任意不同工程的要求。然而，随着工程项目的复杂程度越来越高，钢板剪力墙现场施工过程中的焊接变形问题亟待解决。

8.8.2 钢板剪力墙结构焊接特点

1）图 8-78 所示为片式钢板剪力墙二维平面结构、目前，已应用最长的单片钢板剪力墙达 36m，板厚达 70mm。现场钢板剪力墙对接纵向、横向焊缝要求为全熔透，焊接过程中会产生很大的拉应力，而二维钢板剪力墙结构刚度小，结构变形控制难度大。

2）钢板剪力墙结构为现场高处作业，焊接变形矫正难度极大，且只能采用火焰矫正，效率低下。

图 8-78　现场钢板剪力墙结构

8.8.3 钢板剪力墙现场焊接变形控制技术

1. 厚度为 60mm、70mm 的剪力墙双面焊焊接工艺

K 形和 X 形坡口（见图 8-79、图 8-80）的双面坡口按照板厚的 2/3 和 1/3 分为两侧的深、浅坡口。针对此种双面坡口的焊接分为以下 3 个步骤。

1）焊接 2/3 板厚一侧深坡口的一半。

2）焊接人员转到 1/3 板厚一侧，焊缝反面清根，对 1/3 板厚一侧浅坡口焊满。

3）焊接人员再次转到 2/3 板厚一侧，将 2/3 板厚一侧深坡口剩余部分焊满。

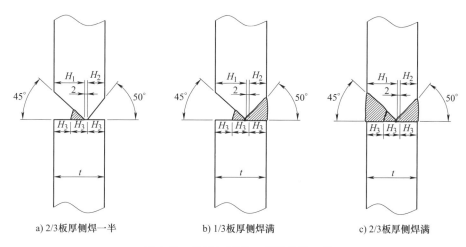

a) 2/3板厚侧焊一半　　　　b) 1/3板厚侧焊满　　　　c) 2/3板厚侧焊满

图 8-79　横焊 K 形坡口焊缝焊接工艺

注：$H_1 = 2(t-2)/3$；$H_2 = (t-2)/3$；$H_3 = t/3$。

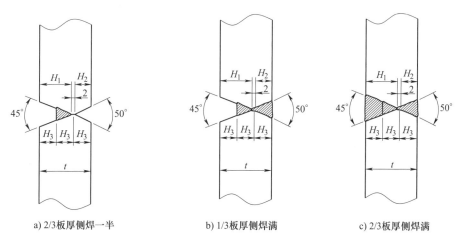

a) 2/3板厚侧焊一半　　　　b) 1/3板厚侧焊满　　　　c) 2/3板厚侧焊满

图 8-80　立焊 X 形坡口焊缝焊接工艺

注：$H_1 = 2(t-2)/3$；$H_2 = (t-2)/3$；$H_3 = t/3$。

2. 分段焊接接头处理

由于钢板剪力墙的焊缝较长，所以为减小构件的焊接变形，每条焊缝都需要采用分段焊接方法。在施焊前期，每个焊工依次进行施焊，即接焊焊工在前一名焊工收弧位置起弧，待整条焊缝每一分段都有一名焊工施焊时，全部焊接作业均已展开，每名焊工各负责一段焊缝，逐层施焊。分段焊接头处的每道焊缝应错开至少 50mm 的间距，避免接头全部留在一个断面，如图 8-81 所示。

3. 刚性约束措施

（1）局部变形控制——设置焊接约束板

在钢板剪力墙焊接前，为了减小焊接收缩变形，在焊缝两侧设置约束板固定，如图 8-82 所示。焊接约束板根据现场焊接形式与临时连接位置灵活布置，间距 1500mm，板厚 20mm，待焊接完成并在焊缝冷却后将约束板割除。

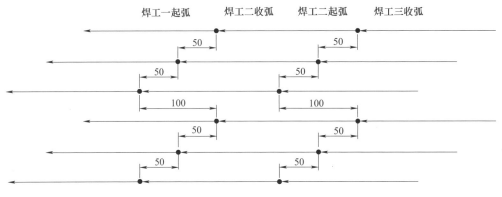

图 8-81　分段焊接头示意

（2）整体变形控制——设置临时支撑

为控制钢板墙整体变形，在剪力墙对接接头加设临时支撑，临时支撑采用 $\phi180mm \times$ 8mm 圆管，圆管直接焊接到钢板墙上进行固定，在控制整体变形的同时增强钢板墙的整体稳定性，如图 8-83、图 8-84 所示。

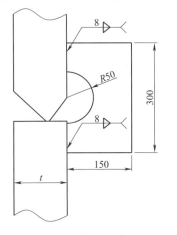

图 8-82　焊接约束板

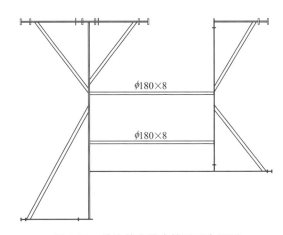

图 8-83　单片剪力墙支撑平面布置图

图 8-84　临时支撑现场实施情景

4. 钢板剪力墙整体焊接顺序

钢板剪力墙整体焊接顺序为先中心 A 单元再向四周扩散焊接，单个单元的焊接顺序为先进行立焊再进行横焊。为减少焊接变形，原则上单块剪力墙相邻两个接头不要同时开焊，待一端完成焊接后，再进行另一端的焊接，其焊接顺序见表 8-18。

表 8-18　单片剪力墙整体焊接顺序

焊接顺序	步骤一：焊接单元 A，横焊	步骤二：焊接单元 B 与 A、G 与 A、H 与 A，立焊
图片示意		
焊接顺序	步骤三：焊接单元 B、G、H，横焊。	步骤四：焊接单元 C 与 B、L 与 G、K 与 H，立焊
图片示意		

（续）

焊接顺序	步骤五：焊接单元 C、L、K，横焊	步骤六：焊接单元 E 与 B、D 与 C，立焊
图片示意	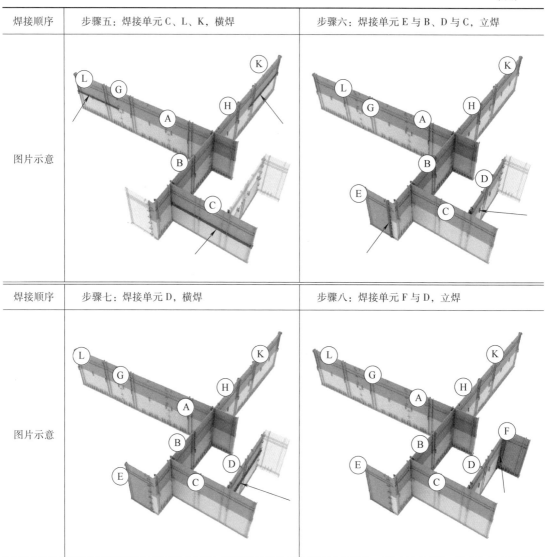	
焊接顺序	步骤七：焊接单元 D，横焊	步骤八：焊接单元 F 与 D，立焊
图片示意		

8.8.4 钢板剪力墙焊接残余应力消除技术

施工追求的理想初始应力状态是安装和焊接所产生的应力、应变完全符合设计的技术要求，并且最大程度的均匀化，因为钢结构系统的初始应力是直接涉及结构安全与否的重要指标。

在严格执行上述焊接坡口工艺及焊接顺序的前提下，对焊后焊缝采用超声波冲击消除应力措施，如图 8-55 所示。超声波冲击的基本原理就是利用大功率超声波推动式工具，以大于 2 万次/s 的频率冲击金属物体表面，由于超声波的高频、高效和聚焦下的大能量，使金属表面产生较大的压塑变形，同时超声冲击波改变了原有的应力场，产生一定数值的压应力，并使被冲击部位得以强化。

图 8-85　超声波冲击消除应力

8.8.5　本节小结

从焊接坡口的开设、焊接工艺、焊接顺序、防变形控制及焊后消除应力等方面采取对策，对焊接质量及焊接变形进行有效控制。

1）剪力墙厚板采用双面 V 形坡口，有效地控制了单层钢板剪力墙焊接时偏向一侧的变形。

2）每条焊缝都需要采用分段焊接方法，分段焊接头处的每道焊缝应错开至少 50mm 的间距，避免接头全部留在一个断面，使钢板剪力墙超长焊缝质量得到保证。

3）单片墙采用先立焊后横焊整体焊接顺序，有效控制了剪力墙整体焊接精度。

4）焊接过程中，设置约束板及临时斜撑，对焊接收缩变形起到了良好的约束作用。

5）对焊后焊缝采用超声波冲击，减小了焊后残余应力。

以上适用于厚板、超长焊缝的焊接，对高层及超高层建筑单层钢板剪力墙的焊接尤为适用，对其他类似钢结构施工同样具有较高的参考价值。

8.9　高层网格结构马鞍形节点建造技术

8.9.1　技术背景

高层建筑斜交网格结构具备较好的抗侧刚度，能够同时承受重力荷载和抵抗水平侧向力，在广州西塔、中央电视台新址大楼、北京保利国际塔楼、世侨中心及深圳创业投资大厦等高层建筑中得到广泛应用。斜交网格外筒由不同角度的钢管柱焊接而成，节点构造成为整个设计中极为重要的一环，因此需要重点研究网格节点建造技术。

目前，高层建筑网格节点主要采用 X 节点，包括圆管相贯 X 节点及箱形 X 节点两种形式（见图 8-86）。上述网格节点由斜交角度和构件截面形式造成的焊缝交叉密集，容易导致应力集中及焊接施工缺陷。同济逸仙大厦工程采用了新型的六边形单元网状钢结构外筒-钢筋混凝土筒体的混合结构体系，主要采用 Y 形节点相互刚性连接形成整体，通过增加内隔板、加劲肋提高 Y 形节点的刚度及承载力，但仍存在焊缝交叉密集、焊接难度大等问题。

a) 圆管相贯

b) 箱形

图 8-86　X 节点形式

马鞍形节点作为一种典型的空间流线形网格结构，主要由弯曲主管、圆管内隔板、双曲支管等组成。通过曲面构造设计，可有效避免节点处焊缝交叉密集，降低焊接施工难度，提升节点整体性能。由于节点形式新颖，构造较为特殊，所以开展马鞍形节点深化建模、曲面成形、焊接加工等工艺研究，对进一步推动高层建筑斜交网格结构发展具有显著意义。

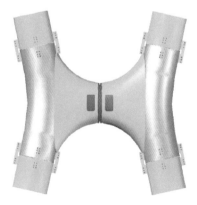

a) 示意图

b) 实物图

图 8-87　马鞍形网格节点

8.9.2　工艺分析

在制造过程中，由于马鞍形节点空间曲面较为复杂，钢板材质为 Q390CZ15，最大壁厚达 45mm，常规钢结构加工流程难以完成制造加工，因此需对节点进行分解加工，整体工艺流程如下：深化建模-下料、模具制作-双曲面零件加工-支管拼装、主管焊接与弯曲-整体拼装-涂装。

马鞍形节点中延性连梁为空间自由曲面，对深化模型与图样精度要求较高。节点中延性连梁尺寸大、板较厚，深化图样分片数量越多（见图 8-88），全熔透拼接焊缝及打磨工作量越大，构件成形效果也越差，因此在深化建模阶段应合理划分拼装分片。

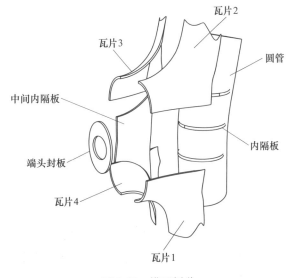

图 8-88　模型拆分

厚板空间曲面成形工艺是马鞍形节点制作重点、难点。如图 8-89 所示，马鞍形节点支

图 8-89　马鞍形节点

管有两个方向的弧度，为半圆弧和弯圆弧，一端为相贯口，常规压弯、折弯设备及工艺无法进行加工，且由于板材厚度较大，加之钢材自身金相组织、表面应力回弹等因素，所以无形中加大了双曲瓦片的制作难度。

马鞍形节点对支管外观成形要求高，曲面压弯成形后，全熔透拼接焊缝较长，且板较厚，装配及焊接变形控制难度大，因此如何确保各分片之间相对位置尺寸、控制焊接变形是加工制作的重点。另外，因支管与主管相贯口长度较大，故实现相贯焊缝的全熔透厚板焊接及焊缝与构件的圆滑过渡是加工制作的难点之一。

8.9.3　模压成形工艺方案

1. 双曲厚板成形工艺分析

由于钢板厚度达 45mm，屈服强度 ≥430MPa，因此材料本身回弹大；同时零件呈不规则双曲特征，成形过程中各点受力不均，造成加工精度控制难度大。现有成形工艺，如水火弯板和数控点压无模成形工艺（见图 8-90、图 8-91），存在零件强度降低、生产率低等问题。模压成形工艺通过整体压制成形，成形精度高且生产效率高。

图 8-90　水火弯板工艺

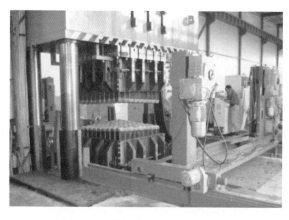

图 8-91　数控点压无模成形工艺

对于大尺寸、大壁厚双曲零件整体模压成形工艺存在以下难点：①零件为双曲面结构，成形过程中受力不均，对模具产生侧向力。②材料屈服强度高，所需压制力大，回弹控制难度大。因此，需对马鞍形零件分瓣、模具设计及压制关键参数进行研究。

2. 零件分瓣及展开

根据 2000t 油压机加工性能及模具的通用性，将双曲支管按对称原则分 4 瓣进行加工。通过壁板展开放样软件系统，将双曲零件展开为平面零件，如图 8-92 所示。实际加工过程中，在平面展开图基础上，零件尺寸外扩 35mm，压制时零件四周会形成明显的压痕，后序可根据压痕进行余量切割及修边，同时余量部分在压制过程中起到约束作用，可降低侧向力对模具的影响。

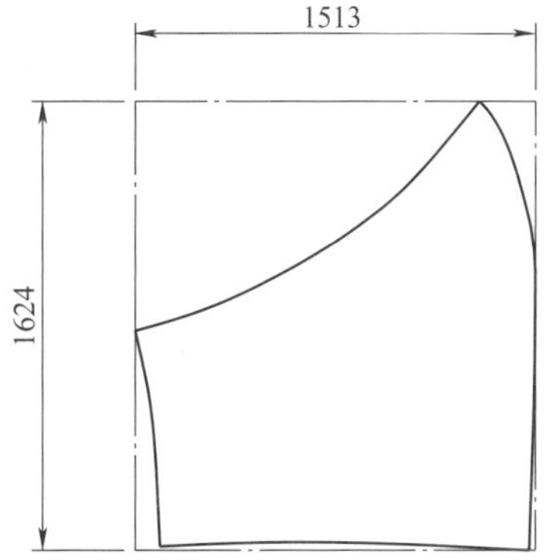

3. 模具设计及制造

传统模压成形工艺在模具设计过程中，考虑到回弹影响，一般通过迭代补偿对模具型面进行优化。由于本项目零件形状复杂，难以精确计算模具型面补偿量，因此通过优化压制参数、采用无补偿量的模具型面设计。

在压制曲面零件时，模具侧向受一定的力和力矩。如图 8-93 所示，上下模具设计成中空式带加强筋的壳体，在提高模具抗侧刚度的同时便于零件冷却。完成曲面模型建立并结合曲面数据，采用铸造技术完成模具初加工。为保持弧面与模型一致，利用数控龙门铣对上下模具弧面进行精加工（见图 8-94），精加工后下模安装在压力机的工作台上，将上模安装在液压杆上，安装时保证上下模具的垂直度，保证弧面贴合度，形成一套双曲厚板成形模具（见图 8-95）。

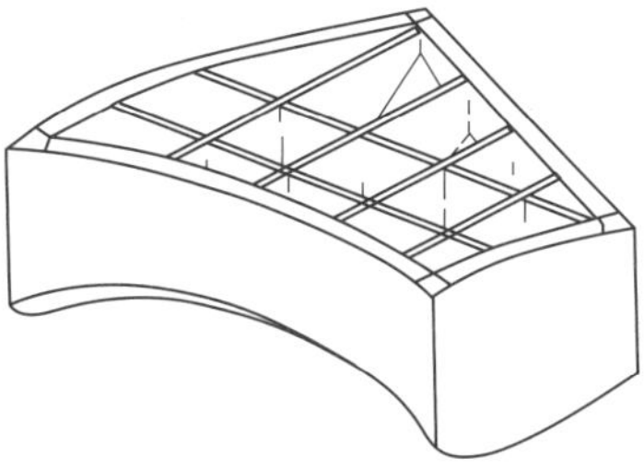

图 8-92　零件平面展开图

图 8-93　模具内部构造

图 8-94　模具精加工

图 8-95　模具成形

4. 压制工艺

冷压成形工艺所需压制力大且各点受力不均，成形精度难以控制。随着温度提高，钢材的强度降低，变形增大，提出低压制力、高精度制造的热模压成形工艺。成形温度、下压速度、压制力是零件成形精度控制的关键参数。

首先，将板件放进加热炉进行 600~800℃ 的热处理（见图 8-96），改善板件的加工性能；其次，将热处理过的板件进行整体压弯成形（见图 8-97），通过试验确定压制速度为 25mm/s，压制力为 8MPa，卸载后用卡样对板件进行线形检测（见图 8-98），按照 GB 50205—2020《钢结构施工质量验收规范》要求，成形偏差 $\Delta \leqslant 2.0$mm 占 91.2%，对偏差超过 2.0mm 零件再次复压。

图 8-96　板件热处理

图 8-97 板件压弯成形

图 8-98 卡样线形检测

8.9.4 马鞍形节点装配焊接工艺

1. 整体装配顺序

马鞍形节点装配顺序：主管加劲板装配焊接→中间竖隔板装配→下半支管装配焊接→上半支管装配焊接→支管与端部连接板装配，具体见表 8-19。

主管弯圆后进行内部加劲板装配焊接，主管内侧加劲板装配焊接由中间向两边进行。完成中间竖隔板及端头封板装配，以此为基准完成曲面瓦片安装，采用千斤顶+火工矫正方法修正端口椭圆，瓦片 4 条主焊缝焊接完毕后需修磨，保证平顺弧面过渡。

表 8-19 整体装配顺序

装配焊接顺序	第一步：主管隔板装配焊接	第二步：支管竖隔板定位	第三步：支管第一块内隔板装配焊接
图片示意			

装配焊接顺序	第四步：主管与下半支管单元装配	第五步：主管与上半支管单元装配	第六步：支管端部连接板装配
图片示意			

2. 焊接工艺

选择热输入较小的熔化极气体保护焊作为马鞍形节点的焊接方法，焊接材料以"等强匹配"为原则选取。焊接方式采用多层多道焊接，打底时焊接电流控制在160~240A，填充时控制在210~300A，盖面时控制在220~280A。

整体焊接顺序为：焊缝 1（主管纵缝）→焊缝 2（主管中间加劲板）→ 焊缝 3、焊缝 4（主管两侧加劲板）→焊缝 5（竖隔板与横隔板）→焊缝 6（竖隔板与支管）→焊缝 7（竖隔板与主管）→焊缝 8（支管与端部连接板），如图 8-99 所示。在进行焊缝 3、焊缝 4 施焊时，由两名焊工同时施焊，通过对称施焊，减少焊接变形，确保成形精度。焊接需遵循先统一打底，再进行填充盖面的原则进行焊接。焊接作业工艺参数严格按照规范执行，焊接原则以多层多道焊、小热输入作业为主。在焊接完成后需要进行后热处理，后热温度为 250℃，保温 2h。

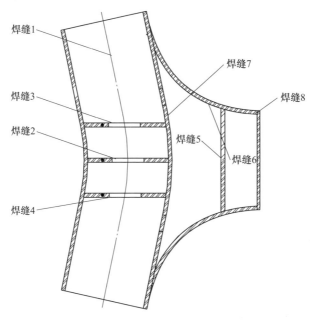

图 8-99　焊接顺序

第 *9* 章

高强钢焊接技术

9.1 690 级高强钢焊接技术

9.1.1 技术背景

马来西亚 KLCC 商业中心项目（见图 9-1）位于马来西亚首都吉隆坡市中心，总建筑面积 11.68 万 m²，总用钢量约 1.6 万 t，地下 5 层，地上 6 层，主体为钢框架+悬挑桁架结构体系，长 190m、宽 70m。桁架整体长 90.2m，悬挑区跨度 45.7m、高 32m，悬挑桁架底部高约 18m，钢框架区高 39m，屋面最高点 46.2m，地下室深 21.1m。整个悬挑桁架结构由 4 根钢柱支撑，其中 2 根钢柱支撑于桁架上，另 2 根钢柱支撑于悬挑结构主梁上。另外，整个悬挑由 2~5 层核心筒内伸臂钢梁拉结受力。在安装过程中，由 12 根临时钢柱作为受力支撑，悬挑结构安装完成后再进行拆除。本项目节点形式以铰接为主，仅局部悬挑区采用刚接。

图 9-1 马来西亚 KLCC 商业中心项目效果图

悬挑区巨型桁架结构（见图 9-2）材质为 S460 钢+S690 钢，箱形截面，最大截面尺寸为 1900mm×620mm×160mm×80mm，其中腹板为 80mm+80mm 叠合板。钢柱+钢梁+屋面平台：材质为 S355 钢，H 形截面+圆管截面，钢梁最大截面尺寸为 1500mm×1000mm×50mm×120mm，钢柱共 4 根，最大尺寸 1050mm×900mm×80mm×160mm。

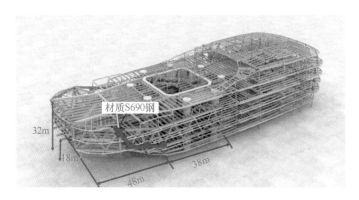

图 9-2　马来西亚 KLCC 商业中心项目悬挑区巨型桁架结构

9.1.2　国产 S690QL1 钢性能分析

钢材的力学性能是满足结构功能要求的基础，主要性能包括材料的强度、塑性和韧性等几个方面。伸长率和屈强比反映钢材能承受残余变形量的程度及塑性变形能力，冲击韧度是抗震结构和抗低温冷脆的要求。本项目对不同钢厂 S690 级别钢材性能进行分析，具体如下。

1. 湘钢

钢材等级：S690QL1，板厚：80mm，执行标准：EN 10025-5：2019《热轧结构钢　第 5 部分：耐大气腐蚀（耐候）结构钢的交货技术条件》，交货状态：调质处理，其化学成分与力学性能分别见表 9-1、表 9-2。由表 9-2 可知，经过复验，钢板屈强比 0.92（设计要求<0.95）、伸长率 22%、断面收缩率平均值 63%。

表 9-1　湘钢 80mm 厚 S690QL1 高强钢化学成分（质量分数）　　　　（%）

元　　素	C	Si	Mn	P	S	Als	N	Cr	Nb	V	Ti	Mo	Ni	Zr	Cu	B
标准	≤ 0.22	≤ 0.86	≤ 1.80	≤ 0.025	≤ 0.012	—	≤ 0.016	≤ 1.60	≤ 0.07	≤ 0.14	≤ 0.07	≤ 0.74	≤ 4.10	≤ 0.17	≤ 0.55	≤ 0.006
材质书	0.15	0.16	0.96	0.007	0.0016	0.0046	0.0053	0.42	0.02	0	0.02	0.42	1.03	0	0.02	0.0013
复检报告	0.13	0.16	0.97	0.006	< 0.002	—	0.007	0.41	0.011	0.004	0.016	0.43	1.07	< 0.005	0.014	0.0011

表 9-2　湘钢 80mm 厚 S690QL1 高强钢力学性能

项　　目	屈服强度 /MPa	抗拉强度 /MPa	屈强比	断后伸长率 (50mm)（%）	断面收缩率 （%）	冲击吸收能量 （-60℃）/J
标准	≥650	760~930	<0.95	≥14	平均值≥25 单个值≥15	≥30
材质书	685	774	0.89	14.5	65、65、61	161、183、168
复检报告	720	784	0.92	22	60、64、66	217、197、216

2. 舞钢

钢材等级：S690QL1，板厚：80mm，执行标准：EN 10025-5：2019，交货状态：调质处理，其化学成分与力学性能分别见表 9-3、表 9-4。由表 9-4 可知，经过复验，钢板屈强比 0.92、伸长率 19%、断面收缩率平均值 40%。

表 9-3 舞钢 80mm 厚 S690QL1 高强钢化学成分（质量分数）   （%）

元　　素	C	Si	Mn	P	S	Als	N	Cr	Nb	V	Ti	Mo	Ni	Zr	Cu
标准	≤0.22	≤0.86	≤1.80	≤0.025	≤0.012	—	≤0.016	≤1.60	≤0.07	≤0.14	≤0.07	≤0.74	≤4.10	≤0.17	≤0.55
复检报告	0.17	0.25	1.13	0.0012	<0.002		0.008	0.47	0.024	0.034	0.013	0.45	1.22	<0.005	0.03

表 9-4 舞钢 80mm 厚 S690QL1 高强钢力学性能

项　　目	屈服强度 /MPa	抗拉强度 /MPa	屈强比	断后伸长率（50mm）（%）	断面收缩率（%）	冲击吸收能量（−60℃）/J
标准	≥650	760~930	<0.95	≥14	平均值≥25 单个值≥15	≥30
复检报告	725	785	0.92	19	36、41、43	193

综合对比不同钢厂钢材屈强比、伸长率、断面收缩率等指标，本项目选定湘钢的 S690QL1 钢作为 KLCC 工程用钢材。

9.1.3 690 级高强钢切割工艺试验

在切割时，钢级越高，越易产生淬硬层及切割缺陷，在氢、淬硬组织和残余应力的共同作用下导致出现延迟裂纹，对焊接性能和结构安全产生严重影响。

为了对比分析切割氧气压力、切割速度及预热措施等对厚板高强钢切割质量的影响，采用表 9-5 中的工艺参数进行切割试验。结果表明，当切割压力不足或者切割速度过快时，均会导致挂渣缺陷，无预热切割时容易导致裂纹。

表 9-5 超厚板高强钢火焰切割工艺参数

试样编号	氧气压力 /MPa	丙烷压力 /MPa	切割速度 /（mm/min）	切割前预热温度 /℃	切割质量
1	0.4	0.06	220	未预热	背面挂渣、切割缺棱
2	0.4	0.06	220	150~180	切割锯齿
3	0.4	0.06	180	未预热	背面挂渣、存在微裂纹
4	0.4	0.06	180	50~180	切割锯齿
5	0.6	0.06	220	未预热	切割锯齿、质量差
6	0.6	0.06	220	50~180	切割轻微锯齿
7	0.6	0.06	180	未预热	切割锯齿，切割面硬度偏高
8	0.6	0.06	180	50~180	切割成形良好

对切割试样进行磁粉检测，如图 9-3 所示。同时对试样 7、试样 8 切割面进行硬度检测，结果见表 9-6。通过上述试验可知，厚板高强钢切割需预热处理，当氧气压力为 0.6MPa、丙烷压力为 0.06MPa、切割速度为 180mm/min 时，切割面硬度符合规范要求（<380HV10），无裂纹，成形良好。

a) 切割面形貌   b) 磁粉检测

图 9-3 切割面及磁粉检测

表 9-6 切割面硬度检测

试样编号	切割条件	显微硬度 HV10
7	无预热	365、345、385、379、372
8	有预热	322、342、325、323、339

9.1.4 690 级高强钢焊接工艺试验

1. 碳当量计算

按照国际焊接学会（IIW）推荐的碳当量 Ceq 值计算公式及日本焊接学会提出的焊接冷裂纹敏感系数 P_{cm} 计算公式，得出 S690QL1 钢板碳当量和焊接冷裂纹敏感系数为

$$CE = C + Mn/6 + (Ni + Cu)/15 + (Cr + Mo + V)/5 = 0.659\% \tag{9-1}$$

$$P_{cm} = C + (Mn + Cu + Cr)/20 + Si/30 + Ni/60 + Mo/15 + V/10 + 5B = 0.31\% \tag{9-2}$$

S690QL1 钢板的碳当量在 0.6% 以上，即处于第Ⅲ区难焊区，说明焊接性较差，焊接时有明显的淬硬倾向。此外，氢致裂纹是低合金结构钢焊接接头最危险的缺陷，日本焊接学会规定，以 $P_{cm} \leq 0.20\%$ 作为评定裂纹敏感性的指标之一，明显该厚度钢板具有一定的冷裂纹敏感性，需考虑焊前采取适当预热、焊接时控制热输入，以及焊后保温、缓冷等工艺措施，防止焊接接头出现冷裂纹。

2. 焊接材料的选择

按照焊接接头等强匹配原则，同时考虑焊丝镍含量、伸长率、超低温冲击吸收能量及扩散氢含量等指标，选定焊接材料，其牌号及规格见表 9-7，具体焊接材料的化学成分及力学性能分别见表 9-8~表 9-11。

表 9-7　S690QL1 高强钢焊接材料牌号及规格

类　别	保护气体	牌号	规格/mm	生产厂家
气体保护焊实心焊丝	80%Ar+20%CO$_2$	XYER80-Q	ϕ1.2	四川西冶
埋弧焊焊丝/焊剂	—	XY-AF80Q/XY-S80-Q	ϕ4.0	

表 9-8　XY ER80-Q 实心焊丝化学成分（质量分数）　　（%）

元　素	C	Mn	Si	P	S	Cr	Cu	Ni	Mo	Ti
要求值	≤0.10	1.40~1.80	0.25~0.60	≤0.010	≤0.010	≤0.60	≤0.25	2.0~2.8	0.35~0.65	≤0.10
实测值	0.068	1.72	0.37	0.010	0.004	0.42	0.09	2.80	0.45	0.0028

表 9-9　XY ER80-Q 实心焊丝力学性能

项　目	状态	拉伸试验			夏比 V 型缺口冲击试验	
		抗拉强度/MPa	屈服强度/MPa	伸长率（%）	温度/℃	冲击吸收能量/J
要求值	焊态	760~960	≥680	≥15	-60	≥27
实测值		859	780	18	-60	88、92、95

由表 9-8、表 9-9 可知，气体保护焊焊丝为高镍焊丝，焊态下焊丝屈服强度 780MPa、伸长率 18%、-60℃下冲击吸收能量平均值 92J。

表 9-10　XY-AF80Q/XY-S80-Q 埋弧焊焊丝化学成分（质量分数）　（%）

元　素		C	Mn	Si	P	S	Cr	Cu	Ni	Mo	扩散氢试验/（mL/100g）
焊丝	要求值	≤0.10	1.40~2.00	0.20~0.60	≤0.015	≤0.010	≤0.60	≤0.25	2.0~3.0	0.30~0.65	—
	实测值	0.068	1.72	0.39	0.012	0.004	0.41	0.07	2.70	0.56	—
熔覆金属	要求值	≤0.10	1.00~2.10	≤0.60	≤0.020	≤0.015	≤0.60	—	2.0~3.30	0.20~0.60	≤4.0
	实测值	0.047	2.18	0.37	0.01	0.002	0.36	0.053	2.82	0.49	2.96

由表 9-10 可知，埋弧焊焊丝镍含量可达 2.82%，经过实测埋弧焊焊丝扩散氢含量为 2.96mL/100mg。

表 9-11　XY-AF80Q/XY-S80-Q 埋弧焊焊丝力学性能

项　　目	拉伸试验			夏比 V 型缺口冲击试验	
	抗拉强度/MPa	屈服强度/MPa	伸长率（%）	温度/℃	冲击吸收能量/J
要求值	780~960	≥680	≥15	-60	≥27
焊态	867	765	18.5	-60	97、89、92

由表 9-11 可知，焊态下埋弧焊焊丝屈服强度 765MPa、伸长率 18.5%、-60℃ 冲击吸收能量平均值在 90J 以上。

3. 斜 Y 形坡口试验

参照 GB/T 4364—2013《斜 Y 型坡口焊接裂纹试验方法》，采用气体保护焊和埋弧焊对 80mm 厚 S690QL1 高强钢进行铁研试验，试样及坡口设计如图 9-4 所示。预热温度分别是室温、80℃、110℃、170℃，具体焊接参数见表 9-12。

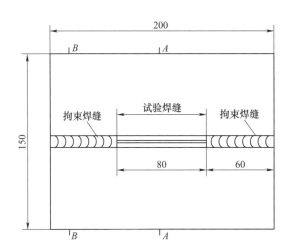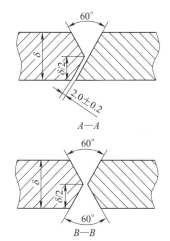

图 9-4　铁研试验试样及坡口设计

表 9-12　斜 Y 形坡口裂纹试验焊接参数

试板编号	板厚/mm	焊接材料	预热温度/℃	焊接电流/A	电弧电压/V	焊接速度/(mm/min)
S690-135-1	80	XYER80-Q	室温	250	27	160
S690-135-2			80	250	27	162
S690-135-3			110	250	27	162
S690-135-4			170	250	27	165
S690-121-1		XY-AF80Q/XY-S80-Q	室温	590	30	350
KLCC-121-2			80	590	30	350
KLCC-121-3			110	590	30	350
KLCC-121-4			170	590	30	350

试件焊接 48h 后进行宏观断面酸蚀分析，宏观金相如图 9-5 所示。斜 Y 形坡口裂纹试验结果统计见表 9-13。试验表明，S690QL1 高强钢厚板焊接需进行预热处理，80mm 厚钢板预热温度宜在 170~180℃。

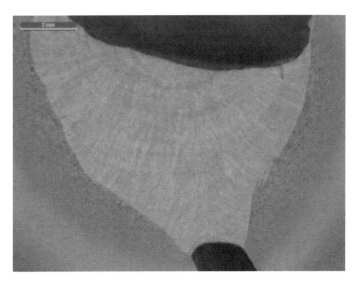

图 9-5　斜 Y 形坡口试验宏观金相照片

表 9-13　斜 Y 形坡口裂纹试验结果统计

试板编号	板厚/mm	焊接材料	预热温度/℃	断面裂纹率（%）
S690-135-1	80	XYER80-Q	室温	100
S690-135-2			80	65
S690-135-3			110	25
S690-135-4			170	0
S690-121-1		XY-AF80Q/XY-S80-Q	室温	100
KLCC-121-2			80	100
KLCC-121-3			110	60
KLCC-121-4			170	0

4. 焊接工艺评定试验

根据斜 Y 形坡口焊接裂纹试验及现场经验，确定 80mm 厚度 S690QL1 高强钢焊接预热温度 170~180℃、层间温度 170~220℃，后热温度 250~300℃，保温 2h。在上述预热温度条件下，进行焊接工艺评定试验，分别采用富氩气体保护焊和埋弧焊进行工艺评定试验，考虑气体保护焊不同焊接位置热输入不同，分别选择热输入最小的横焊和热输入最大的立焊进行试验，其中硬度试样必须取自此横焊试件、冲击试样必须取自立焊试件（见表 9-14）。

表 9-14　焊接工艺评定项目

pWPS 号	试板尺寸	接头形式	焊接层道顺序	备　注
ZJKG-pWPS-01a				135、横焊、背面清根；硬度试样必须取自此试件
ZJKG-pWPS-01b				135、立焊、背面清根；冲击试样必须取自此试件
ZJKG-pWPS-02				SAW、平焊、背面清根

气体保护焊横焊、立焊及埋弧焊焊接参数分别见表 9-15~表 9-17。气体保护焊横焊焊接电流为 200~250A，电弧电压为 22~28V，焊接速度为 3.4~4.3mm/s，最大焊接热输入为 1.71kJ/mm，保护气体为 80%Ar+20%CO_2。

表 9-15　气体保护焊横焊焊接参数

焊　道	焊接方法	焊接材料规格/mm	焊接电流/A	电弧电压/V	电流种类/极性	送丝速度/(m/min)	焊接速度/(mm/s)	热输入/(kJ/mm)
打底	135	ϕ1.2	225~245	26.8~28	DC+	6~8	3.4~3.8	1.40~1.44
填充	135	ϕ1.2	237~271	26.7~27.8	DC+	6~10	3.4~3.5	1.47~1.71
盖面	135	ϕ1.2	198~210	21.5~22.5	DC+	5~7	3.6~4.3	0.79~1.06

气体保护焊立焊焊接电流为 185~205A，电弧电压为 16.4~22.8V，焊接速度为 0.81~1.22mm/s，最大焊接热输入为 3.79kJ/mm。

表 9-16　气体保护焊立焊焊接参数

焊　道	焊接方法	焊接材料规格/mm	焊接电流/A	电弧电压/V	电流种类/极性	送丝速度/(m/min)	焊接速度/(mm/s)	热输入/(kJ/mm)
打底	135	ϕ1.2	185~198	20.5~21.8	DC+	4~8	0.91~1.05	2.89~3.79
填充	135	ϕ1.2	185~205	21.6~22.8	DC+	5~9	0.89~1.15	3.25~3.79
盖面	135	ϕ1.2	160~180	16.4~17.0	DC+	4~6	0.81~1.22	2.0~2.59

埋弧焊焊接电流为 550~610A，电弧电压为 30~31V，焊接速度为 6.2~7.7mm/s，最大焊接热输入为 3.03 kJ/mm。

表 9-17　埋弧焊焊接参数

焊　道	焊接方法	焊接材料规格/mm	焊接电流/A	电弧电压/V	电流种类/极性	送丝速度/(m/min)	焊接速度/(mm/s)	热输入/(kJ/mm)
打底	121	ϕ4.0	550~610	30~31	DC+	0.8~1.2	6.2~7.7	2.90~3.03
填充	121	ϕ4.0	550~610	30~31	DC+	0.8~1.2	6.2~7.7	2.90~3.03
盖面	121	ϕ4.0	590~610	31	DC+	0.8~1.2	6.5~7.0	2.62~2.90

按照 ISO 15614-1：2017《金属材料焊接工艺规程及评定-焊接工艺评定试验　第 1 部分：钢的电弧焊和气焊、镍及镍合金的电弧焊》规定对焊接试件进行外观检测、无损检测及破坏性试验，样件如图 9-6~图 9-8 所示。

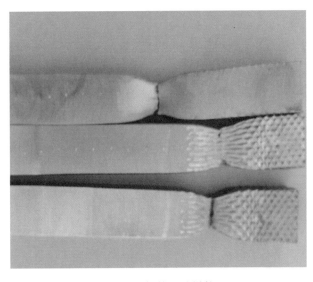

图 9-6　拉伸试验样件

图 9-7　侧弯试验样件

图 9-8　冲击试验样件

气体保护焊焊接工艺评定试验结果见表 9-18。由表 9-18 可知，气体保护焊焊接接头抗拉强度平均值为 819MPa，所有冲击断口均为韧窝断口形貌，-60℃ 焊缝冲击吸收能量为 47J，最大硬度值 383HV10（规范要求≤450HV10），焊缝强度和韧性均满足设计要求。

表 9-18　气体保护焊焊接工艺评定试验结果

拉伸试验		侧弯试验	-60℃冲击吸收能量/J		显微硬度 HV10	宏观金相试验
抗拉强度/MPa	断裂位置		焊缝	热影响区		
859、802、808、809、815、822	母材	合格	30、39、33、66、62、54	199、188、211、47、165、108	最大值：378（热影响区）最小值：244（母材）	

埋弧焊焊接工艺评定试验结果见表9-19。由表9-19可知，埋弧焊焊接接头抗拉强度平均值为804MPa，−60℃焊缝冲击吸收能量为84J，最大硬度值为379HV10（规范要求≤450HV10），焊缝强度和韧性均满足设计要求。

表9-19　埋弧焊焊接工艺评定试验结果

拉伸试验		侧弯试验	−60℃冲击吸收能量/J		显微硬度 HV10	宏观金相试验
抗拉强度/MPa	断裂位置		焊缝	热影响区		
820、807、797、802、805、79	母材	合格	65、74、88、91、89、96	61、97、90、113、126、120	最大值：383（热影响区）最小值：257（母材）	

通过对建筑用超厚S690QL1高强钢板的焊接性分析，采用预热170~180℃、道间温度不超过220℃的温度控制工艺进行焊接，无论是采用实心焊丝混合气体保护焊还是埋弧焊，焊接接头抗拉强度均高于母材，满足结构设计"等强匹配"要求，焊接接头整体冲击韧度和硬度均满足结构设计要求。

9.1.5　690级高强钢复杂节点工厂焊接

严格按照焊接工艺评定参数进行施焊。针对窄腔体内部隐蔽焊缝，综合考虑设计及焊接操作要求，采用翼缘横向分三段逐层焊接的方法。通过16次退装退焊（见图9-9），完成了高强钢叠加板节点整体焊接。

a) 腔体内部焊缝焊接

b) 腔体翻身

c) 腔体外部焊缝焊接

图9-9　高强钢复杂节点退装退焊

9.1.6　相控阵检测

为确保焊缝质量可靠，后热处理完成后48h，采用可视化超声波相控阵检测技术对焊接内在质量进行检测，并形成检测报告。结果表明，焊缝一次无损检测合格率达到99.2%以上。

9.1.7　本节小结

80mm厚S690QL1高强钢切割需预热150~180℃，当氧气压力为0.6MPa、丙烷压力为0.06MPa、切割速度为180mm/min时，切割面成形良好。对经过调质处理的S690QL1高强钢板进行不同工艺焊接试验和性能检测。当焊接热输入量为1.71~3.79kJ/mm时，抗拉强度在794~822MPa之间，−60℃焊缝冲击吸收能量≥30J，热影响区冲击吸收能量≥47J，各项焊接性能均达到ISO 15614-1：2017+A1：2019要求，很好地满足了钢板在不同焊接条件下的使用性能。

在马来西亚KLCC项目开展S690QL1高强钢工程应用，采用相控阵超声波检测技术，对节点焊缝进行可视化检测，验证了高强钢加工工艺的可靠性，取得了良好的应用效果。

9.2　高强钢现场仰焊技术

9.2.1　技术背景

KLCC项目高强钢悬挑桁架结构的设计，不可避免地提高了控制焊接应力与应变的难度。在焊接接头的设计中，采用仰焊设计，形成对称焊接接头，在控制受热与应变均匀的过程中获得了极大的成功。在焊接工艺设计中，通过电加热对焊缝区进行后热处理，消除焊缝残余应力，改善焊缝性能。

9.2.2　高强钢现场仰焊工艺

1. 焊接方法

采用电流密度较大的MAG焊技术，同时采用尽量小的热输入。焊接接头及焊接顺序如图9-10所示。焊接参数见表9-20。

表9-20　高强钢仰焊焊接参数

焊　道	焊接方法	焊接材料规格/mm	焊接电流/A	电弧电压/V	电流种类/极性	送丝速度/(m/min)	焊接速度/(mm/s)	热输入/(kJ/mm)
打底	135	ϕ1.2	188~210	21.5~23.5	DC+	4~6	2~2.5	1.5~1.6
填充	135	ϕ1.2	206~228	22.4~23.2	DC+	5~8	2.1~2.5	1.7~1.75
盖面	135	ϕ1.2	190~210	19.7~20.2	DC+	4~6	2.1~2.7	1.25~1.43

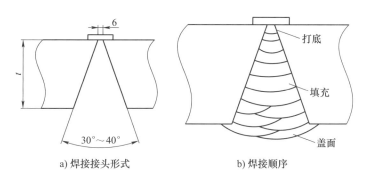

a) 焊接接头形式　　　　　　b) 焊接顺序

图 9-10　焊接接头及焊接顺序

2. 焊接操作

仰焊时，液态熔池的受力是影响焊缝成形质量的最重要因素。液态熔池主要受到熔池自身重力、表面张力、电弧力及熔滴冲击力的作用。熔池尾部液态金属的重力是形成焊瘤、咬边等成形缺陷的主要因素；表面张力向上托住熔池，是熔池成形的有利因素；等离子流力、电弧气体吹力及斑点压力等统称为电弧力，指向熔池背面，是仰焊液态熔池的主要托起力，其作用在熔池的前部，对熔池尾部作用较小；熔滴冲击力也指向熔池背面，托举熔池。因此，仰焊通过表面张力、电弧力和熔滴冲击力的共同作用来克服熔池液态金属本身重力，从而形成稳定的熔池。

通过平板摆动和不摆动焊接试验，论证了摆动的必要性。考虑到仰焊时重力的影响更大，仰焊位置摆动焊采取左右两侧停留、中间不停留的摆动模式。通过试验，确定摆动仰焊最佳摆宽为 12～15mm，停留时间为 0.5～0.7s 时，焊缝成形良好。现场仰焊实施如图 9-11 所示。

a) 实例1　　　　　　　　　　b) 实例2

图 9-11　现场仰焊实施

9.2.3　焊后热处理

焊接结束后立即将焊缝加热至 250～300℃，保温 2h，用岩棉包裹缓冷。焊后热处理设计及实景图如图 9-12、图 9-13 所示。

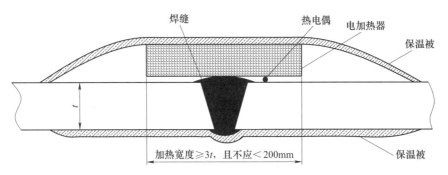

图 9-12　焊后热处理设计

a) 保温棉　　　　　　　　　　b) 电加热控制器

图 9-13　焊后热处理实景图

焊后热处理完成后，需要出具报告，作为质检报告的一部分进行报审。

9.2.4　本节小结

现场高强钢桁架通过采取仰焊工艺，避免了大量开洞对桁架受力的影响，以对称施焊获得均布应力，最大限度地减小焊接应力，取得了良好的效果。

第 10 章

智能焊接装备及数字化焊接系统

10.1 智能化焊接机器人在建筑钢结构行业中的应用

随着建筑钢结构行业的快速发展，大跨度、超高层建筑钢结构越来越多，构件类型也日趋复杂，制作精度要求较高。焊接手工操作往往成为生产效率提高和产品质量稳定性的最大障碍。钢结构制造企业的焊接水平特别是自动焊水平的提高是实现钢结构技术快速发展的关键。

10.1.1 焊接机器人应用难点

焊接机器人具有自身效率高、性能与质量好等优势，已在汽车制造、医疗器械等行业成熟应用，这些行业的产品均有标准化、批量大的特征。但是，由于建筑钢结构产品的特点，所以相应焊接机器人的应用需要克服以下难点。

1）当下机器人仍处于在线编程或者离线编程阶段，需要专业人员投入较多的时间，钢结构产品各异性驱使机器人编程向简易化方向发展。

2）钢结构生产涉及人工操作工序较多，各工序误差叠加，因此机器人对零部件组装精度适应性要强。

3）各种类型的焊接坡口形式均在钢结构产品中体现，焊接机器人的焊接参数库覆盖范围要广。

10.1.2 焊接机器人类型

目前，绝大多数钢结构企业考虑到焊接机器人成本高及应用不成熟的情况，在焊接机器人应用方面仍处于观望阶段。随着焊接机器人行业的发展，其中在桥梁项目 U 肋与板单元的焊接中，机器人的应用比较成熟；在非桥梁项目中，已有企业将焊接机器人及配套的工装系统投入到实际构件生产线中；在机器人蓬勃发展的大浪潮下，小型焊接机器人及新兴技术的涌现，也在推动着钢结构焊接智能化的发展。

1. mini 型弧焊机器人

目前，在钢结构制造行业应用性比较高的是 mini 型焊接机器人，在日本的钢结构制作中应用较为广泛。mini 型焊接机器人由焊接电源、控制箱、机器人本体、示教器、送丝装置、焊枪及线缆等组成。借助直线形轨道可以实现多种焊接位置及焊接坡口形式的自动焊接，主要适用于一些平直构件主焊缝的焊接，在钢结构件的制造厂及安装现场均可应用（见图10-1）。

图 10-1　mini 弧焊机器人应用场景

mini 型焊接机器人最大的优点是在具有丰富的焊接数据库的前提下，机器人可以自动识别实际的坡口信息，并根据数据库，自动生成焊接层道次及焊接参数，此种方式大大提高了焊接的智能化水平及生产效率；但也存在着焊前调试及参数库填充耗费时间长的不足（见表10-1）。

表 10-1　mini 弧焊机器人优缺点对比

优　　点	缺　　点
小巧便携、易搬运、易安装	层间需设置停止点清渣
高智能、高效率、高品质	转角焊缝不能连续焊接
可全自动、半自动、手动示教，自动生成焊接参数	焊前调试耗费时间较长
适合较长、平直焊缝多种坡口形式的焊接	对坡口及组装精度要求较高
可完成平焊、横焊及立焊	轨道吸附对平面度要求高
操作简单，一人可同时操作多台机器人焊接	导轨连接需增加灵活性

2. 柔性轨道机器人

在钢结构制作的构件中，弧形构件占有很大的比例，且不满足现有埋弧焊等设备的要求，此类构件的焊缝主要依靠人工分段焊接，焊缝成形水平参差不齐。当下的自动化设备主要适用于直线焊缝焊接，此类弧形构件若采用自动化设备，则需要借助弧形轨道，而不同弧度需匹配相对应的轨道，导致设备成本增加。因此，柔性轨道机器人产品可以解决此类问题，柔性轨道利用强磁被吸附于构件外表面，实现弧形焊缝的自动焊接（见图10-2）。柔性轨道机器人优缺点对比见表10-2。

表 10-2　柔性轨道机器人优缺点对比

优　　点	缺　　点
可实现直线、弧形焊缝焊接	虽然轨道可弯曲，但弧度有限
焊缝外观成形好、质量高	转角焊缝不能连续焊接
焊前调试时间短	层道焊接需要微调
可完成平焊、横焊及立焊焊接	对组装精度及轨道吸附平面度要求高

图 10-2　柔性轨道机器人应用场景

3. 参数化编程焊接机器人

为解决同一外形类构件（如 H 形牛腿，外形相同，规格尺寸多样），开发参数化编程技术，替代低效的离线编程和在线示教技术。参数化界面包括工件尺寸输入模块、焊缝信息输入模块、数据库配置模块、程序生成与发送模块。

4. 视觉引导焊接机器人

随着行业的发展，市场上出现了视觉识别焊接机器人。研发者是将当下时兴的视觉拍照、激光扫描与焊接机器人结合在一起，在电脑端通过视觉拍照选取所要焊接的起始点和结束点，并在系统内对焊缝形式进行定义，定义完成后机器人接收指令进行实际焊缝位置的激光扫描来自动纠偏，最终实现焊缝的自动焊接（见图 10-3）。此种方式的一大优势就是省略了人工示教程序，大大节约了在线操作编程时间，但同时对于激光扫描采集信息的准确性也提出了更高的要求。目前，全国已有多家企业正在围绕焊缝的三维扫描、实时跟踪反馈、不同焊缝形式的自动焊接等方面进行研发，致力于推动焊接机器人在钢结构中的应用。

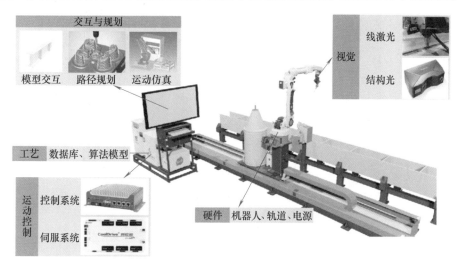

图 10-3　视觉引导焊接机器人

10.1.3　焊接机器人工厂应用场景

伴随智能焊接装备及先进焊接技术的发展，非标钢结构件的自动化焊接在角焊缝焊接场景中应用较为成熟，主要应用于 H 型钢、牛腿、隔板等角焊缝的焊接。但焊接机器人在焊缝等级要求较高的多层多道焊中的应用还不成熟，仍需要不断探索。

1. 龙门焊接机器人

龙门焊接机器人采取龙门行走的驱动方式，将 1~2 台焊接机器人倒置于龙门架上，随着龙门的移动，实现机械臂覆盖范围内构件焊缝的焊接。此类焊接机器人适用于 H 型钢、箱形梁、桥梁隔板单元等长直焊缝的自动焊接（见图 10-4），焊接效率较高。

a) H型钢焊接   b) 隔板单元焊接

图 10-4　龙门焊接机器人

2. 地轨焊接机器人

地轨焊接机器人是采取地轨行走的驱动方式，将 1~2 台焊接机器人正向或倒置于地轨上，随着地轨的移动，实现机械臂覆盖范围内构件焊缝的焊接（见图 10-5）。此类焊接机器人适用于 H 型钢加劲板、吊耳等附属件焊缝的自动焊接，焊接效率较高。

图 10-5　地轨焊接机器人

3. 牛腿焊接机器人

牛腿焊接机器人（见图 10-6）是针对钢构件的小部件，比如牛腿等部件，通过固定焊接机器人及匹配的工装胎架来实现牛腿焊缝的自动焊接，工装类型的选择可根据牛腿规格的大小，选用自动翻转工装及固定工装，以期达到较高的效率。

a) 现场应用实例一　　　　　　　　　b) 现场应用实例二

图 10-6　牛腿焊接机器人

4. 埋件焊接机器人

埋件是钢构件中偏规则的部件，存在一定的批量性，适合自动焊接机器人的应用。埋件焊接机器人（见图 10-7）即是针对此类构件，配合可覆盖不同规格大小的埋件工装，实现埋件焊缝的批量焊接，焊接效率翻倍提升。

a) 现场应用实例一　　　　　　　　　b) 现场应用实例二

图 10-7　埋件焊接机器人

10.2　焊接机器人参数化编程技术

10.2.1　焊接机器人参数化编程设计

1. 焊接对象分析

钢结构中 H 形牛腿最多，占比超过 80%；本次研究对象首选占比最大、数量最多、结构相对简单的 H 形牛腿，如图 10-8 所示。

2. 变量分析

为确保参数化编程能适应各种变量的变化，满足各工况下的编程要求，必须完整分析所有可能存在的变化因素，经综合分析，H 形牛腿的参数化变量影响因素见表 10-3。

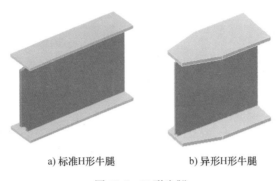

a) 标准H形牛腿　　　　　　　　b) 异形H形牛腿

图 10-8　H 形牛腿

表 10-3　H 形牛腿参数化变量影响因素

影响情况变量	机器人轨迹	夹具动作	焊接姿势	起弧/收弧位置
H 形牛腿规格	●	●		●
H 形牛腿长度	●	●		●
H 形牛腿坡口	●		●	
H 形牛腿焊接间隙			●	
过焊孔大小				●
焊接数据库			●	

注：●表示相应变量影响机器人。

3. 机器人参数化轨迹设计

由于本次参数化编程对象是同一类型工件（H 形牛腿），因此系统变量不涉及根本性变化。为此，参数化轨迹设计要求机器人的运行轨迹和焊接姿势相对固定，可以通过平移移动装置来适应变量的变化，避免因变量变化而引起机器人运行轨迹和焊接姿势出现较大变化，防止机器人因出现特异点而中断程序。

4. 机器人参数化编程设计

1）根据机器人加工技术参数要求，可焊接的 H 形牛腿截面范围为 300mm×150mm～1100mm×600mm；然后在离线编程软件中模拟最小截面 H 形牛腿和最大截面 H 形牛腿机器人运行轨迹和焊接姿势，如图 10-9、图 10-10 所示。

2）通过离线编程软件接口，采用编程开发软件引用所有变量，并进行可视化设计，实现变量控制。

5. 机器人参数化数据库设计

H 形牛腿常见的焊缝要求有全熔透、部分熔透、角焊缝，对应坡口形式有 K 形坡口、单边 V 形坡口、无坡口三种情况，对应的焊接数据有全熔透 K 形坡口数据库、全熔透单边 V 形坡口数据库、部分熔透 K 形坡口数据库、部分熔透单边 V 形坡口数据库及角焊缝数据库共五类情况。数据库具体焊接参数主要包括焊接电流、电弧电压、焊接速度、摆动宽度及

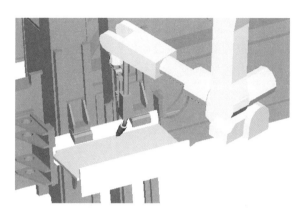

图 10-9　300mm×150mm 轨迹模拟

图 10-10　1100mm×600mm 轨迹模拟

摆动频率等十几个参数，通过大量焊接试验，形成机器人焊接参数库，在参数化编程时直接调用，数据库参数见表 10-4。

表 10-4　机器人焊接数据库参数（K 形坡口 40mm 板厚平焊数据库）

参　数	正面打底	反面填充、盖面			正面填充、盖面		
	P_1	P_1	P_2	P_i	P_2	P_3	P_i
焊接电流/A	290	320	320		350	350	
电压额定比（%）	94	96	97		95	97	
焊接速度/（cm/min）	40	40	33	…	45	35	…
摆动宽度/mm	1	4	7		1	7	
摆动频率/Hz	180	120	55		180	90	
…	…	…	…		…	…	

6. 机器人参数化编程界面设计

机器人参数化编程界面（见图 10-11），除应满足所有变量可调外，还必须满足操作逻辑合理、操作步骤简单、使用方便的要求；参数化界面主要包括工件尺寸输入模块、焊缝信息输入模块、数据库配置模块及程序生成与发送模块。

图 10-11　参数化编程界面

10.2.2　焊接机器人参数化编程应用

1. 机器人参数化编程流程

（1）信息输入

步骤一：H 形牛腿工件规格输入。根据实际工件情况，输入 H 形牛腿规格信息，包括牛腿的截面宽度、截面高度、翼缘板厚度及腹板厚度等。

步骤二：焊缝信息输入。根据工艺要求输入焊缝长度、坡口深度、坡口角度及端部余长等。

步骤三：数据库配置。根据工件实际情况选择相应数据库。

（2）程序生成

当工件的尺寸信息、焊缝信息及数据库信息等录入完毕后，一键生成机器人焊接程序，然后上传程序至焊接机器人控制箱，完成焊接程序编辑。

（3）机器人焊接

在示教器上选择已发过来的程序，点击运行程序，实现机器人自动焊接（见图 10-12、图 10-13）。

2. 机器人参数化编程应用

机器人焊接速度快、质量稳定、焊缝成形美观，加上快捷的参数化编程，H 形牛腿机器人焊接已成功应用于深圳国际会展中心、中洲滨海商业中心、东莞国贸中心等大型项目。以下选取某项目中不同坡口形式的 H 形牛腿编程效率进行对比，如图 10-14 所示。

图 10-12　机器人自动焊接

图 10-13　焊缝成形

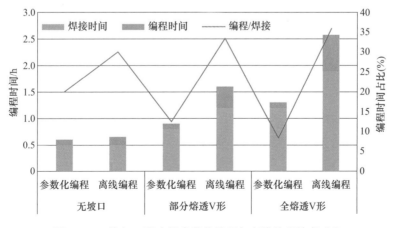

图 10-14　单个 H 形牛腿参数化编程与离线编程效率对比

由图 10-14 可知，单个 H 形牛腿参数化编程时间占机器人焊接时间比例为 5% ~ 20%，相比离线编程时间占机器人焊接时间的 30% ~ 35%，效率提升 30% ~ 80%。

10.2.3 结果分析

参数化编程与现有的在线试教编程、离线编程应用对比分析见表 10-5。

表 10-5 编程应用对比分析

编程方式	试教编程	离线编程	参数化编程
有效工作时间	编程时占用机器人，机器人有效工作时间少	编程时不占用机器人，机器人有效工作时间多	编程时不占用机器人，机器人有效工作时间多
准确性	由于人的因素，存在一定的偏差，编程准确性不易保证	离线编程三维模型，模拟情况与实际情况存在误差，准确性不易保证	参数化编程根据现场实际情况进行数据录入，准确性较高
编程效率	需要在空间寻找多个轨迹，编程效率低	需要在模拟的三维空间中寻找轨迹，效率一般	参数化编程只需输入实际参数，软件自动生成程序，效率高

参数化编程技术提高了焊接机器人使用效率，但是其应用对象主要为外形简单类钢结构件，仍无法解决复杂钢结构机器人焊接的难题。

10.3 智能焊接机器人上位机软件

10.3.1 技术背景

工业自动化系统设备由众多的机构和模块组成，协同完成一套自动化工作流程。系统中存在两个层次的对象，即上位机和下位机。下位机是指负责运行和控制现场实际设备的控制器和执行单元。上位机与下位机建立连接，运行的上位机软件控制和监测下位机的运行，并收集、存储、处理和分析下位机的数据，向下位机发送调度和控制指令，充当着整个系统的"大脑"。

机器人是工业自动化中不可或缺的关键设备，随着钢结构用钢量的持续增加和人工成本的不断攀升，开展机器人智能化焊接技术在钢结构领域的研发和应用已成为共识。

机器人焊接技术的核心是信息技术，是融合人的感官信息（焊接过程视觉、听觉、触觉）、经验知识（熔池行为、电弧声音、焊缝外观）、推理判断（焊接经验知识学习、推理与决策）、焊接过程控制，以及工艺各方面专门知识的交叉学科。因此，研究机器人智能化焊接的核心在于，开发出包含以上技术的上位机控制软件。

10.3.2 ArcCtrl 软件总体介绍

深化设计人员使用 Tekla 软件插件将构件的焊缝信息提取成文件交给工厂的设备操作人

员，操作人员将该文件导入 ArcCtrl 软件，ArcCtrl 软件即可自动规划焊接路径。在示教构件的焊接起点，点击运行按钮后，设备将全自动运行，完成整个工序的焊接。ArcCtrl 软件管控下的自动化焊接操作流程如图 10-15 所示。

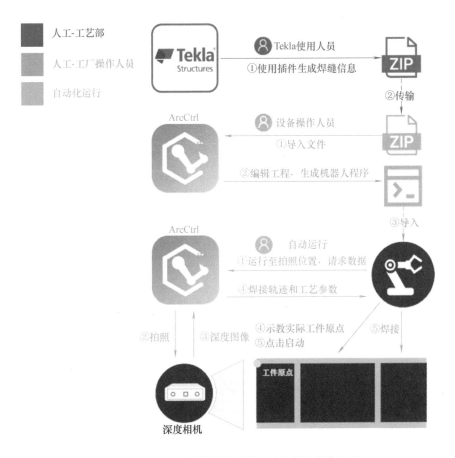

图 10-15　ArcCtrl 软件管控下的自动化焊接操作流程

智能焊接上位控制系统的首要任务是向现场操作人员提供便捷友好的操作界面，指挥下位执行机构合理精确地完成自动化焊接任务。涉及的技术有硬件集成控制、免编程免示教、焊接工艺数据库及专家系统。ArcCtrl 软件指挥自动化焊接的软件架构如图 10-16 所示。

10.3.3　硬件集成控制

一套由上位机软件控制的智能焊接系统具有各类型的硬件设施作为下位执行机构，例如焊机、机器人、清枪剪丝机构及 PLC 等。涉及的通信方式有多种，例如以太网、串口、CAN 总线等。涉及的通信协议多样，例如 Modbus TCP、Modbus RTU、IO 信号等。上位机和下位机的通信协议不同，存在兼容性问题，需要通过转换器或者网关进行相互通信。另外，每种品牌的机器人有其独特的数据格式、接口参数和不同的系统开放程度，为了让某种品牌的机器人完成同样的工作，需要额外进行适配工作。

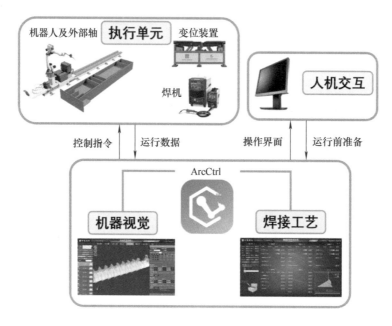

图 10-16 ArcCtrl 软件指挥自动化焊接的软件架构

另外，不同的钢结构工厂根据自己的产品特点和市场需求，对智能设备的选择和配置也有所差异。为此，对中建钢构股份有限公司的五大制造厂进行深入调研，根据共性需求制作标准化样机，又提出多种选配方案，例如增加变位装置提升翻转效率、采用地轨增加可焊工件体积、采用悬臂倒装的方式适应工厂复杂工件类型等。由 ArcCtrl 软件控制的部件焊接机器人单元、总成焊接机器人单元分别如图 10-17、图 10-18 所示。

图 10-17 由 ArcCtrl 软件控制的部件焊接机器人单元

ArcCtrl 软件适配多种国内外机器人，并在设计上将各个硬件配置抽象成单独模块，通过简单的设置就能实现对新增硬件的掌控，达到即装即用的效果。结合工厂的个性化需求，可以迅速形成定制化的解决方案。

图 10-18 由 ArcCtrl 软件控制的总成焊接机器人单元

10.3.4 免编程免示教技术

一般的焊接机器人都是采用示教再生的方式，即事先输入机器人焊接路径和位姿、焊接条件等各种各样为了进行作业所需要的信息，让机器人重现进行焊接作业。示教作业复杂耗时，若构件位置、种类等因素发生变化需要重新示教，则导致示教再生的工作方式效率低下。机器视觉是实现工业自动化、工厂智慧化的关键零部件之一，充当生产设备"眼睛"的功能。中建钢构股份有限公司开发的两套生产单元均采用深度相机作为视觉传感器。

ArcCtrl 软件解析通过 Tekla 插件导出的构件焊缝信息，提取焊缝位置，预先规划出每条焊缝被拍摄时相机所处位置和机器人姿态，可通过三维交互界面调整。随后，操作员需要示教实际构件的原点位置，软件读取该位置，与预先规划的拍照点位关联，即可计算出实际拍照点位。在程序启动后，机器人运行到一个拍照点位，解析深度相机拍照的结果，识别出焊缝特征，并将相应的焊接轨迹下发机器人执行焊接，继续运行到下一个拍照点位，最终完成整个焊接工序。由此，达到了免示教免编程的效果，不仅节省了大量焊前准备工作，大幅提升焊接效率，而且能在一定范围内适应钢结构件装配偏差和焊接变形带来的误差。ArcCtrl 可视化焊接路径规划如图 10-19 所示。

经过实践，采取单一深度相机作为视觉传感器时，仍有其局限性和不确定性。由于构件各肋板的间距和长度在一定范围内容易造成干涉，坡口经过打磨后影响结构光成像和视觉算法识别精度，人工装配误差范围大，深度相机本身的图像采集精度等客观原因，所以单一深度相机难以识别坡口，从而难以达到全熔透效果。

除了深度相机，还有许多其他类型传感器正运用于钢结构行业中，例如线激光、电弧传感等，可以获取焊接前后和焊接过程的各方面信息。因此，针对工作场景选用合适参数的传感器，结合使用多种传感器，在上位机软件中将多源数据以一定准则分析和综合，能够有效地提高机器视觉系统的精度和鲁棒性，形成对环境的全面感知和识别，进而进一步提高设备智能化程度。

10.3.5 焊接工艺数据库及专家系统

将已有焊接工艺经验进行整合学习，可以节省重复试错时间和步骤，降低设备操作门

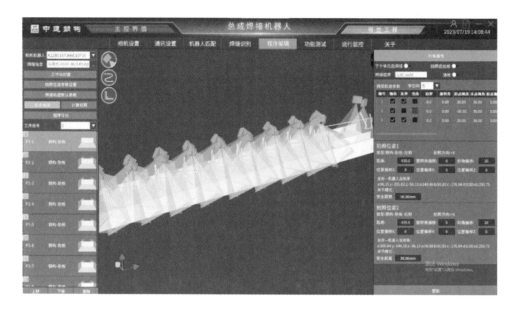

图 10-19　ArcCtrl 可视化焊接路径规划

槛，稳定焊接质量。建立焊接数据库系统，对繁杂的数据进行高效的存储和管理，是上位机软件指导设计焊接工艺的前提。

ArcMaster 焊接工艺数据库，包含了 ≤40mm 板厚的部分熔透角焊缝的焊接数据，焊接形式包括平焊、横焊、立焊，兼容角度为 0~45° 的 V 形坡口。其研发过程主要分为两个阶段：一是在智能焊接产品研发阶段，通过反复的机器人自动焊接测试，完成设备参数和工艺实操的总结，填充大部分情况下的焊接参数；二是智能焊接产品交付使用后，操作人员根据工厂环境微调和填充焊接参数，来达到更好的焊接效果，开发人员根据调整内容持续完善数据库。ArcMaster 焊接工艺数据库进行的焊接试验如图 10-20 所示。

图 10-20　ArcMaster 焊接工艺数据库进行的焊接试验

ArcCtrl 软件将 ArcMaster 数据库作为一个子模块,对焊接参数统一管理、集中调配。软件界面上向用户提供焊接参数组的编辑界面,如图 10-21 所示。通过算法分析深度相机采集到的焊缝图像,软件可以得知焊缝的板厚、间隙、焊接形式等信息,即可自动匹配焊接参数,从而达到"一键式启动全自动焊接"的效果。软件结合视觉自动匹配焊接参数,省去人工编辑工艺的步骤,在很大程度上简化了焊前准备工作。

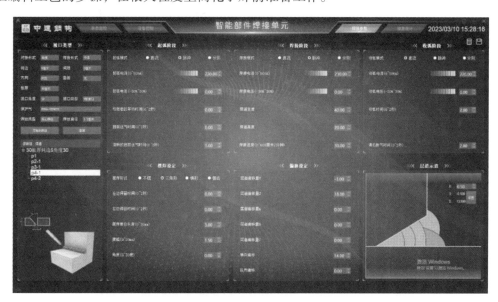

图 10-21　ArcMaster 焊接数据库在 ArcCtrl 软件上的可视化编辑

一方面,由于前面所述深度相机的局限,在进行坡口焊接时仍需人工标注,通过工艺中设定的层道偏移来完成多层多道焊接。在多层多道排布算法尚未得到可靠方案的行业普遍技术现状下,采取焊接工艺数据库是机器人全自动坡口多层多道焊接的一种可行方案,且符合半熔透要求。

另一方面,目前实际生产中使用的焊接数据库功能并不完善,主要是进行简单查询和指导工作,智能化程度低,通用性不强。从反复的焊接试验中提取出应用规则和经验公式,即开发出专家系统,才能发挥出工艺数据库更大的价值。

经过大量焊接测试,以及坡口焊接剖面观测和熔覆量统计,初步实现对单道焊接参数焊道尺寸形状的预测,从而对多层多道焊接工艺的焊缝成形效果做出简单模拟,并将模拟结果显示到 ArcCtrl 软件界面上。ArcCtrl 软件提供焊缝偏移计算器(见图 10-22),用于计算不同参考系下完成指定偏移量应设定的参数。利用以上两个工具,操作人员可以更快地调整出合适的焊接参数。

10.3.6　远程生产管控

边缘计算是云计算与终端之间协作的一种折中、一种优化、一种缓存。设计边缘计算的原因大致有以下三点:一是速度不够,互联网通信延迟可达几十、几百毫秒以上,而工厂设备控制对时延敏感,需要将算力部署在与设备端较近的地方;二是带宽不够,如果所有控制

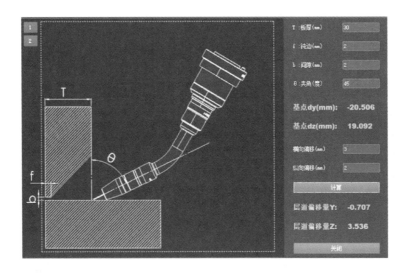

图 10-22　ArcCtrl 软件提供的焊缝偏移计算器

指令通过网络传输，例如此大数据量将给予带宽很大的压力；三是安全不够，有些敏感数据不便于传输超过一定区域，将算力下移至安全边界内，就能兼顾算力和安全的需求。

工厂中的上位机承担着与边缘计算类似的角色，焊接过程由上位机在未来仍具有必要性。因此，上位机配合远程生产管控，需要将重心放在焊前规划阶段。

ArcCtrl 软件提供生产过程仿真功能。通过三维人机交互界面（见图 10-23）放置各个机构的模型，模拟机器人按照指定拍照点位运行并执行焊接，检测焊前规划的可达性、安全性和稳定性，提供焊接路径、焊接时长等有价值信息。

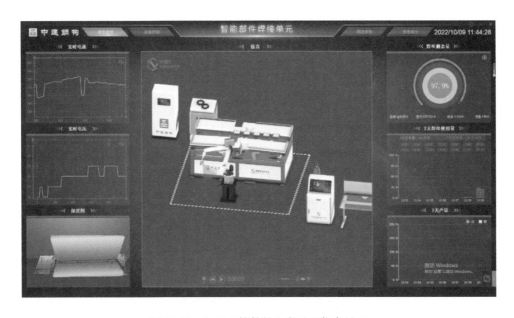

图 10-23　ArcCtrl 软件的生产过程仿真界面

10.4　三维模型驱动视觉焊接机器人技术

10.4.1　技术背景

建筑钢结构由于构件非标、多品种、小批量的特点，为方便车间能够实现自动焊接，焊接机器人工程师需要对每根构件进行编程，若人工逐个去拖动仿真软件中机器人末端进行运动轨迹生成、姿态设计、焊接参数设定，则极其浪费时间；但项目遇到没有三维数模时，需要人工示教编程，无论离线还是人工示教，整个过程人工操作比重大，智能化程度低。为此，针对钢结构非标产品，免示教视觉可自动编程的焊接机器人成为行业研发的重点。

10.4.2　技术原理

1. 焊缝模型快速创建

针对焊缝模型的创建，以往做法是从三维软件中将模型导入到机器人仿真系统，利用专用的仿真软件进行离线编程（见图 10-24），所有信息均需人工输入，效率较低，且对操作人员有较高要求，复杂构件需要 1~2 天的时间进行编辑。

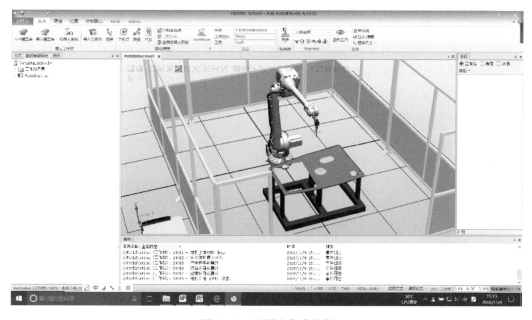

图 10-24　机器人仿真软件

当前的焊接控制软件，兼容 Tekla 软件导出的中间格式文件，识别构件模型及零件，并且附带零件信息（见图 10-25）；同时也可应用各种组合和拓扑关系，建立待焊构件模型，并可进行创建、编辑、保存等操作，通过软件内部数据计算程序，快速自动识别、计算并批量修改构件的所有焊缝信息，如焊脚尺寸、焊缝位置等，同时也可以自行绘制焊缝，或通过定制的外部焊缝格式文件和 AutoCAD 中焊缝信息进行导入，可大大提高工作效率。

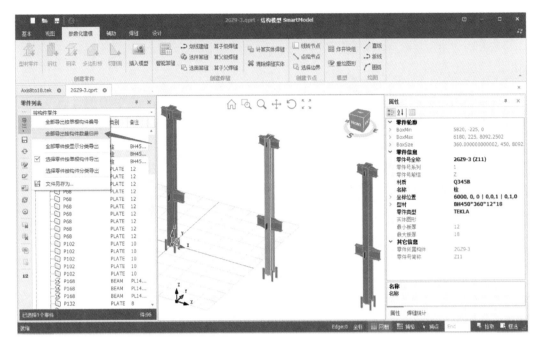

图 10-25　构件信息识别

焊接控制系统可以结合生成产品特性，建立工件与设备的相互关系，快速完成焊接工作站的创建。构件的定位可根据构件的特点，选用专用的机械装夹或固定的胎架，与不同类型的焊接机器人组成工作站。

2. 焊接路径自动规划

在当前机器人焊接行业，对于焊缝位置的识别应用较为广泛的主要是两项技术：一是"离线编程"的智能焊接技术，基于待焊构件的模型，提取焊接作业的行走轨迹，机器人持焊枪按照轨迹去执行焊接作业。该技术适用于同规格、大批量小型标准构件的制造加工；二是基于"示教再现"的智能焊接技术，在正式焊接前让机器人在人工干预前提下沿构件待焊部位运行一遍，机器人控制系统"记住"运行轨迹，在回到起点后沿轨迹实施焊接作业，但寻找轨迹的"示教"过程耗时过长，降低了设备利用率。

针对钢结构非标构件，上述操作方式并不适用，目前正在研发的焊缝路径规划采用的是视觉识别及基于三维模型的识别技术。视觉识别的模式是基于人机交互，应用先进的相机成像技术，直接获取焊缝的焊接路径，简单设置焊缝信息后，并辅以三维激光扫描进行实时位置纠偏，完成焊缝路径的规划，可适用于任意构件、随意摆放。基于三维模型的识别技术，是将钢结构件的三维数据模型导入到控制系统，在模型内快速批量设置焊缝信息或自动计算焊缝信息，规划焊接路径；在实际焊接时，通过激光扫描，快速精准定位焊缝位置，实现焊缝的自动焊接，如图 10-26 所示。

3. 焊接工艺自动生成

焊接工艺数据库对于一个企业至关重要，以往的焊接工艺数据库软件，是使用软件中自

图 10-26　焊缝识别

带的格式工具对焊接工艺数据和操作数据进行编辑。但此方式比较单一，在钢结构行业适用性不强。

　　行业现有的焊接控制系统，可以通过对信息与数据处理技术的研究，在焊接控制系统内快速新建或者修改焊接参数及焊接机器人的运转姿态，形成焊接工艺数据库。在焊缝位置及焊缝要求识别后，焊接系统可根据与智能焊接机器人相匹配的数据格式和接口参数，自动根据扫描路径规划和焊接路径规范的结果计算出焊接程序，焊接程序包括焊接参数指令、机器人运转姿态控制、相机激光交互通信等内容，大大提高了工作效率。焊接程序生成时自动读取、调用、保存，并可将焊接工艺数据上传至云端，供多台焊接机器人应用，实现资源共享，为数字化焊接打下基础。

10.4.3　本节小结

　　钢结构行业内虽然在角焊缝等场景已成熟应用焊接机器人，但因行业存在板厚范围大、焊接位置多、焊缝形式多及焊缝等级要求高等特点，所以距钢结构件智能焊接机器人的大批量应用仍有一定距离，比如基于 3D 结构光视觉传感技术、多层多道智能焊接算法、融合机器视觉与先进工艺的机器人智能控制系统，以及多场景机器人装备的集成式控制技术平台等，钢结构行业智能化的实现仍有很多难题需要攻克。

10.5　三维全景视觉焊接机器人技术

10.5.1　技术背景

　　针对 H 形钢梁等结构件采用整体 3D 扫描，无需构件三维模型，根据扫描范围和轨道长度一次进行上百条焊缝焊接，实现批量焊缝连续无人化作业。全景扫描识别技术搭配激光寻位技术的复合传感方式，实现快速精确测量焊缝位置，免去焊前编程示教环节。通过工件轮廓与焊缝尺寸信息模型匹配，搭配运动路径自动规划、焊接顺序自动排序、焊道自动排布及工艺规程自动调用等多种智能功能，快速实现 H 形、箱形、加劲板等不同结构的免示教智能化焊接。大型钢结构机器人智能焊接方案设计如图 10-27 所示。

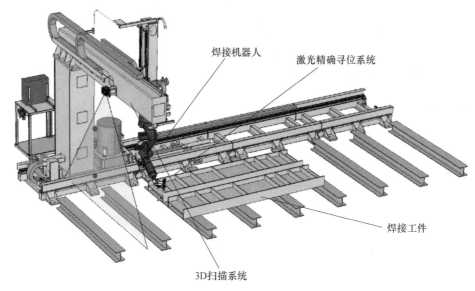

图 10-27　大型钢结构机器人智能焊接方案设计

10.5.2　大型钢结构件机器人系统集成

机器人装备采用悬臂结构，在移动门架横梁下倒装一个机械手，门架在纵向轨道上行走，机械手在横梁上横向左右移动，机械手的工作范围可以覆盖整个焊接单元。利用安装于门架横梁上的激光传感器对工件轮廓进行扫描采集，自动识别待焊位置；采用自适应逻辑编程技术（ALPT），根据采集数据智能规划焊接路径。工作站硬件上主要包括：一套滑台、一套三轴半龙门架、一套机器人系统、一套焊接系统、一套 3D 扫描系统及安全围栏等，如图 10-28 所示。

10.5.3　大型钢结构件智能焊接工艺流程

机器人融合 3D 相机，通过扫描钢结构件，自动识别焊缝轮廓并传输至智能管理分析系统，由该系统收集、存储视觉数据，匹配工件类型，然后由离线编程软件解析视觉数据，自动生成焊接程序，由智能管理系统下发至焊接机器人，执行焊接作业。

1. 参数设定

在上位机选择工件类型，设定焊脚大小。

2. 3D 扫描识别焊缝

3D 扫描传感器扫描摆放在焊接区域的工件生产点云数据，工件只需要按一定规则放置在胎架上，无需精确定位。利用视觉传感器采集到的三维点云数据，通过智能视觉算法提取焊接单元特征信息。根据焊缝生成模块生成的焊接单元特征信息进行焊接单元焊接顺序规

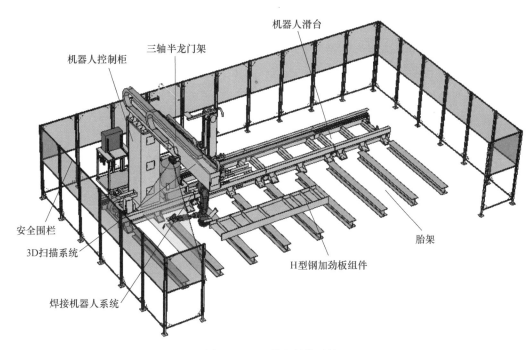

图 10-28　机器人硬件系统

划、机器人任务分配，最终生成焊接任务。钢结构件逆向建模如图 10-29 所示。

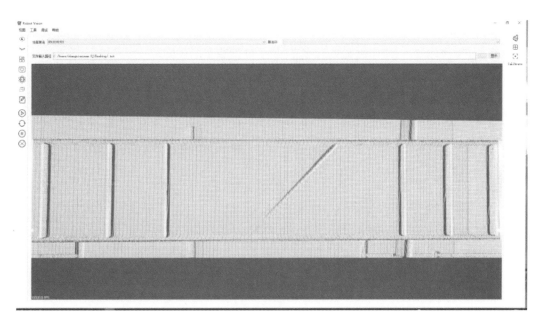

图 10-29　钢结构件逆向建模

3. 点激光起点和终点检测

安装在焊枪臂上的点激光传感器自动对焊缝起点和终点进行精确寻位，确定焊缝实际位置；点激光寻位过程中，焊枪和焊丝与工件没有接触，寻位速度快；寻位精度不受焊丝伸出长度和弯曲度影响，精度高。利用点激光传感检测需要在焊枪周围安装点激光传感器，再通过对点激光设备的标定，确定传感器与焊枪 TCP 点的相对位置关系，如图 10-30 所示。机器人可以通过传感器的数据对焊接路径进行调整和优化。

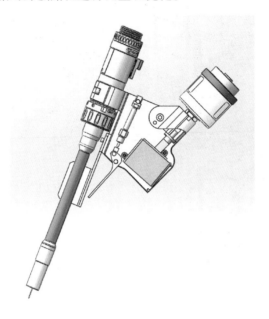

图 10-30　点激光传感器与焊枪示意图

4. 焊缝跟踪

机器人开始焊接后，应用电弧跟踪功能完成对焊缝实时跟踪。焊缝的电弧跟踪功能用于当实际焊缝轨迹偏离示教程序轨迹或工件在焊接过程中发生热形变时，机器人通过焊接过程的数据搜集、处理，实时修正补偿运行轨迹，确保焊枪末端运行轨迹始终在焊缝上。如图 10-31 所示，L_1 为焊缝轨迹，L_2 为机器人示教轨迹，实际焊缝位置与示教程序轨迹发生偏移。当打开焊缝跟踪功能时，系统在实际焊缝位置偏离的情况下，依然能够按照 L_1 轨迹进行焊接。

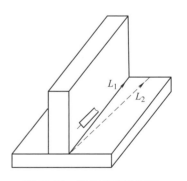

图 10-31　焊缝偏移示意图

通过焊缝跟踪功能，机器人可以分辨出焊缝轨迹在左右方向和上下方向的偏移，保证对焊接各个位置方向上的偏差，都可以进行准确修正。同时，电弧跟踪功能可以实现复杂曲线的跟踪，确保了电弧跟踪的实用性。在焊接过程中，通过电弧跟踪功能，实时调整焊枪位置，使焊丝的干伸长不变，保证了焊接过程的稳定性，从而确保整条焊缝成形的一致性。

10.5.4　工程实例

1. 典型 H 形钢梁智能焊接流水分析

H 形钢梁节拍计算：两件四筋板，筋板高度 100mm、长度 500mm 计算。

扫描时间 180s（扫描长度 9m）+原始数据储存时间 2min（与机器人回原位同一时间）+计算时间 1min（视觉）+单劲板（焊缝检测时间 25s×6+立焊 90s×4+横焊 80s×2+空运行 30s）×4×2，总计约 99min。

牛腿节拍计算：单面并排摆放 8 个 1m 牛腿。

扫描时间 180s（扫描长度 9m）+原始数据储存时间 2min（与机器人回原位同一时间）+计算时间 1min（视觉）+（单件点激光检测时间 80s+空运行时间 20s+焊接时间 500s）×8，总计约 86min。

横焊焊接速度：4mm/s，立焊焊接速度：1.1mm/s，焊脚高度 8mm。

2. 工作流程

1）人工将待焊工件吊运至焊接区，工件不需要工装进行精确定位。

2）在上位机上选择工件类型，设定焊脚大小。

3）确认工作区域内没有人及多余设备等障碍物，按"上件完成"按钮；安装在三轴半龙门架上的 3D 扫描设备起动，并在三轴半龙门架的带动下自动扫描工件，并把扫描数据自动发送给机器人控制系统，同时机器人系统根据扫描信息和上位机设定值自动规划焊接路径，最终生成机器人焊接程序，并将焊接程序自动下发给机器人执行系统，自动执行焊接作业。

4）机器人在执行焊接作业时，首先通过点激光检测，对焊缝进行精确定位，确定焊缝起始点，进行焊缝的焊接。

5）焊接过程中应用电弧跟踪对焊缝进行实时跟踪（见图 10-32）。

图 10-32　机器人焊接过程

6）人工将工件进行翻面，使机器人焊接工件另一侧焊缝。

7）焊接完成后，人工将焊接完的工件转运到物料缓存区。

8）依次循环以上工作过程。

9）在长时间焊接过程中，完成一段（根据实际情况可设置距离）焊缝的焊接，机器人自动进行清枪剪丝处理，保证焊枪清洁，确保焊接质量。

3. 焊接结果分析

半龙门焊接机器人可实现 H 型钢结构角焊缝多层多道焊接。通过试验对比，半龙门焊接机器人工作站的焊接效率和人工焊接相比提升约 60%，焊缝成形良好（见图 10-33）。

图 10-33　焊缝成形良好

10.6　现场焊接机器人装备

10.6.1　技术背景

近年来，随着人工成本不断攀升、工程质量要求越加严格，钢结构行业发展面临着巨大挑战。行业内诸多企业不断尝试采用自动化焊接设备来替代人工焊接，以期提高企业效益。但目前焊接机器人主要用在钢结构制造领域，并且主要针对较为规则的钢结构件，由于现场环境复杂、高空焊接风险大、现场工人流动性大等因素，因此针对现场钢结构焊接的自动化装备相对较少。当前，现场应用性较高的是 mini 型焊接机器人。

10.6.2　焊接技术原理

1. 设备组成

钢结构行业内现有的便携式焊接机器人，设计有直线形轨道及柔性轨道，以适应不同类型结构件焊缝的焊接。以 mini 型焊接机器人为例，其主要构成包括机器人本体、摆动机构、控制箱、示教器、导轨、焊接电源、送丝装置、送丝电缆、焊枪、电磁开闭器、控制转接器、防干扰变压器（220/110V）及连接线缆等，如图 10-34 所示。

mini 型焊接机器人整体重量在 18kg 内，质量轻、便于拆卸，已逐步应用于建筑、桥梁钢结构、船舶、海洋工程及工程机械等行业，具有易搬运、易安装、易操作的使用特点，提供了高智能、高品质、高效率的应用体验，可解决平焊、立焊、横焊三种焊接位置的近十几种坡口形式焊缝的自动焊接。在钢结构行业主要适用于一些平直构件主焊缝的焊接，在钢构件的制造厂及安装现场均可应用。

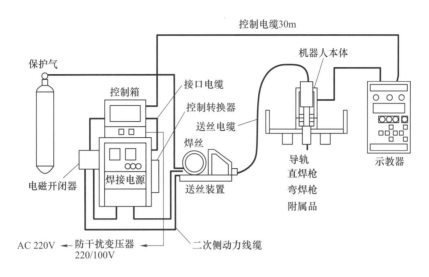

图 10-34　mini 型焊接机器人结构图

2. 技术原理

行业内便携式焊接机器人的技术原理的主要区别在于焊缝路径的获取及焊接工艺的规划，主要分全自动式、半自动式及手动式。手动式主要采用示教模式，即焊接操作工通过示教器控制焊枪逐个取点，获取焊缝的坡口形式，再手动设置焊接参数，完成焊缝的焊接。半自动式采取的方式也是通过示教器控制，通过焊丝接触传感，获取焊缝的坡口形式；基于获取的坡口数据，自动从焊接参数库内比对、调取合适的焊接参数，完成焊缝的焊接。全自动式是通过采用先进的激光扫描技术来获取焊缝的坡口形式数据，基于坡口数据自动匹配形成焊接参数，下达指令，完成焊缝的自动焊接（见图 10-35）。机器人可适用平焊、角焊、横焊、立焊等位置的角焊缝及坡口焊缝焊接。

a) 坡口识别

b) 现场焊接

图 10-35　焊接坡口识别及焊接

10.6.3　应用场景

1. 应用案例

借助直线形及弧形的轨道，可在加工制造厂内长平直焊缝上进行应用，比如箱形构件、H 形构件、牛腿等位置的焊缝。在项目现场，可适用箱形柱、圆管柱、钢梁等对接焊缝，便携式焊接机器人对结构件的组装精度及坡口精度要求较高，以达到较高的焊接质量。现场应用案例如图 10-36~图 10-38 所示。

图 10-36　深圳自贸时代应用现场

图 10-37　苏州国金项目现场应用

2. 设备优缺点分析

直线形便携式焊接机器人最大的优点是在具有丰富的焊接数据库的前提下，机器人可以自动识别实际的坡口信息，并根据数据库自动生成焊接层道次及焊接参数，此种方式大大提高了焊接的智能化及效率，但其也存在着焊前调试及参数库填充耗费时间长的不足，见表 10-6。

图 10-38　济南平安项目现场应用

表 10-6　mini 弧焊机器人优缺点

优　点	缺　点
小巧便携、易搬运、易安装	层间需设置停止点清渣
高智能、高效率、高品质	转角焊缝不能连续焊接
可全自动、半自动、手动示教，自动生成焊接参数	焊前调试耗费时间较长
适合较长、平直焊缝多种坡口形式的焊接	对坡口及组装精度要求较高
可完成平焊、横焊及立焊	轨道吸附对平面度要求高
操作简单，一人可同时操多台机器人焊接	导轨连接需增加灵活性

在钢结构件中，弧形构件占有很大的比例，此类结构件的焊缝焊接主要依靠人工分段焊接，焊缝成形水平参差不齐。此类弧形构件若采用自动化设备需要借助于弧形轨道，不同弧度需匹配相应轨道，导致设备成本增加。因此，柔性轨道机器人产品可以解决此类问题，借助柔性轨道利用强磁吸附于结构件外表面，实现弧形焊缝的自动焊接，但同样存在前期调试时间长、组装要求高等劣势。柔性轨道机器人优缺点见表 10-7。

表 10-7　柔性轨道机器人优缺点

优　点	缺　点
可实现直线形、弧形焊缝焊接	轨道可弯曲但弧度有限
焊缝外观成形好、质量高	转角焊缝不能连续焊接
焊前调试时间短	层道焊接需要微调
可完成平焊、横焊及立焊	对组装精度及轨道吸附平面度要求高

10.6.4　本节小结

由于建筑钢结构行业产品具有非标的特点、施工现场工况复杂，所以对适合现场自动化的焊接装备提出了便携、易操作、柔性化高及自动化程度高等要求，在焊接工艺数据库的自动建立、数据处理、数据库完善及数据自动调取归类等方面仍存在难题。而新兴数字化、信息化等技术的融合，势必会推动焊接机器人在钢结构件制造中得到成功应用。

10.7　焊机群控系统

10.7.1　技术背景

随着国家智慧制造强国整体规划的实施，传统制造业正在向工业化、信息化转型，生产企业对制造过程管理要求在不断提高，迫切需要提升过程管理能力和管理手段。传统的钢结构制造车间现状是人机分离，流程复杂，质量和效率无法管控，焊接工时、焊接材料使用、焊接设备的状况及焊接过程记录等仍停留在纸质层面，数据统计难、精确度差，整体缺乏精确的管理手段。为解决上述问题，各焊机设备厂家研发应用焊机群控系统后，可随时方便查询各焊机的实时运行状态、收集各类焊接信息并进行统计分析，提升数字化、信息化水平。

10.7.2　系统原理及功能

1. 系统原理

焊机群控系统一般主要由焊机、通信控制盒和群控服务器系统三部分组成，如图 10-39 所示。焊机在系统中是被监控的对象，反馈焊机的实时数据到系统，并根据系统的命令做出

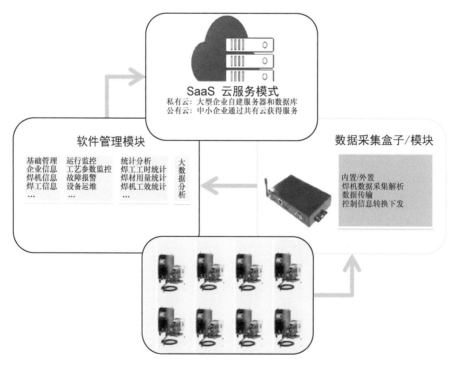

图 10-39　焊机群控系统示意

相应的动作；通信控制盒在系统中作为系统与焊机的通信纽带，进行群控相关的数据转换和交互；群控服务器系统是属于整个系统的人机操作和交互的平台，实现对焊机的监控和数据记录管理。

2. 系统功能

焊接管理系统包括焊机管理、焊工管理、焊接工艺管理、统计分析及故障管理等内容，如图 10-40 所示。管理系统内可实时掌握设备运行状态、设备开机率、资源消耗等情况，可将实际焊接参数与制定的焊接工艺对比，并且系统可生成多种统计分析报告，为企业决策提供支持。

```
                              焊接管理系统
  ┌────────┬────────┬────────┬────────┬────────┬────────┬────────┬────────┐
统计分析   焊接过程  工艺规范  设备管理  焊机绑定  基础信息  系统监控  系统管理

焊工报告   历史查询  规范编辑  设备品牌  焊工焊机绑定 生产组织管理 系统日志  菜单管理
焊工超规            规范焊机  设备型号            班组管理   定时任务  用户管理
焊工效率                     焊机信息            焊工管理            角色管理
班组报告                                                          组织机构管理
焊机报告                                                          国际化语言
焊机效率                                                          数据字典
故障管理
月利用率
日开机率
```

图 10-40 焊接管理系统功能模块

（1）实时监控

焊接管理系统内可实时监控每台焊机的运行状态，实时查看每台焊机的焊接电流、电弧电压、送丝速度及气体流量等状态，还有参数超规范报警提示等（见图 10-41）。

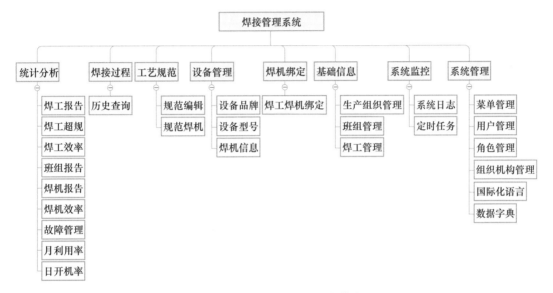

图 10-41 焊接参数实时显示界面

（2）生产组织管理

系统内可在系统管理模块通过设置用户及角色，建立公司、车间、部门、生产线及工作区等多级组织架构，如图 10-42 所示。

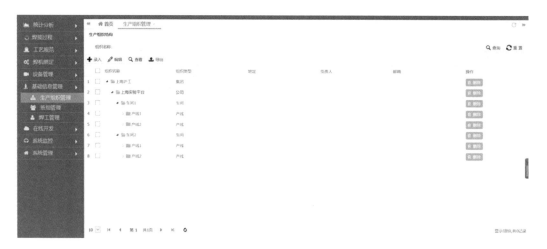

图 10-42　生产组织管理界面

（3）焊工管理

焊接管理系统内同样支持焊工信息管理，焊接管理系统支持与 HR 系统对接，可快速导入导出焊工的各项信息，包括身份信息、资质信息等，如图 10-43 所示。

图 10-43　焊工管理界面

（4）焊机管理

焊接管理系统内可对焊机属性进行设置，如设置焊机编号、运维时间、品牌维护等功能，同时可对多台焊机进行工作组设置，并对焊接设备的状态进行实时监控，且可对设备以往的数据进行查阅。焊机管理界面如图 10-44 所示。

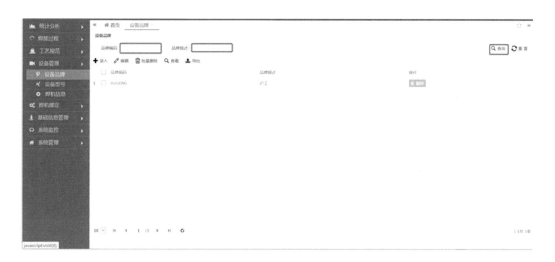

图 10-44　焊机管理界面

（5）工艺管理

焊接管理系统内，可随时方便地添加常用的焊接工艺，并进行调用。同时，智能焊接管理系统预留了工艺管理系统接口，可实现焊接工艺系统的无缝衔接。工艺管理界面如图 10-45 所示。

图 10-45　工艺管理界面

焊接工艺录入后，可单独或批量下发至焊接设备，并且可与数字设备进行通信，工艺的下传通道可以锁定，保证规定焊机选用规定的焊接工艺。针对不同型号规格的数字化焊机可以建立不同的工艺下发规则（见图 10-46）。当实际的焊接参数超出指定的焊接工艺时，焊接设备即报警提示。

（6）焊机绑定

焊接管理系统内可建立焊工与焊机的绑定关系，同时焊接管理系统可以与扫描系统、刷卡系统进行对接，实现扫码、刷卡绑定，焊工开关机均通过刷卡或扫码的方式，实现焊接的规范化操作。当焊工忘记刷卡时，可通过管理员手动绑定或解绑。焊机绑定设置界面如图 10-47 所示。

图 10-46　工艺下发界面

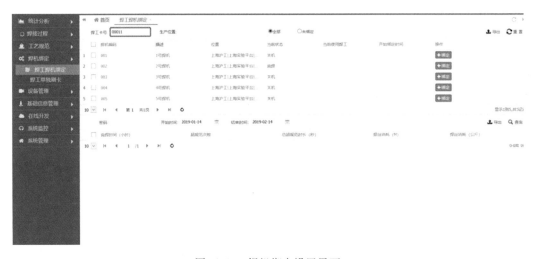

图 10-47　焊机绑定设置界面

（7）统计分析

焊接管理系统内可分别从焊工、焊机的维度生成各类数据报告。焊工报告可对多名焊工进行横向对比，对比开机时长、焊接时长，平均每天焊接时长、焊接效率、焊接质量、超规范次数，总超规范次数、规范符合率、焊丝消耗、气体消耗、电能消耗及焊机故障报警次数等数据（见图 10-48）。

焊工效率可以班组为单位，综合统计开机时长、焊接时长、焊接效率、故障次数、超规范次数、电能消耗及气体消耗等数据。上述的数据同样可以焊机的维度进行统计。对于焊接超出规范的统计，可按生产线或焊机或班组或焊工导出 Excel 文件进行对比查阅。基于上述数据，可以分析工人或班组等的效率、质量及能耗等，便于管理层决策。

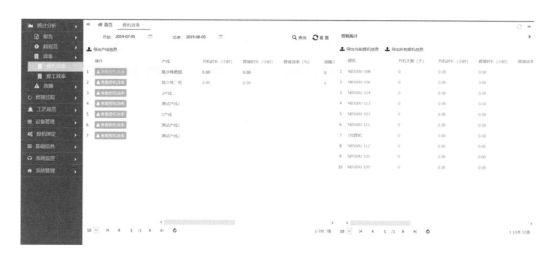

图 10-48　统计分析界面

（8）故障管理

焊接管理系统内可对焊机电源出现的故障进行分类统计（见图 10-49），分析故障产生的原因、处理方法等，并可对出现的所有故障进行汇总，以饼状图等图表展现，便于对设备进行统筹管控。

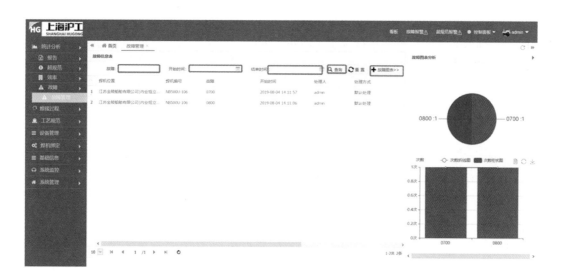

图 10-49　故障统计显示界面

（9）终端

焊接管理系统支持安卓操作系统的移动终端应用，可在手机端方便查阅各类数据。在制作车间可以设置视频显示器，整体查看焊接生产线的运行状况统计、效率、故障、超规范等信息，系统的看板界面可以连接大屏幕，在车间可实时查阅所有汇总信息。

10.7.3　本节小结

随着信息化装备及通信技术的发展，焊机群控系统将从现有的使用单一规范衍生出不同的工作模式，以适应各种生产应用场景。同时，焊机群控系统的功能将向焊接信息化系统延伸，兼容更多类型的数据接口，并与 MES、ERP 系统联通，实现不同维度加工信息的实时统计和分析，支撑管理者的决策。

10.8　建筑钢结构焊接新技术未来展望

智能控制技术、数字化信息处理技术、图像处理及传感器技术、高性能 CPU 芯片等高新技术的融入，将会使未来焊接技术产生新的重大飞跃。

1. 焊接技术与人工智能、传感等新技术深度融合

通过网络通信技术将生产管理与焊接过程自动控制一体化；人工神经网络、模糊控制等人工智能技术的应用，使焊接技术可以实现焊缝自动跟踪、焊接参数自我调整、焊接质量实时监控等；传感技术、自动化技术使焊接技术具有了柔性化，可满足不同材质、不同工件的焊接要求。

2. 焊接数值模拟与虚拟制造的有机结合

焊接是一个涉及传热学、电磁学、材料冶金学、固体和流体力学等多学科交叉的复杂过程。单纯采用理论方法，很难准确地解决生产实际问题，往往采用试验手段作为基本方法，按照"理论-试验-生产"模式进行焊接生产技术的研究。随着数值模拟及虚拟制造技术的快速发展，未来焊接研究将转为"理论-虚拟-生产"的模式，推动焊接技术实现由经验到科学、由定性到定量的飞跃。

3. 工厂全面采用焊接机器人作业

基于 Tekla 模型驱动及机器视觉引导技术，在钢结构行业全面推广应用焊接机器人，参照日本钢结构行业焊接机器人应用情况，力争在"十四五"末国内焊接机器人使用量超过 5 万台（套）。在这个过程中需重点攻克基于视觉的智能自动编程算法及全熔透坡口焊缝机器人焊接工艺。

4. 推进现场焊接机器人应用

现场作业特点决定了机器人需小巧灵便，同时具备 10~90mm 厚度的横焊、立焊等不同焊接位置、多层多道焊工艺数据库。重点推进协作式焊接机器人的现场应用，通过配备三维视觉系统，对现场坡口信息进行检测重构，同时匹配焊接工艺数据库，加大现场焊接机器人的使用量。

5. 全面推广激光-电弧复合焊先进焊接技术

激光-电弧复合焊接技术综合了激光穿透能力强、电弧桥接性好的优点，随着国产激光器的突破，工程应用越来越广泛。在"十四五"期间攻克钢结构中厚板激光-电弧复合焊接核心技术与装备，在 U 肋板单元、H 形、箱形等结构件上实现激光-电弧复合高效焊接。

6. 推广 Q690 及以上高强钢焊接技术

在"双碳"目标下，Q690 及以上高强钢将大量在工程中应用，因此亟需开展 Q690 及以上高强钢焊接工艺、国产化焊接材料、焊接性能评价研究，形成钢结构行业高强钢焊接标准。

7. 推广厚板窄间隙高效焊接工艺

在生产建设中，许多大型钢结构建筑都要求采用大厚板连接。窄间隙焊接技术作为一种效率高、成本低，以及焊接接头力学性能好的大厚板焊接方法，在厚板焊接领域具有广阔的应用前景。在厚板箱形构件、圆管构件上推广应用窄间隙 MAG 焊、窄间隙埋弧焊工艺，焊接效率将提升 2 倍以上，减少耗材和耗能 70% 以上。

8. 可视化相控阵检测技术

相控阵检测技术是在原有的手动超声波检测原理的基础上，利用相控阵技术发展而成的一种新技术，并以其快速、准确、安全及抗干扰等优点，正日益成为无损检测的主要方法，能够实现自动检测及检查数据上传、存储等。未来将要着力构建钢结构全自动相控阵超声波检测技术及相应标准。

第 11 章

建筑钢结构焊接质量

钢结构工程的焊接质量控制主要体现在焊接缺陷控制、焊接变形控制、焊后应力处理、焊接质量检验及焊接返修等方面。施工中，多方面因素均可能对钢结构工程焊接质量造成影响，很多问题也可能随之出现，为尽可能提升钢结构工程焊接质量，围绕钢结构工程焊接质量控制要点等方面展开论述。

11.1　焊接人员资质

对于企业所有的焊接操作人员（焊工、焊接操作工和定位焊工）都要求持证上岗，并在资格证允许的范围内施焊，坚决不允许低资质焊工施焊高级别的焊缝。

对于无证或资格证过期的焊工和焊接机械操作工，应按照现行 CECS 331—2013《钢结构焊接从业人员资格认证标准》进行理论和操作技能培训与考试，认证合格后，方可从事与资格认证相符的焊接操作。图 11-1a、b 所示分别为焊工理论考试和操作技能考试的情景。

a) 焊工理论考试　　　　　　　　　　b) 焊工操作技能考试

图 11-1　焊工考试取证情景

11.2　焊接机具与焊缝检测仪器

典型焊接设备、焊接工具、焊缝检测仪器见表 11-1～表 11-3。

表 11-1　典型焊接设备一览表

设备名称	操作方式	图　例	使用地点
电弧焊焊机	手动		工厂、现场
CO_2 气体保护焊焊机	半自动		工厂、现场
弧焊机器人	自动		工厂
埋弧焊焊机	自动		工厂

（续）

设备名称	操作方式	图　例	使用地点
熔丝式电渣焊机	自动		工厂
栓钉焊机	半自动		工厂、现场

表 11-2　典型焊接工具一览表

工具名称	图　例	用　途
CO_2 气体保护焊焊枪	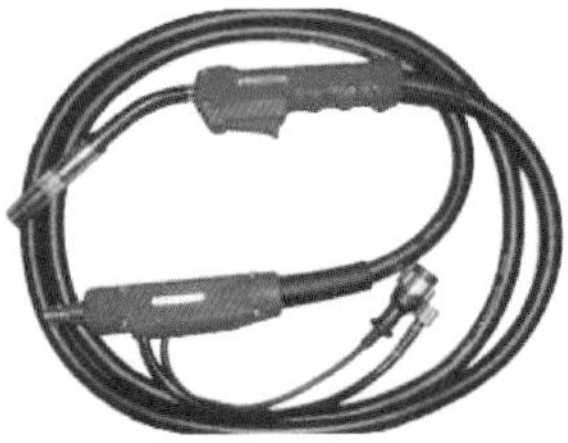	CO_2 焊枪与 CO_2 气体保护焊机配套使用
CO_2 流量计		用于 CO_2 流量控制，与 CO_2 气体保护焊机配套使用

（续）

工具名称	图　例	用　途
碳弧气刨枪		碳弧气刨枪用于焊缝修补，使用专用的空心碳棒，正极反接使用
空压机		配合碳弧气刨枪使用，为碳弧气刨枪提供高压空气
焊条烘箱		可控温焊条烘箱能够根据需要提供多种烘焙温度，保证焊接质量
焊条保温筒		便携式焊条保温筒用于现场施焊时焊条保温，能够持续保温 4h
O_2、乙炔压力表		通过 O_2、乙炔压力表将气瓶内 O_2、乙炔释放，反应安全压力、正常使用压力等
O_2、乙炔割枪		通过割枪调节 O_2、乙炔混合气体火焰大小，再配备各种规格割炬进行钢板切割，用于连接板现场下料、焊缝坡口处理、安装措施板割除等

表 11-3 典型焊缝检测仪器一览表

仪器名称	图　例	用　途
红外线探温仪		厚板焊接时检测预热温度、层间温度、后热温度、保温温度等
焊缝量规		焊接完成后进行余高、焊脚、弧坑等自检工具
焊缝检测成套工具		工序验收时进行抽检项目检查的成套工具
便携式超声波检测仪		焊接完毕24h后进行内部缺陷无损检测专业仪器

在设备的使用过程中应保证达到以下要求。

1）焊机应处于良好的工作状态。

2）焊接电缆应绝缘良好，以防任何不良电弧瘢痕或短路及人身伤害。

3）焊接的焊钳应与插入的焊条保持良好的电接触。

4）回路夹应与工件处于良好紧密接触状态，以保证稳定的电传导性。

11.3　焊接材料

1）选用的焊接材料应与主体金属强度相匹配，且熔敷金属的力学性能不应低于母材。

2）焊接材料（焊丝、焊条、焊剂等）采购应符合现行国家及行业标准的要求。当两种不同钢材相连时可采用与低强度钢材力学性能相匹配的焊接材料。焊接材料的种类和型号要根据焊接工艺评定试验结果来确定。

3）购入的焊接材料应具有钢厂和焊接材料厂出具的质量证明书或检验报告，其化学成分、力学性能和其他质量要求必须符合国家现行标准规定。

4）购入的焊接材料应按现行国家相关标准进行复验，合格后方可发放使用。

5）焊接材料使用前需要烘焙时，必须按使用说明书上所列要求采取烘焙等措施，符合要求后方可发放使用。

11.4　焊接环境

当焊接处于下述情况时，不应进行焊接。

1）焊接作业区的相对湿度>90%。

2）被焊接面处于潮湿状态，或暴露在雨、雪和高风速条件下。

3）采用焊条电弧焊作业（风力>8m/s）和 CO_2 气体保护焊（风力>2m/s）作业时，未设置防风棚或其他防护措施。

4）焊接作业条件不符合现行国家标准 GB 9448—1999《焊接与切割安全》的有关规定。

5）焊接环境温度在-10~0℃时，应采取加热或防护措施，应确保接头焊接处各方向大于等于 2 倍板厚且不小于 100mm 范围内的母材温度不低于 20℃或规定的最低预热温度（二者取高值），且在焊接过程中不应低于这一温度。焊接环境温度低于-10℃时，必须进行相应焊接环境下的工艺评定试验，并应在评定合格后再进行焊接，如果不符合上述规定，严禁焊接。

11.5　焊接工艺评定

在构件制造加工前，应对工厂焊接和工地现场焊接分别进行焊接工艺评定，焊接工艺评定试验条件应与构件实际生产条件相对应，并采用与实际结构相同的母材与焊接材料。焊接工艺评定试验应按照 GB 50661—2011《钢结构焊接规范》的规定实施。

焊接技术负责人根据具体工程的设计文件、图样规定的施工工艺和验收标准，并结合工程的结构特点、节点形式等编制焊接工艺评定试验方案，经业主或监理认可后实施。具体的焊接工艺评定流程如图 11-2 所示。

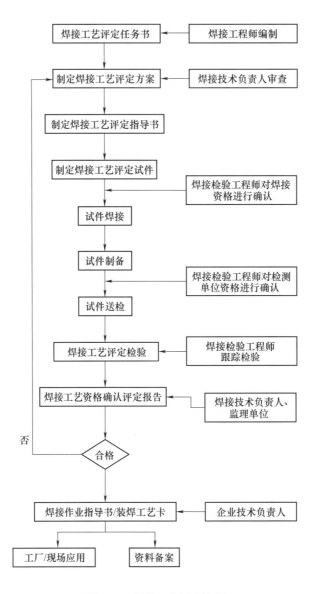

图 11-2　焊接工艺评定流程

　　焊接工艺评定在制作厂进行，监理工程师旁站。制作厂相关部门负责组织好工艺评定的场地、材料、机具、检测器具及评定记录表格。施焊过程中应作好各种参数的原始记录工作。

　　焊接完毕后对试样进行标识、封存并运送到检测单位。经检测单位检测合格后，根据试验结果出具的检测结果作为焊接工艺评定报告的主要附件。

　　焊接工程师根据现场记录参数、检测报告确定出最佳焊接参数，整理编制完整的《焊接工艺评定报告》并报有关部门审批认可。《焊接工艺评定报告》被批准后，焊接工程师再根据焊接工艺报告结果制定详细的工艺流程、工艺措施、施工要点等，并编制成《焊接作业指导书》，用于指导实际结构件的焊接作业，需对从事本工程焊接的人员进行焊接施工技术专项交底。焊接工艺评定部分过程如图 11-3 所示。

a) 试件打磨　　　　　　　　　　　　　b) 试件装配

c) 试件固定　　　　　　　　　　　　　d) 试件焊接

图 11-3　焊接工艺评定部分过程

11.6　焊接工艺控制要点

11.6.1　工件下料与装配

　　工件应按图样进行切割下料，并根据焊接工艺考虑焊接收缩量。工件下料后，应根据设计图样要求开设焊缝坡口。

　　可采用机加工、热切割、碳弧气刨、铲凿或打磨等方法进行焊缝坡口的加工或焊接缺欠的清除。切割后，坡口面的割渣、毛刺等应清除干净，坡口面应无裂纹、夹渣、分层等缺陷，并应打磨坡口至露出金属光泽。

　　工件坡口应按设计要求进行开设，必要时还需通过焊接工艺评定确认，组装后坡口尺寸允许偏差应符合表 11-4 规定，如超过规定要求但同时不大于较薄板厚度 2 倍或 20mm（二者取其较小值）时，可在坡口单侧或两侧进行分层堆焊处理，严禁在坡口中填塞焊条头、铁块等杂物。

表 11-4　坡口尺寸组装允许偏差

序　号	项　目	背面不清根	背面清根
1	接头钝边/mm	±2	—
2	无衬垫 接头根部间隙/mm	±2	+2 −3
3	带衬垫 接头根部间隙/mm	−2~+6	—
4	接头坡口角度/(°)	−5~+10	−5~+10

对接接头的错边量不应超过 GB 50661—2011《钢结构焊接规范》的规定。当不等厚部件对接接头的错边量超过 3mm 时，较厚部件应开设不大于 1∶2.5 坡度平缓过渡。

钢衬垫应与接头母材金属的接触面紧贴，实际装配时控制间隙在 1.5mm 以内（见图 11-4）。

a) 垫板与面板的组装　　　　　　　　　　b) 垫板与面板间隙控制

图 11-4　钢衬垫装配

电渣焊孔宜开设在腹板侧，开设方式为火焰切割或碳弧气刨；若设计和工艺要求电渣焊孔必须开设在翼板上，开设方式应为钻孔。

电渣焊的基本接头形式是对接接头和 T 形接头，这些接头主要采用 I 形坡口，装配要求如图 11-5 所示。

工件在装配前应将焊接端面和表面两侧各 30mm 范围内的铁锈、油污等脏物清除干净。装配时应根据接头设计和工艺要求留出电渣焊孔，不同隔板厚度电渣焊孔宽度 b 值的经验数据见表 11-5。

表 11-5　钢衬垫装配

板厚 t/mm	<32	32~45	>45
电渣焊孔宽度 b/mm	25	28	30~32

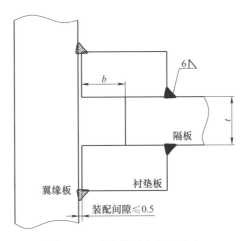

图 11-5　电渣焊接头装配要求

11.6.2　定位焊

定位焊对焊工、焊接材料、焊接工艺及焊接质量要求应与正式焊缝的要求相同。

定位焊缝厚度应≥3mm，长度应≥40mm，其间距宜为 300~600mm；定位焊缝的焊接应避免在焊缝的起始、结束和拐角处施焊；定位焊产生的弧坑应填满，严禁在焊接区以外的母材上引弧和熄弧。

采用钢板衬垫的接头，定位焊宜在坡口内进行；对于双面坡口焊缝，定位焊缝宜尽可能设在清根侧；当定位焊缝存在裂纹、气孔等缺陷时（见图 11-6），应完全清除、重新施焊。

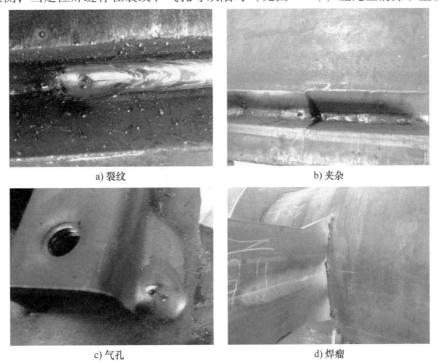

a) 裂纹　　　　　　　　　　　　　b) 夹杂

c) 气孔　　　　　　　　　　　　　d) 焊瘤

图 11-6　定位焊缺陷实例

对厚板进行定位焊时，由于焊缝处的温度冷却过快，易造成局部应力集中，会诱发裂纹，对材质造成一定的损伤，所以应提前采取以下预防措施。

1）将预热温度提高 20~50℃。

2）将定位焊的电流比正常焊接的电流增大 15%~20%。

3）保证或适当加大焊脚尺寸及焊缝长度，避免急冷致裂问题。定位焊尺寸参见表11-6。

表 11-6　定位焊尺寸　　　　　　　　　　　　　　　　（单位：mm）

母材厚度 t	定位焊焊缝长度		焊缝间距
	手工焊	自动、半自动焊	
≤20	40~50	50~60	300~600
20<t≤60	50~60	50~70	300~600
>60	50~60	70~100	300~600

11.6.3　预热和道间温度

1）预热温度和道间温度应根据钢材的化学成分、接头的拘束度、热输入大小、熔敷金属氢含量水平，以及所采用的焊接方法等综合因素确定，或通过焊接工艺评定确定。

2）钢材采用中等热输入焊接时，最低预热温度应符合表11-7的规定。

表 11-7　大跨度构件母材最低预热温度要求

钢材类别	接头最厚部件的板厚 t/mm				
	≤20	20<t≤40	40<t≤60	60<t≤80	>80
	最低预热温度/℃				
Ⅰ	—	—	40	50	80
Ⅱ	—	20	60	80	100
Ⅲ	20	60	80	100	120
Ⅳ	20	80	100	120	150

注：1. Ⅰ类钢材为 Q235、Q295 牌号钢材，Ⅱ类钢材为 Q355 牌号钢材，Ⅲ类钢材为 Q390、Q420 牌号钢材，Ⅳ类钢材为 Q460 牌号钢材。

　　2 "—"表示可不进行预热。

　　3. 当采用非低氢型焊接材料或焊接方法焊接时，预热温度应比表中规定的温度提高 20℃。

　　4. 当母材施焊温度低于 0℃时，应将表中母材预热温度增加 20℃，且应在焊接过程中保持这一最低道间温度。

　　5. 中等热输入是指焊接热输入为 15~25kJ/cm，热输入每增加 5kJ/cm，预热温度可降低 20℃。

　　6. 焊接接头板厚不同时，按接头中较厚板的板厚选择最低预热温度和道间温度。

　　7. 焊接接头材质不同时，按接头中较高强度、较高碳当量的钢材选择最低预热温度和道间温度。

3）焊接过程中，最低道间温度不应低于预热温度，焊接过程中的最大道间温度一般不宜超过 250℃，如遇特殊焊接材料时，道间温度要根据焊接工艺评定的结果来确定。

4）当环境温度低于 0℃时，应提高预热温度 15~25℃。

5）预热及道间温度控制应符合下列规定。

第一，全熔透Ⅰ级焊缝的焊前预热、道间温度控制可采用电加热法，加劲板的焊缝可采用火焰预热，如图 11-7 所示。

a) 电加热预热　　　　　　　　　　　　b) 火焰预热

图 11-7　电加热预热及火焰预热

第二，预热的加热区域应在焊缝坡口两侧，宽度应为工件施焊处板厚的 1.5 倍以上，且不应小于 100mm；预热温度宜在工件受热面的背面测量，测量点应在距电弧经过前的焊接点各方向不小于 75mm 处；当采用火焰加热器预热时正面测温应在火焰离开后进行。

第三，当焊缝较长或工件为厚板时，会导致焊后急冷致裂问题，为此应在焊接过程中特别是分道焊接时，保持持续加热或焊后保温措施，如焊后立即盖上保温板或覆盖石棉布等。

11.6.4　焊接过程控制

角焊缝的转角处包角应良好，焊缝的起落弧应回焊 10mm 以上。

a) 实例一　　　　　　　　　　　　　　b) 实例二

图 11-8　规范包角

埋弧焊如在焊接过程中出现断弧现象，则必须将断弧处刨成 1∶5 的坡度，搭接 50mm 后施焊。埋弧焊剂覆盖厚度宜控制在 20~40mm，焊接后应待焊缝冷却后再敲去熔渣。

焊接过程中应采用测温仪严格监控道间温度，如图 11-9 所示。

a) 温控设备   b) 温度监测

图 11-9　道间温度控制

在厚板焊接中应采用多层多道焊，严禁摆宽道焊接，如图 11-10 所示。

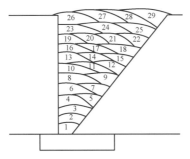
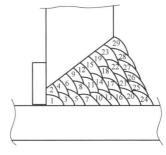

a) 55mm 对接接头多层多道焊   b) 36mm T形接头多层多道焊

c) 埋弧焊多层多道焊   d) 气体保护焊多层多道焊

图 11-10　多层多道焊

电渣焊起弧、引弧时，电弧电压比正常参数稍高 2~3V，刚开始送丝时，速度稍慢一些，焊接电流比正常参数稍低 20A 左右。随着焊接的进行，形成的熔渣达到一定深度后，焊接电流和电弧电压趋于稳定，再将二者调至工艺要求值，然后进入正常的焊接过程。在焊接过程中，需用反光镜密切注视渣池，当渣池内剧烈沸腾时，应适时添加 JF-600 焊剂，并确保熔嘴杆始终位于焊道中间位置，确保渣池稳定，应定时定点进行焊接工艺流程与质量检查。特别是厚板焊接时，常需几个小时甚至几十小时才能焊完一个构件，为此必须进行多次中间检查，才能及时发现问题，确保焊接质量。中间检查不能停工进行，应边施工、边检查。

焊后及时清理熔渣及飞溅物。对于有后热处理要求的，还要严格按照工艺规定进行后热处理。

11.6.5　焊接后热处理

对于板厚≥40mm 的对接接头，焊后应立即进行后热处理，后热处理优先采用电加热，当结构形状不适用电加热时，可对焊缝进行火焰加热。火焰加热应均匀，同时做好温度监测，加热温度达到 250～300℃时开始保温，保温时间按 1.5～2.0min/mm 计算，且总保温时间应>1h，达到保温时间后再缓冷至常温。

通常采用红外线测温仪测量后热温度，当温度升至 200～250℃时应通过调节电流或气体阀门来维持恒温至额定保温时间，必要时也可采用石棉布覆盖辅助保温。

后热处理必须由专人负责管理、操作，并如实填写后热处理温度、时间、操作者，焊接结束后，后热处理记录表回收归档管理。

11.6.6　焊后质量检验

焊缝施工质量检验总体上包含三方面内容：焊缝内部质量检验、焊缝外观质量检验和焊缝尺寸偏差检验等。

焊缝质量检验方法和指标应按照现行 GB 50205—2020《钢结构工程施工质量验收标准》和 GB 50661—2011《钢结构焊接规范》的规定执行。

1. 焊缝内部质量检验

焊缝内部质量缺陷主要有裂纹、未熔合、未焊透、气孔和夹渣等，检验主要是采用无损检测的方法，一般采用超声波检测，当超声波检测不能对缺陷作出判断时，应采用射线检测。

2. 焊缝外观质量检验

常见的焊缝表面缺陷如图 11-11 所示，其质量要求见表 11-8。外观检验主要采用肉眼或放大镜观察，当存在异议时，可采用表面渗透（着色或磁粉）检测。

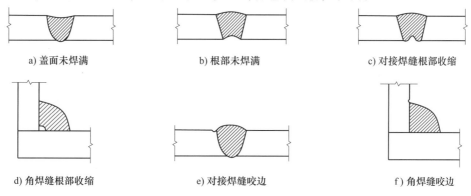

a) 盖面未焊满　　　b) 根部未焊满　　　c) 对接焊缝根部收缩

d) 角焊缝根部收缩　　　e) 对接焊缝咬边　　　f) 角焊缝咬边

图 11-11　常见焊缝表面缺陷示意

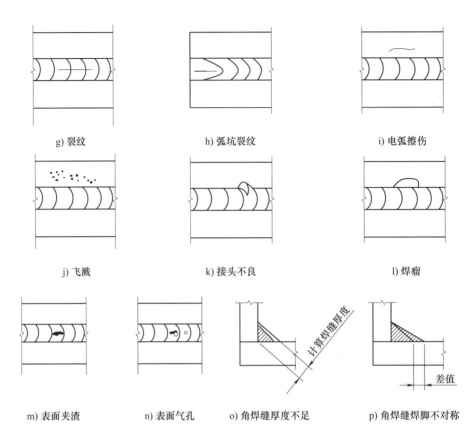

g) 裂纹   h) 弧坑裂纹   i) 电弧擦伤

j) 飞溅   k) 接头不良   l) 焊瘤

m) 表面夹渣   n) 表面气孔   o) 角焊缝厚度不足   p) 角焊缝焊脚不对称

图 11-11　常见焊缝表面缺陷示意（续）

表 11-8　承受静载的结构焊缝外观质量要求

检验项目	焊缝质量等级		
	一级	二级	三级
裂纹	不允许		
未焊满	不允许	≤0.2+0.02t 且≤1mm，每 100mm 长焊缝内未焊满累积长度≤25mm	≤0.2+0.04t 且≤2mm，每 100mm 长焊缝内未焊满累积长度≤25mm
根部收缩	不允许	≤0.2+0.02t 且≤1mm，长度不限	≤0.2+0.04t 且≤2mm，长度不限
咬边	不允许	≤ 0.05t 且 ≤ 0.5mm，连续长度 ≤100mm，且焊缝两侧咬边总长 ≤10% 焊缝全长	≤0.1t 且≤1mm，长度不限
电弧擦伤	不允许		允许存在个别电弧擦伤
接头不良	不允许	缺口深度 ≤ 0.05t 且 ≤ 0.5mm，每 1000mm 长度焊缝内不得超过 1 处	缺口深度 ≤ 0.1t 且 ≤ 1mm，每 1000mm 长焊缝内不得超过 1 处
表面气孔	不允许		每 50mm 长焊缝内允许存在直径<0.4t 且 ≤3mm 的气孔 2 个；孔距应≥6 倍孔径
表面夹渣	不允许		深≤0.2t，长≤0.5t 且≤20mm

3. 焊缝尺寸偏差检验

焊缝尺寸偏差主要是采用焊缝尺寸圆规进行检验，如图 11-12 所示。焊缝焊脚尺寸、焊缝余高及错边等尺寸偏差应满足表 11-9、表 11-10 的要求。

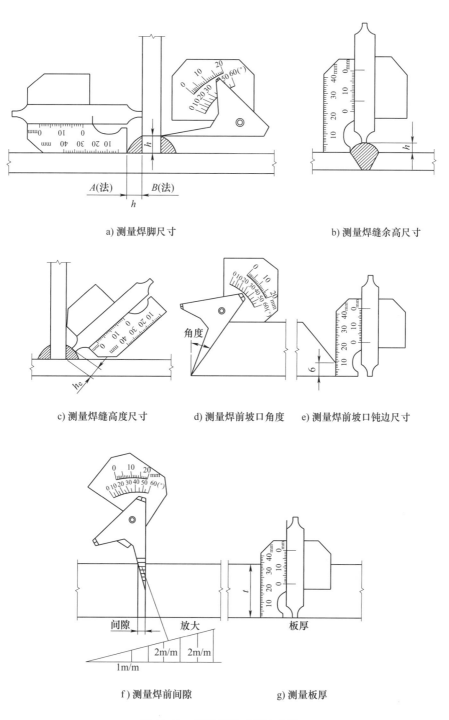

a) 测量焊脚尺寸　　　　　　　　　　b) 测量焊缝余高尺寸

c) 测量焊缝高度尺寸　　d) 测量焊前坡口角度　e) 测量焊前坡口钝边尺寸

f) 测量焊前间隙　　　　　g) 测量板厚

图 11-12　用量规检验焊缝质量

表 11-9　角焊缝焊脚尺寸允许偏差

序　号	项　目	示　意　图		允许偏差/mm
1	一般全焊透的角接与对接组合焊缝	a) T形接头单面坡口衬垫焊	b) 十字形接头	$h_f \geqslant \left(\dfrac{t}{4}\right)^{+4}_{0}$ 且 ≤10
2	需经疲劳验算的全焊透角接与对接组合焊缝	c) T形接头单面坡口清根焊	d) T形接头双面焊	$h_f \geqslant \left(\dfrac{t}{2}\right)^{+4}_{0}$ 且 ≤10
3	角焊缝及部分焊透的角接与对接组合焊缝	a) 余高标识一　b) 余高标识二 c) 余高标识三		$h_f \leqslant 6$ 时， 0~1.5 ／ $h_f > 6$ 时， 0~3.0

注：1. $h_f > 17.0$mm 的角焊缝，其局部焊脚尺寸允许低于设计要求值 1.0mm，但总长度不得超过焊缝长度的 10%。

　　2. 焊接 H 形梁腹板与翼缘板的焊缝两端在其两倍翼缘板宽度范围内，焊缝的焊脚尺寸不得低于设计要求值。

表 11-10　焊缝余高和错边允许偏差

序　号	项　目	示　意　图	允许偏差/mm	
			一级、二级	三级
1	对接焊缝余高（C）		$B < 20$ 时，C 为 0~3； $B \geqslant 20$ 时，C 为 0~4	$B < 20$ 时，C 为 0~3.5； $B \geqslant 20$ 时，C 为 0~5
2	对接焊缝错边（d）		$d < 0.1t$ 且 ≤2.0	$d < 0.15t$ 且 ≤3.0

（续）

序　号	项　　目	示　意　图	允许偏差/mm	
			一级、二级	三级
3	角焊缝余高（C）	a) 余高标识一　　b) 余高标识二 c) 余高标识三	$h_f \leqslant 6$ 时，C 为 $0 \sim 1.5$； $h_f > 6$ 时，C 为 $0 \sim 3.0$	

4. 栓钉焊机焊接接头的质量检验

采用专用的栓钉焊机所焊的接头，焊后应进行弯曲试验抽查，具体方法是将栓钉弯曲 30°后，焊缝及其热影响区不得有肉眼可见的裂纹。对采用其他电弧焊所焊的栓钉接头，可按角焊缝的外观质量和外形尺寸的检测方法进行检验。

5. 无损检测

在完成焊接 24h 后，应对焊缝进行无损检测，方法需按照 GB 50661—2011《钢结构焊接规范》和 GB 11345—2013《焊缝无损检测　超声检测　技术、检测等级和评定》的规定进行。

缺欠等级评定应符合表 11-11 的规定。

表 11-11　超声波检测缺欠等级评定

评定等级	检测等级		
	A	B	C
	板厚 t/mm		
	3.5~50	3.5~150	3.5~150
I	$2t/3$；最小 8mm	$t/3$；最小 6mm 最大 40mm	$t/3$；最小 6mm 最大 40mm
II	$3t/4$；最小 8mm	$2t/3$；最小 8mm 最大 70mm	$2t/3$；最小 8mm 最大 50mm
III	$<t$；最小 16mm	$3t/4$；最小 12mm 最大 90mm	$3t/4$；最小 12mm 最大 75mm
IV	超过 III 级者		

11.6.7　焊接缺陷

常见的焊接缺陷及说明见表 11-12。

表 11-12　常见的焊接缺陷及说明

缺陷性质	名称（分类）	说　明	简　图
裂纹：在焊接应力及其他致脆因素共同作用下，焊接接头中局部地区的金属原子结合力遭到破坏而形成新界面所产生的缝隙	微观裂纹	在显微镜下才能观察到	—
	纵向裂纹	基本上与焊缝轴线平行的裂纹，可能存在于焊缝金属中（1011）、熔合线上（1012）、热影响区（1013）以及母材金属中（1014）	
	横向裂纹	基本上与焊缝轴线垂直的裂纹，可能存在于焊缝金属中（1021）、热影响区中（1023）以及母材金属中（1024）	
	放射状裂纹	具有某一公共点的放射状裂纹，基本上与焊缝轴线平行的裂纹，可能存在于焊缝金属中（1031）、热影响区中（1033）以及母材金属中（1034）	
	弧坑裂纹	在焊缝收弧弧坑处的裂纹，可能是纵向的（1045）、横向的（1046）和星形的（1047）	
	间断裂纹群	一组间断的裂纹，可能存在于金属中（1051）、热影响区中（1053）及母材金属中（1054）	

（续）

缺陷性质	名称（分类）	说　明	简　图
裂纹：在焊接应力及其他致脆因素共同作用下，焊接接头中局部地区的金属原子结合力遭到破坏而形成新界面所产生的缝隙	柱状裂纹	由某一公共裂纹派生的一组裂纹，可能存在于焊缝金属中（1061）、热影响区中（1063）及母材金属中（1064）	
气孔：熔池中的气泡在凝固时因未能逸出而残留下来所形成的空穴	球形气孔	近似球形的孔穴（2011）	
	均布孔穴	大量气孔比较均匀地分布在整个焊缝金属中（2012）	
	局部密集气孔	气孔群（2013）	
	链状气孔	与焊缝轴线平行成串的气孔（2014）	
	条形气孔	长度方向与焊缝轴线近似平行的非球形长气孔（2015）	

（续）

缺陷性质	名称（分类）	说　明	简　图
气孔：熔池中的气泡在凝固时因未能逸出而残留下来所形成的空穴	虫形气孔	因气孔在焊缝金属中上浮而引起的管状孔穴，其位置和形状是由凝固的形式和气泡的来源决定的，通常是成群出现并成"人"字形分布（2016）	
	表面气孔	显露在焊缝表面的气孔（2017）	
	缩孔	熔化金属凝固过程中收缩面产生的，残留在熔核中的孔穴	—
	结晶缩孔	冷却过程中在焊缝中心形成的收缩孔穴，可能有残留气体，这种缺陷通常在垂直焊缝表面方向上出现（2021）	
	微缩孔	在显微镜下观察到的缩孔	—
	枝晶间微缩孔	显微镜下可观察到枝晶间微缩孔	—
	弧坑缩孔	焊道末端的凹坑，且在后续焊道焊接之前或在后续焊道焊接过程中未被消除	
固体杂质：在焊缝金属中残留的固体夹杂物	夹渣	残留在焊缝金属中的熔渣，根据其形成的情况可分为线状、孤立和其他类型	—
	焊剂或熔剂夹渣	残留在焊缝中的焊剂或熔剂，根据其形成的情况可以分为线状、孤立和其他类型	—
	氧化物夹杂	凝固过程中在焊缝金属中残留的金属氧化物	—
	褶皱	在某些情况下，特别是铝合金焊接时，由于对焊接熔池保护不良和熔池中紊流而产生大量的氧化膜	—
	金属夹杂	残留在焊缝中来自外部的金属颗粒，这些颗粒可以是钨、铜和其他金属	—

（续）

缺陷性质	名称（分类）	说　　明	简　　图
未熔合、未焊透	未熔合	在焊缝金属和母材之间或焊道金属之间未完全熔化结合的部分，可分为侧壁未熔合（4011）、层间未熔合（4012）和焊缝根部未熔合（4013）	
	未焊透	焊接时接头的根部未完全熔透的现象	
形状缺陷：焊缝的表面形状与原设计几何形状有偏差	连续咬边、间接咬边	因焊接造成的焊趾（或焊根）外的沟槽，咬边可能是连续的（5011）或间断的（5012）	
	缩沟	由于焊缝金属收缩，在根部焊道每一侧产生的浅沟槽（5013）	
	焊缝超高	对接焊缝表面上焊缝金属过高（502）	
	凸度过大	角焊缝金属过高（503）	
	下塌	穿过单层焊缝根部或多层时，前道熔敷金属塌落的过量焊缝金属（504）	

（续）

缺陷性质	名称（分类）	说　明	简　图
形状缺陷：焊缝的表面形状与原设计几何形状有偏差	焊缝成形不良	母材金属表面与靠近焊趾处焊缝表面切面之间角度过小（505）	
	焊瘤	焊接过程中熔化金属流淌到焊缝之外未熔化的母材上形成的金属瘤（506）	
	错边	因两个工件没有对正面造成板的中心线平行偏差（507）	
	角度偏差	因两个工件没有对正面造成的表面不平行（508）	
	下垂	由于重力作用造成的焊缝金属塌落分为：横焊缝下垂（5091）；平仰焊缝下垂（5092）；角焊缝下垂（5093）；边缘下垂（5094）	
	烧穿	焊接过程中熔化金属自坡口背面流出形成穿孔	
	未焊满	由于填充金属不足，在焊缝表面形成的连续或断续的沟槽	
	焊脚不对称	焊接接头部位两侧焊脚尺寸相差较大	
	焊缝宽度不齐	焊缝宽度在同一条焊缝上相差较大	—
	表面不规则	焊缝表面过分粗糙	—

（续）

缺陷性质	名称（分类）	说　　明	简　　图
形状缺陷：焊缝的表面形状与原设计几何形状有偏差	根部收缩	因对接焊缝根部收缩差而造成的浅沟壑（515）	515
	根部气孔	在凝固瞬间，因焊缝析出气体而在根部形成的多孔状组织	—
	焊缝接头不良	焊缝衔接处的局部表面不规则（517）	517
其他缺陷	电弧擦伤	在焊缝坡口外部引弧或引弧时产生于母材金属表面的局部擦伤	
	飞溅	在焊接过程中，熔化的金属颗粒和熔渣向周围飞散的现象	
	表面撕裂	不按操作规程撤除临时焊接的附件时，产生于母材金属表面的损伤	
	磨痕	不按操作规程打磨引起的局部表面损伤	—
	凿痕	不按操作规程使用扁铲或其他工具铲凿金属而产生的局部损伤	—
	打磨过量	由打磨引起的工件或焊缝不允许的减薄	—
	定位焊缺陷	未按定位焊规定要求焊接而产生的缺陷	
	层间错位	不按规定规程熔敷的焊道	—

产生焊接缺陷的主要因素见表 11-13。

表 11-13　产生焊接缺陷的主要因素

类　别	名　称	材料因素	结构因素	工艺因素
热裂纹	凝固裂纹	1）钢中易熔杂质偏析 2）钢中或焊缝中 C、S、P、Ni 含量高 3）焊缝中 Mn/S 比例太小	1）焊缝附近的刚度较大（如大厚度、高拘束度的构件） 2）接头形式不合适，如熔深较大的对接接头和各种角焊缝（包括搭接接头、丁字接头和外角接头）抗裂性差 3）接头附近的应力集中（如密集、交叉的焊缝）	1）焊缝热输入过大，使近缝区的热倾向增大，晶粒长大，引起结晶裂纹 2）熔深与熔宽比过大 3）焊缝顺序不合适，焊缝不能自由收缩

（续）

类　别	名　称	材料因素	结构因素	工艺因素
热裂纹	液化裂纹	钢中杂质多而易熔	1）焊缝附近的刚度较大，如大厚度、高拘束度的构件 2）接头附近的应力集中，如密集、交叉的焊缝	1）热输入过大，使过热区晶粒粗大，晶界熔化严重 2）熔池形状不合适，凹度太大
冷裂纹	氢致裂纹	1）钢中的 C 或合金元素含量增高，使淬硬倾向增大 2）焊接材料中的氢含量较高	1）焊缝附近的刚度过大（如材料的厚度大、拘束度高） 2）焊缝布置在应力集中区 3）坡口形式不合适，如 V 形坡口的拘束应力较大	1）接头熔合区附近的冷却时间小于出现铁素体（500~800℃）临界冷却时间，热输入过小 2）未使用低氢焊条 3）焊接材料未烘干，坡口及工件表面有水分、油污及铁锈 4）焊后未进行保温处理
	淬火裂纹	1）钢中的 C 或合金元素含量较高，使淬硬倾向增大 2）对于多组元合金的马氏体钢，焊缝中出现块状铁素体		1）对冷裂纹倾向较大的材料，其预热温度未作相应的提高 2）焊后未立即进行高温回火 3）焊条选择不合适
	层状撕裂	1）焊缝中出现片状夹杂物（如硫化物、硅酸盐和氧化铝等） 2）母材基体组织脆硬或产生时效硬化 3）钢中的 S 含量过大	1）接头设计不合理，拘束应力过大（如 T 形填角焊、角接头和贯通接头） 2）拉应力沿板厚方向作用	1）热输入过大，使拘束应力增加 2）焊前预热不到位 3）因焊根裂纹的存在而导致层状撕裂产生
再热裂纹		1）焊接材料强度过高 2）母材中 Cr、Mo、V、P、Cu、Nb、Ti 含量较高 3）热影响区粗晶区域的组织未得到改善（未减少或消除马氏体组织）	1）因结构设计不合理而造成应力集中，如对接焊缝和填角焊缝重叠 2）坡口形式不合适，导致产生较大的拘束应力	1）回火温度不够，持续时间过长 2）焊趾处形成咬边而导致应力集中 3）焊接次序不合理，使焊接应力增大 4）焊缝的余高导致近缝区的应力集中
气孔		1）渣的氧化性增大时，由 CO 引起的气孔的倾向增加；当熔渣的还原性增大时，则氢气孔的倾向增加 2）工件或焊接材料不清洁（有铁锈、油类和水分等杂质） 3）与焊条、焊剂的成分及保护气体的气氛有关 4）焊条偏心，药皮脱落	仰焊、横焊易产生气孔	1）当电弧功率不变、焊接速度增大时，增加了产生气孔的倾向 2）电弧电压太高（即电弧过长） 3）焊条、焊剂在使用前未进行烘干 4）使用交流电源易产生气孔 5）气体保护焊时气体流量不合适

（续）

类　别	名　称	材料因素	结构因素	工艺因素
	夹渣	1）焊条和焊剂的脱氧、脱硫效果不好 2）渣的流动性差 3）在原材料的夹杂中 S 含量较高及 S 的偏析程度较大	立焊、仰焊易产生夹渣	1）电流大小，熔池搅动不足 2）焊条药皮成块脱落 3）多层焊时层间清渣不彻底 4）电渣焊时焊接条件突然改变，母材熔深突然减小 5）操作不当
	未熔合	—	—	1）焊接电流小或焊接速度快 2）坡口或焊道有氧化皮、熔渣及氧化物等高熔点物质 3）操作不当
	未焊透	焊条（焊丝）偏心	坡口角度太小，钝边太厚，间隙太小	1）焊接电流小或焊接速度太快 2）焊条角度不对或运条方法不当 3）电弧太长或电弧偏吹
形状缺陷	咬边	—	立焊、仰焊时易产生咬边	1）焊接电流过大或焊接速度太慢 2）在立焊、横焊和角焊时，电弧太长 3）焊条角度和摆动不正确或运条不当
	焊瘤	—	坡口太小	1）焊接参数不当，电压过低，焊接速度不合适 2）焊条角度不合适或电极未对准焊缝 3）运条不正确
	烧穿和下塌	—	1）坡口间隙过大 2）薄板或管子的焊接易产生烧穿和下塌	1）电流过大，焊接速度太慢 2）垫板托力不足
	错边	—	—	1）装配不正确 2）焊接夹具质量不高
	角变形	—	1）角变形程度与坡口形状有关，如对接焊缝 V 形坡口的角变形大于 X 形坡口 2）角变形与板厚有关，板厚为中等时角变形最大，厚板、薄板角变形较小	1）焊接顺序对角变形有影响 2）在一定范围内，热输入量增加，则角变形也增加 3）反变形量未控制好 4）焊接夹具质量不高

（续）

类　别	名　　称	材料因素	结构因素	工艺因素
形状缺陷	焊缝尺寸、形状不符合要求	1）熔渣的熔点和黏度太高或太低都会导致焊缝尺寸、形状不符合要求 2）熔渣的表面张力较大，不能很好地覆盖焊缝表面，使焊纹粗、焊缝高、表面不光滑	坡口不合适或装配间隙不均匀	1）焊接参数不合适 2）焊条角度或运条手法不当
其他缺陷	电弧擦伤	—	—	1）焊工随意在坡口外引弧 2）接地不良或电气接线不好

第 *12* 章

建筑钢结构焊接安全

12.1 概述

在钢结构施工过程中，焊接作业属于比较关键的施工环节，此环节具有一定的危险性，存在较多的安全隐患，如高处坠落、触电、中毒及火灾等情况。因此，施工企业在进行钢结构焊接作业时，应采取合理有效的安全防控措施，避免安全事故的发生，保障施工企业的经济利益，最终确保钢结构工程的顺利施工。

12.2 钢结构焊接施工中的安全隐患

12.2.1 触电隐患

在钢结构焊接工作中，需要通电并运用焊接工具来完成。另外，还需要依据施工现场的情况来进行输出电流的调整，因此实施焊接作业的人员需要对电极和极板进行操作，一般情况下，施工现场焊机的供电电源为 220V 或 380V。在操作过程中，施工人员如果没有按照规定进行作业，例如未佩戴安全防护用具、电气安全保护装置不合格等（见图 12-1），这些情况的出现均可能导致触电情况的发生。当建筑工程施工的环境比较潮湿，那么出现触电的可能性则更大。一般情况下，焊接作业会在露天的环境下进行，施工人员需要控制好使用焊机的时间，一旦时间过长，则会导致电线过热并出现绝缘老化的情况，极易发生触电事故。一

a) 错误示范一

b) 错误示范二

图 12-1　工人违章作业

般情况下，在焊机使用时，要求焊枪线与地线双线到位，焊枪线不超过 30m，电箱与焊机之间的一次侧接线长度≤5m。焊枪线如有破皮，必须用绝缘胶布包裹至少三道。

12.2.2 火灾爆炸隐患

火灾及爆炸一般是危险气体与空气接触后发生的，这类安全事故的出现会带来极大的损失，包括对人生命的威胁和经济财产的损失。引起这类安全隐患的原因体现在三个方面。

1）钢结构焊接作业中，在作业中心 10m 范围内存在易燃易爆物品，当进行钢结构焊接和切割作业时，出现的焊渣飞溅会导致火灾、爆炸的发生，如图 12-2 所示。

a) 错误示范一　　　　　　　　　　　　　　b) 错误示范二

图 12-2　动火作业的安全风险

2）在实施高处焊接和切割时，由于施工人员没有妥善处理好焊条头，同时没有做好隔离防护措施，进而导致发生火灾或爆炸事故。

3）在开展钢结构焊接作业时，没有按照规定和制度使用气瓶，包括气瓶的运输、存储和使用，未按标准的操作规范应用，进而导致安全事故发生。

12.2.3 高处坠落隐患

在距坠落基准面 2m 及 2m 以上有可能坠落的高处进行的作业称作高处作业。高处作业出现坠落的原因种类比较多，包括：脚手架板稳定性不足、施工人员未按规定佩戴安全防护用具、登高的梯子出现问题、高温环境下导致的施工人员身体不适、施工人员带病作业，以及施工人员在操作中发生踏空、滑倒的情况等。这些情况大多都是人为原因导致的，在进行高处焊接作业前没有做好充足的安全防护，同时一些焊接人员的安全防护意识也比较差，这就形成了高处作业的安全隐患。

目前，我国对高处焊接作业具有明确的规定，进行高处焊接作业必须是具有资质的专业焊工，同时需要按规定佩戴好安全防护用具，但在实际工程中，仍存在一些没有资质的、非专业焊工人员进行高处焊接作业，并且没有按规定做好全面的安全防护措施。在这种情况下，因操作不当等原因而引发的高处坠落事故还是比较多的，这对于高处作业人员来说，具有非常大的危害。

12.2.4 职业病及中毒隐患

在钢结构焊接过程中，会伴随产生粉尘、毒物、高温、电弧光及高频电磁场等危害，如果作业环境恶劣，缺乏安全防护措施，长期从事焊接作业的人员就很容易患上职业病。甚至会因操作空间狭小，有毒气体没有办法及时排出，而被施工人员吸入，当施工人员吸入有害气体的量过大，则会出现严重的中毒情况。常见的职业病主要有以下几种。

1. 尘肺病

焊接烟尘是产生尘肺病的主要因素，其成分因使用焊条不同而有所差异。焊条、焊丝通常由焊芯和药皮组成。焊芯含有大量的 Fe、C、Mn、Si、Cr、Ni、Zn、Pb、S 和 P 等；药皮内的材料主要为大理石、萤石、金红石、纯碱、水玻璃及锰铁等。

焊接时，电弧放电时温度高达 $4000 \sim 6000℃$，产生大量的烟尘弥漫于作业环境中，极易被焊接作业人员吸进肺里。

长期吸入以上烟尘会引发肺部组织纤维性病变，即电焊工尘肺，而且常伴随锰中毒、氟中毒和金属烟雾热等并发病。患者主要表现为胸闷、胸痛、气短及咳嗽等呼吸系统症状，并伴有头痛、全身无力等病症。尘肺是非常严重的职业病，至今仍无药可以根治。

2. 慢性中毒

如果工人在长期的焊接作业中，体内积聚过量含 Mn、Pb 等物质的烟尘，则会引起慢性锰中毒和铅中毒，导致神经系统受损，引起周围神经炎、记忆力下降、精神异常及情绪不稳等症状。严重者四肢无力、行走困难。有资料显示，锰中毒使某些长期从事焊接作业人员易患上帕金森病。

3. 电焊烟症

电焊烟热是金属烟热的一种。焊接过程中会产生大量的金属烟热（见图 12-3）。焊接作业人员吸入金属烟热后，体温急剧升高、身体外围血细胞数量增多，会引起全身的疾病。接触金属烟热 $6 \sim 12h$ 后会出现头晕、乏力、胸闷、气急和肌肉关节酸痛等症状，继而发热，白细胞增多，严重者畏寒、颤抖。

图 12-3　金属烟热

4. 电弧光辐射的危害

焊接产生的电弧光主要包括红外线、可见光和紫外线。其中，紫外线主要通过光化学作用对人体产生危害，其损伤眼睛及裸露的皮肤，引起角膜结膜炎（电光性眼炎）、慢性睑缘炎、晶体浑浊和皮肤胆红斑症，主要表现为患者眼痛、流泪及眼睑红肿痉挛等。受紫外线照射后皮肤可出现界限明显的水肿性红斑，严重时可出现水泡、渗出液和浮肿，并伴有明显的烧灼感。

12.3 钢结构焊接施工的安全防控措施

钢结构施工作业中存在诸多的安全隐患，对施工人员和建筑工程带来了非常大的危害，因而如何进行安全防控则十分重要，针对不同的安全隐患制定出对应的安全防控措施，以此来降低钢结构焊接存在的危险，确保施工人员和经济财产安全。目前，针对安全隐患采取的防控措施有以下几个方面。

12.3.1 现场"十不准"原则

1）焊工必须持证上岗，无特种作业安全操作证的人员，不准进行焊接、切割作业。

2）凡属一级、二级、三级动火范围的焊接与切割作业，若未办理动火审批手续，则不准进行。

3）焊工不了解焊接、切割现场周围情况时，不准进行焊接、切割作业。

4）焊工不了解工件内部是否安全时，不准进行焊接、切割作业。

5）各种装过可燃气体、易燃液体和有毒物质的容器，未经彻底清洗、排除危险性之前，不准进行焊接、切割作业。

6）用可燃材料作保温层、冷却层、隔热设备的部位，或火星能飞溅到的地方，在未采取切实可靠的安全措施之前，不准进行焊接、切割作业。

7）有压力或密闭的管道、容器，不准进行焊接、切割作业。

8）待焊接与切割部位附近有易燃、易爆物品时，在未作清理或未采取有效的安全措施之前，不准开展相关作业。

9）附近有与明火作业相抵触的工种在作业时，不准进行焊接、切割作业。

10）与外单位相连的部位，在没有弄清有无险情，或明知存在危险而未采取有效措施之前，不准进行焊接、切割作业。

12.3.2 触电的安全防控措施

在钢结构焊接作业中，分别从作业人员要求、焊机安全用电技术要求进行防控。

1. 作业人员要求

1）凡从事焊接与切割的作业人员必须经过专业安全技术培训并考核合格，取得《特种作业人员操作证》，持证上岗，作业时操作人员不得擅离职守。

2）焊接时应按规定穿戴绝缘鞋、绝缘手套、工作服及防护面罩等劳动防护用品。

2. 焊机安全用电技术要求

1）焊机必须设置单独的电源开关，禁止多台焊机同时接在一个电源开关上。

2）焊前应对现场的开关、电源线、电缆线、焊机、焊机外壳的接地（接零）保护线、电焊钳及焊条等进行检查与测试，确认其完好可靠。

3）焊机要用专用的开关箱，必须做好一机一闸，必须接好保护零线，除配备隔离开关和漏电保护器外，交流焊机还必须装设二次空载降压保护器。

4）焊机一次线长度不得大于 3m，一次线接线端口防护罩应良好，焊枪线接线端有绝缘包裹，且不得超过 30m，接头不允许裸露，且接头不允许超过 3 处。

5）严禁利用建筑物的金属结构、管道、轨道、架子管或其他金属物体搭接起来形成焊接回路。

6）焊枪线不得浸水，有水坑的地方应通过排水或高挂架空处理。

7）向高层转运气割胶管或焊枪线时，要采用吊绳提升，不能直接人工搬运，减小爬高时人员坠落的风险。

8）高处作业时，应做好坠物防护，切割下来的铁块要及时清理，飞溅的焊瘤熔渣需要设置接渣盆遮挡。

9）焊接中突然停电时，应立即关好焊机，移动焊机、清扫或检修时必须切断电源。

10）露天作业遇到六级以上大风或大雨时，应暂停焊接作业，做好防护措施。

12.3.3　火灾保障的安全防护措施

防止焊接造成的火灾及爆炸的安全防控措施如下。

1）如果进行钢结构焊接的环境存在易燃易爆物品，则需要在焊接作业开始前，到有关单位进行资格审查或审核，审核通过后，办理用火许可证后才可以进行钢结构的焊接作业。

2）在进行钢结构焊接作业前，需要做好各项准备，包括检查焊接场地周边是否存在易燃易爆物品，特别是焊接作业点的周边是否存在油罐，如果有油罐则需要建立防火墙。需要进行高处焊接作业时，则应在高处焊接位置的下方，设置石棉板或铁板进行隔离，避免焊接中火星的飞溅和坠落。

12.3.4　高处坠落安全防护措施

钢结构高处焊接作业时，需要做好以下几点安全防控措施。

1）参与到高处钢结构焊接作业的人员必须身体健康，需要定期参加健康检查，确保进行高处焊接作业的状态良好，在出现身体不适的情况下，禁止进行高处焊接作业。

2）在高处作业时，需要安排专门人员负责监管和防护巡查，时刻监督和检查高处焊接作业的进展情况。同时，实施高处焊接作业的人员需要穿戴好安全防护用品，包括安全带、安全帽、安全手套等。

3）高处作业时，工具应装入工具包中，随用随取；拆下的小件材料应及时清理到地面，不得随意往下抛掷；焊接操作时应有专门的看火人进行看护。配备的零星工具必须装入工具包内，不得随意乱放，避免高处物体坠落；焊接操作平台铺满防火石棉布，钢梁施焊部位挂有接火盆（见图 12-4）。

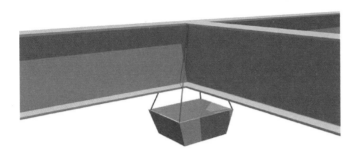

图 12-4　接火盆使用示意图

12.3.5　中毒隐患安全防护措施

对于钢结构焊接作业中出现的中毒安全隐患，可以重点按以下几点采取安全防护措施。

1）在进行焊接作业的场所，如果之前存储过有毒的物质或气体，那么则需要在进行作业前，将与其联通的全部工艺设备切断，并进行深度清洗或置换，按规定办理作业许可证。怀疑有毒的物质，应通过取样进行分析，确保其无害后方可进行施工作业。

2）通常情况下，对施工的空气环境，每 4h 进行一次分析，如果条件出现变化，则需要重新进行取样，为了避免出现意外中毒事故，还应配置适量的空气呼吸器。

3）在进行焊接作业时，需要安排专业的安全人员进行监护，且焊接作业人员需要进行定时的轮换作业。在相对密封的环境下，由于缺少氧气，所以需要通过强制性通风的方式来补充氧气，以避免出现窒息的情况。

随着钢结构工程的不断增多，钢结构焊接作业也受到了重视，为了避免在钢结构焊接作业中出现安全问题，则需要充分了解焊接过程中存在的安全隐患，对其进行系统性的分析，制定出可行性较强的安全防控措施，以此确保施工作业人员的人身安全，从而使钢结构施工项目可以顺利开展。

参 考 文 献

[1] 周永明，蒋良君，丁建强，等．国家体育场大型空间箱型截面扭曲构件的加工技术［J］．中国建筑金属结构，2008（7）：9-13.

[2] 唐际宇，吴柳宁，廖功华．昆明新机场航站楼钢结构模拟拼装技术应用［J］．施工技术，2009（12）：26-29.

[3] 唐际宇，戈祥林，石荣金．昆明新机场航站楼钢彩带空间弯扭箱体构件制作技术［J］．施工技术，2011（240）：14-17.

[4] 中华人民共和国住房和城乡建设部．钢结构工程施工质量验收标准：GB 50205—2020［S］．北京：中国计划出版社，2020.

[5] 戴为志，高良．建筑钢结构工程焊接技术及实例［M］．北京：化学工业出版社，2010.

[6] 杨晖柱，张其林，常治国，等．空间弯扭箱形截面构件的数字化三维建模与放样术［J］．钢结构，2007，22（5）：70-74.

[7] 邓凌云，杨高阳，么忠孝．超大截面双向复杂弯曲箱形构件制作技术［J］．钢结构，2016（11）：86-89.

[8] 华建明，蔡蕾，王欢．超大弯扭构件制作的关键技术［J］．施工技术，2016（45）：70-73.

[9] 王元清，周晖，石永久，等．钢结构厚板层状撕裂及其防止措施的研究现状［J］．建筑钢结构进展，2010，12（5）：27-33.

[10] 江济．中间包层状撕裂产生的原因及预防措施［J］．焊接，2003（7）：31-32.

[11] 黄成楷．高炉框架柱焊接裂纹原因分析及预防措施［J］．现代焊接，2009（3）：44.

[12] 张俊，申明飞．预防转炉托圈盖板层状撕裂工艺措施［J］．一重技术，2008（2）：49-50.

[13] 李国强．关于厚钢板的层状撕裂［J］．建筑钢结构进展，2000，2（3）：31-37.

[14] 赵俊，左松．重型钢结构厚板焊接预防Z向层状撕裂的节点设计［J］．钢结构，2016，31（1）：57-60.

[15] 张建平，冯关明，赵巧良，等．中厚板防层状撕裂工艺［J］．电焊机，2013，43（10）：35-40.

[16] 邹家生，严铿，马涛，等．海洋钻井平台升降腿焊接工艺及抗层状撕裂性能的研究［J］．电焊机，2007，37（6）：81-85.

[17] 柴昶．厚板钢材在钢结构工程中的应用及其材性选用［J］．钢结构，2004，19（5）：47-53.

[18] 韩鑫根．大厚度钢材焊接层状撕裂的防止［J］．中国修船，1996（1）：8-10.

[19] 刘岩，陈永满，王建明．焊接工艺对海洋平台用钢焊接接头性能的影响［J］．热加工工艺，2017，46（11）：9-12.

[20] 董文军，戴为志．高炉炉顶法兰层状撕裂原因的分析及处理［J］．焊接技术，2001，30（S1）：23-24.

[21] 史永吉，王辉，方兴，等．钢材层状撕裂及抗层状撕裂焊接接头的设计［J］．中国铁道科学，2005，26（6）：69-74.

[22] 林寿，杨嗣信．钢结构工程［M］．北京：中国建筑工业出版社，2009.

[23] 韦疆宇，葛冬云，韦疆宇，等．天津津塔超高层钢结构中受荷钢板剪力墙的焊接技术［J］．钢结构，

2011, 26 (11)：56-60.

[24] 王福胜. 钢板剪力墙制作焊接变形分析研究及控制技术 [J]. 焊接技术, 2016, 46 (9)：89-91.

[25] 王立峰, 黄伟平, 孙婷. 钢板剪力墙超厚钢板焊接技术研究与工程应用 [J]. 青岛理工大学学报, 2014, 35 (6)：1-8.

[26] 周杨, 鲁广, 黄美淑, 等. 嘉德艺术中心超厚钢板墙焊接工艺 [J]. 钢结构, 2015, 30 (3)：67-71.

[27] 杜小红, 马健, 张军良. 北京财富中心二期写字楼全焊接钢板墙施工工艺 [J]. 建筑技术, 2012, 43 (10)：877-880.

[28] 葛冬云, 王会超, 刘强, 等. 深圳平安金融中心钢结构巨柱及钢板墙安装焊接技术 [J]. 建筑技术, 2014, 44 (5)：486-489.

[29] 刘代龙, 阙子雄, 陈辉, 等. 空间复杂桁架节点制作焊接工艺的开发与应用 [J]. 电焊机, 2010, 45 (6)：85-90.

[30] 林寿, 杨嗣信. 钢结构工程 [M]. 北京：中国建筑工业出版社, 2009.

[31] 欧阳超, 范道红, 陈韬, 等. 超厚板加劲型钢板剪力墙制作技术 [J]. 施工技术, 2012, 41 (5)：17-18.

[32] 周杨, 鲁广, 黄美淑, 等. 嘉德艺术中心超厚钢板墙焊接工艺 [J]. 钢结构, 2015 (3) 67-91.

[33] 阙子雄, 张金辉, 等. 厚板高强度复杂桁架节点制作焊接工艺 [J]. 电焊机, 2014, 44 (5)：51-56.

[34] 刘代龙, 阙子雄, 等. 空间复杂桁架节点制作焊接工艺的开发与应用 [J]. 电焊机, 2010, 40 (4)：85-90.

[35] 姚尊放, 刘子祥. 焊接 H 型钢的研制、应用及发展 [J]. 钢结构, 1987 (1)：24-28.

[36] 葛文亮, 孙岩, 范卫东. 双丝双弧埋弧焊不清根技术在焊接 H 型钢全熔透主焊缝作业中的应用 [J]. 现代焊接, 2013 (10)：33-35.

[37] 刘亮, 周弋琳, 张华军, 等. 岸边集装箱起重机厚板 T 形接头机器人打底焊不清根工艺研究 [J]. 起重运输机械, 2017 (3)：101-104.

[38] 吴成圆. 焊剂铝衬垫法热固化衬垫焊剂的研究 [D]. 武汉：武汉理工大学, 2012.

[39] 许建. 陶质衬垫对 CO_2 单面焊焊缝性能影响研究 [D]. 武汉：武汉理工大学, 2012.

[40] 张义顺. 起重机拼板不清根高效焊接及接头性能分析 [J]. 沈阳工业大学学报, 2018, 40 (2)：145-150.

[41] 武春学, 张俊旭, 朱丙坤, 等. 高效埋弧焊技术的发展及应用 [J]. 热加工工艺, 2009, 38 (23)：173-177.

[42] 李鹤岐, 王新, 蔡秀鹏, 等. 国内外埋弧焊的发展状况 [J]. 电焊机, 2006, 36 (4)：1-6.

[43] 徐济进, 陈立功, 张敏, 等. A105 钢双丝埋弧焊厚板对接试验及测量系统 [J]. 焊接学报, 2006, 27 (8)：96-99.

[44] 卢庆华, 陈立功, 倪纯珍. 细丝窄间隙埋弧焊工艺参数寻优 [J]. 焊接学报, 2006, 27 (6)：101-104.

[45] 柴昶. 厚板钢材在钢结构工程中的应用及其材性选用 [J]. 钢结构, 2004, 19 (5)：47-53.

[46] 张鹏贤, 崔彦权, 张国强. 一种高效冷丝填充埋弧焊工艺 [J]. 兰州理工大学学报, 2016, 42 (2)：28-32.

[47] 张国涛. 协同冷丝埋弧焊接技术在船舶工业中的应用 [J]. 江苏船舶, 2013, 30 (2)：42-44.

[48] HANNES R. 集成冷丝-埋弧焊新技术 [J]. 电焊机, 2015, 45 (5)：23-27.

[49] 魏雷，张安义，富丽清，等．冷丝埋弧自动焊接装置优化设计［J］．现代制造技术与装备，2012（3）：16-18．

[50] 潘际銮．焊接设备及方法［M］．北京：机械工业出版社，1992．

[51] 韩彬，邹增大，曲仕尧，等．双（多）丝埋弧焊方法及应用［J］．焊管，2003，26（4）：41-44．

[52] 王晓东．双丝埋弧自动焊在螺旋输送钢管制造中的应用［J］．现代焊接，2005（4）：47-49．

[53] TUSEK J，包晔峰，王育烽．金属粉末双丝埋弧焊［J］．国外机车车辆工艺，2000（2）：15-17．

[54] 夏天东，周游，李浩河．一种高效焊接技术-添加合金粉末埋弧焊［J］．中国机械工程，1999，10（5）：580-582．

[55] 张鹏贤，李浩，李杰．一种冷丝填充速度的 GABP 优化算法［J］．焊接学报，2012，33（12）：78-80．

[56] 徐向军．机器人在钢结构焊接中的应用［J］．金属加工（热加工），2015（12）：28-29．

[57] 张华，阮家顺，余志强，等．桥钢箱梁板单元自动化焊接技术研究与应用［J］．金属加工（热加工），2015（16）：70-75．

[58] 范军旗．横隔板单元机器人焊接技术总结［J］．焊接技术，2016，45（S1）：106-108．

[59] 周宽忠．工业机器人的技术发展与智能焊接应用［J］．数字技术与应用，2020，38（6）：1-2．

[60] 邓海鹏．智能制造与机器人焊接技术的集成与应用［J］．机电信息，2018（18）：105-106．

[61] 蔡鹤皋，王志孝，曲原．弧焊机器人触觉智能的研究［J］．哈尔滨工业大学学报，1985（A4）：63-70．

[62] 吴威，刘丹军，尤波，等．触觉式机器人焊缝跟踪方法［J］．焊接学报，1995（3）：158-161．

[63] 花磊，许燕玲，韩瑜，等．大型船舶舱室多分段机器人焊接系统优化设计［J］．上海交通大学学报，2016，50（S1）：36-39．

[64] 肖润泉，许燕玲，陈善本．焊接机器人关键技术及应用发展现状［J］．金属加工（热加工），2020（10）：24-31．

[65] 松村浩史，竹内直记．日本钢结构柱梁接合部的机器人焊接［J］．焊接技术，2007（8）：102-105．

[66] 段斌，孙少忠．我国建筑钢结构焊接技术的发展现状和发展趋势［J］．焊接技术，2012，41（5）：1-7．

[67] 张友权，侯敏．浅谈建筑钢结构焊接技术在我国的发展［J］．钢结构，2012（S1）：327-334．

[68] 蒋力培，焦向东，薛龙，等．大型钢制球罐高效自动焊关键技术研究［J］．机械工程学报，2003，39（8）：146-150．

[69] 薛龙，李明利，焦向东，等．无导轨多层焊自动跟踪微机控制系统研究［J］．中国机械工程，2002，13（9）：799-801．

[70] 邹勇，蒋力培，薛龙，等．管道全位置焊接机器人人机交互系统［J］．电焊机，2009，39（4）：56-58．

[71] 陈新兵．现场焊接机器人发展现状与箱型钢结构焊接机器人研究［J］．施工技术，2014（43）：468-472．

[72] 薛龙，邹勇，黄继强，等．钢结构现场作业焊接机器人的研究与应用［J］．电焊机，2013，43（5）：58-63．

[73] 崔鸿超．高层建筑钢结构在我国的发展［J］．建筑结构学报，1997，18（1）：60-71．

[74] 王庆丽，林涛．我国钢结构行业现状及趋势分析［J］．冶金管理，2015（6）：25-28．

[75] 黄炳生. 日本神户地震中建筑钢结构的震害及启示 [J]. 建筑结构，2000，30（9）：24-25.

[76] 裴民川. 日本神户地震建筑震害的浅析与启示 [J]. 建筑结构，1995（9）：40-44.

[77] 李国强，孙飞飞. 强震下钢框架梁柱焊接连接的断裂行为 [J]. 建筑结构学报，1998，19（4）：19-28.

[78] 陈民三，胡连文. 钢结构在建筑工程中的应用与发展 [J]. 建筑结构学报，1990，11（4）：73-77.

[79] 张晓刚. 近年来低合金高强度钢的进展 [J]. 钢铁，2011，46（11）：1-9.

[80] 杨景华，周继烈，叶尹，等. 焊接热输入对低合金高强钢焊接热影响区组织性能的影响 [J]. 热加工工艺，2011，40（3）：140-142.

[81] 邓磊，尹孝辉，袁中涛，等. 焊接热输入对 800MPa 级低合金高强钢焊接接头组织性能的影响 [J]. 热加工工艺，2015，44（1）：36-38.

[82] 陈玉喜，刘亮，张华军，等. 焊接热输入对低合金高强钢焊缝组织和韧性的影响 [J]. 上海交通大学学报，2015，49（3）：306-309.

[83] 董现春，张熹，陈延清，等. Q550D 贝氏体高强钢板焊接接头强度匹配的选择 [J]. 机械工程材料，2011，35（5）：31-34.

[84] 班慧勇，施刚，邢海军，等. Q420 等边角钢轴压杆稳定性能研究（Ⅰ）——残余应力的试验研究 [J]. 土木工程学报，2010（7）：14-21.

[85] 班慧勇，施刚，石永久，等. 国产 Q460 高强度钢材焊接工字形截面残余应力试验及分布模型研究 [J]. 工程力学，2014（6）：60-69.

[86] 班慧勇，施刚，石永久，等. 国产 Q460 高强钢焊接工形柱整体稳定性能研究 [J]. 土木工程学报，2013，46（2）：1-9.

[87] 班慧勇，施刚，石永久. 高强钢焊接箱形轴压构件整体稳定设计方法研究 [J]. 建筑结构学报，2014（5）：57-64.

[88] 班慧勇. 高强度钢材轴心受压构件整体稳定性能与设计方法研究 [D]. 北京：清华大学，2012.

[89] CHANG K H，LEE C H，PARK K T，et al. Experimental and numerical investigations on residual stresses in a multi-pass butt-welded high strength SM570-TMCP steel plate [J]. International Journal of Steel Structures，2011，11：315-324.

[90] CHANG K H，LEE C H. Residual stresses and fracture mechanics analysis of a crack in welds of high strength steels [J]. Engineering Fracture Mechanics，2007，74：980-994.

[91] HEINZE C，KROMM A，SCHWENK C，et al. Welding residual stresses depending on solid-state transformation behaviour studied by numerical and experimental methods [J]. Materials Science Forum，2011，681：85-90.

[92] 叶延洪，孙加民，蔡建鹏，等. 焊缝屈服强度对 SM490A 钢焊接残余应力预测精度的影响 [J]. 焊接学报，2015，36（7）：17-20.

[93] 孙加民，邓德安，叶延洪，等. 用瞬间热源模拟 Q390 高强钢厚板多层多道焊 T 形接头的焊接残余应力 [J]. 焊接学报，2016，37（7）：31-34.

[94] DENG D，SUN J，DAI D，et al. Influence of accelerated cooling condition on welding thermal cycle, residual stress, and deformation in SM490A steel ESW joint [J]. Journal of Materials Engineering and Performance，2015，24：3487-3501.

[95] 孙加民，朱家勇，夏林印，等. 电渣焊接头焊接残余应力与变形的数值模拟 [J]. 焊接学报，2016，

37（5）：23-27.

［96］ 顾强，陈绍蕃 . 厚板焊接工形截面柱残余应力的有限元分析［J］. 西安建筑科技大学学报（自然科学版），1991（3）：290-296.

［97］ 郭彦林，陈航，袁星 . 厚钢板对接焊接三维有限元数值模拟与分析［J］. 建筑科学与工程学报，2014（1）：90-97.

［98］ 蔡志鹏 . 大型结构焊接变形数值模拟的研究与应用［D］. 北京：清华大学，2001.

［99］ FU G，LOURENCO M I，DUAN M，et al. Effect of boundary condition on residual stress and distortion in T-joint welds［J］. Journal of Constructional Steel Research，2014，102（11）：121435.